负关联规则挖掘技术研究

Research on Techniques of Mining Negative Association Rules

董祥军 著

清华大学出版社

北京

内 容 简 介

　　本书是一部深入研究数据挖掘中负关联规则挖掘方法的著作。全书共分为 10 章,前 5 章讨论不同情况下从频繁项集中挖掘负关联规则的若干方法,包括挖掘负关联规则的 PNARC 模型、多种兴趣度在负关联规则中的应用、多数据库中的负关联规则挖掘以及负时态关联规则挖掘,第 6 章讨论非频繁项集挖掘技术,第 7 章讨论冗余规则的修剪技术,第 8 章讨论负频繁项集及其负关联规则挖掘技术,最后两章是正负关联规则在实际数据挖掘与分析中的应用。

　　本书可作为计算机相关专业高年级本科生或研究生教材,也可供数据挖掘、智能信息处理等相关领域的研究人员参考。

图书在版编目(CIP)数据

负关联规则挖掘技术研究/董祥军著.—北京:清华大学出版社,2020.12
ISBN 978-7-302-55968-9

Ⅰ.①负… Ⅱ.①董… Ⅲ.①数据采集－研究 Ⅳ.①TP274

中国版本图书馆 CIP 数据核字(2020)第 120483 号

责任编辑:龙启铭　薛　阳
封面设计:傅瑞学
责任校对:焦丽丽
责任印制:沈　露

出版发行:清华大学出版社
　　　　网　　址:http://www.tup.com.cn, http://www.wqbook.com
　　　　地　　址:北京清华大学学研大厦 A 座　邮　　编:100084
　　　　社 总 机:010-62770175　　　　　　　　邮　　购:010-83470235
　　　　投稿与读者服务:010-62776969, c-service@tup.tsinghua.edu.cn
　　　　质量反馈:010-62772015, zhiliang@tup.tsinghua.edu.cn
　　　　课件下载:http://www.tup.com.cn,010-83470236
印 装 者:天津鑫丰华印务有限公司
经　　销:全国新华书店
开　　本:170mm×230mm　　印　张:15.75　　字　数:250 千字
版　　次:2020 年 12 月第 1 版　　　　　　　印　次:2020 年 12 月第 1 次印刷
定　　价:59.00 元

产品编号:082632-01

关联规则是描述数据库中(已发生的)数据项(属性,变量)之间(潜在)关系的规则,能够发现形如"牛奶⇒面包"的关联规则。负关联规则是关联规则的重要补充,能够分析已发生和未发生项之间的关联关系,能够发现形如"白酒⇒¬啤酒"(购买白酒后不再购买啤酒)的负关联规则,为决策提供更全面的信息。

本书是作者在该领域多年研究成果的系统总结,涵盖了负关联规则的基本概念、算法以及具体应用。全书共分为10章,具体内容如下。

(1)第1章阐述了数据挖掘的起源、定义、任务,介绍了关联规则挖掘的主要算法,并对其经典算法——Apriori算法进行了详细介绍。

(2)第2章阐述了负关联规则的重要研究意义,重点讨论了挖掘负关联规则的PNARC模型,包括研究负关联规则后出现的问题、负关联规则的支持度与置信度的计算方法以及基于相关性的解决方案、算法设计等内容。

(3)第3章对多种兴趣度度量方法进行了概述,重点讨论了χ^2检验、相关系数、Piatetsky-Shapiro的兴趣度等方法在挖掘负关联规则中的应用,然后讨论了基于最小兴趣度的负关联规则挖掘模型。

(4)第4章首先分析了多数据库的正关联规则挖掘方法,提出了利用合成相关性来解决矛盾规则的方法,然后提出了多数据库中挖掘负关联规则的方法。在此基础上,研究了将最小兴趣度用户负关联规则剪枝,还提出了一种挖掘多数据库中的全局例外关联规则的方法。

(5)第5章首先对时态关联规则进行了概述,分析了几种典型的时态关联规则挖掘模型,然后提出了一个挖掘时态频繁项集的泛化算法——GTFS算法,进而提出了一种基于定制时间约束的时态关联规则挖掘模型——CTP模型。

(6)当研究负关联规则后,非频繁项集变得非常重要,因为其中含有大量负关联规则。第6章讨论了非频繁项集挖掘的多个模型,在介绍PR模型的基础上,提出了两级支持度 2LSP 模型、多级支持度 MLMS 模型及其兴趣度模型 IMLMS 模型、多项支持度 MIS 模型、利用基本 Apriori 算法实现 MIS 模型的 MSB_apriori 模型以及扩展的 MIS 模型。

（7）第 7 章讨论了负关联规则的修剪技术。首先介绍了正关联规则修剪的有关技术,其次介绍了最小冗余的无损正关联规则集表述方法,再次讨论了基于最小相关度的负关联规则修剪技术,然后讨论了基于多最小置信度的负关联规则修剪技术,最后讨论了基于逻辑推理的负关联规则修剪技术。

（8）第 8 章介绍了从负频繁项集中挖掘负关联规则的方法。首先介绍了挖掘形如 $a_1 \neg a_2 b_1 \neg b_2$ 的负频繁项集的算法 e-NFIS,然后提出了基于 e-NFIS 和 MSapriori 算法的多支持度的负频繁项集挖掘算法 e-msNFIS,最后讨论了从负频繁项集中挖掘负关联规则出现的问题以及用二次相关性解决该问题的方法。

（9）第 9 章将正负关联规则挖掘算法应用于大学生校园数据分析之中,详细分析了一卡通消费行为、图书借阅行为、心理健康与成绩间的关联关系,发现好的学习成绩与良好的三餐习惯（特别是按时用早餐）、尽量多地阅读专业课参考书以及保持心理健康之间具有很强的关联关系。

（10）本章将正负关联规则在医疗数据上进行了应用。首先对数据进行了预处理,然后选取了心脑血管疾病、糖尿病和类风湿关节炎三种疾病的数据进行关联规则挖掘和分析,得到了一些有意义的分析结果。

本书可用作计算机相关专业高年级本科生或研究生教材,也可供数据挖掘、智能信息处理等相关领域的研究人员参考。希望本书能够促进广大科技工作者对负关联规则的认识、应用和创新。

感谢袁汉宁博士,研究生尚世菊、徐田田、李晨露、郝峰撰写了部分章节的内容初稿,感谢郝峰重新实现了全书的算法并做了实验,感谢胡艳羽绘制了全书所有的图形和整理了参考文献,感谢我的太太王丽女士对我的关爱和为家庭所做的贡献,使我能够静下心来写作,感谢清华大学出版社的编辑们对本书的编排工作。

由于作者水平有限,时间紧迫,书中不足之处在所难免,还望读者批评指正。

作　者

2020 年 10 月

于齐鲁工业大学（山东省科学院）

目 录

V

第1章 关联规则挖掘概述

数据挖掘是多学科交叉的产物,是从大量数据中发现未知却有用的知识的过程。本章主要讲述数据挖掘的起源、定义、任务,介绍关联规则挖掘的主要算法,并对其经典算法——Apriori算法进行详细介绍。

1.1 数据挖掘概述

1.1.1 数据挖掘的起源

近年来,数据挖掘引起了信息产业界的极大关注,其主要原因是存在可以广泛使用的大量数据,并且迫切需要将这些数据转换成有用的信息和知识,这些信息和知识可以广泛用于各种应用,包括商务管理、生产控制、市场分析、工程设计和科学探索等。

数据挖掘可以被看作信息技术自然进化的结果。数据库系统业界见证了如下功能的演化过程:数据收集和数据库创建,数据管理(包括数据存储和提取,数据库事务处理),以及数据分析与理解(涉及数据仓库和数据挖掘)。例如,数据收集和数据库创建机制的早期开发已成为稍后数据存储和提取、查询和事务处理有效机制开发的必备基础。随着提供查询和事务处理的大量数据库系统广泛付诸实践,数据分析和理解自然成为下一个目标。

自20世纪60年代以来,数据库和信息技术已经系统地从原始的文件处理进化到复杂的、功能强大的数据库系统。自20世纪70年代以来,数据库系统的研究和开发已经从层次和网状数据库发展到开发关系数据库系统、数据建模工具、索引和数据组织技术。此外,用户通过查询语言、用户界面、优化的查询处理和事务管理,可以方便、灵活地访问数据。联机事务处理(OLTP)将查询看作只读事务,对于关系技术的发展和广泛地将关系技术作为大量数据的有效存储、提取和管理的主要工具做出了重要贡献。

自20世纪80年代中期以来,数据库技术的特点是广泛接受关系技术,研究和开发新的、功能强大的数据库系统。这些推动了诸如扩充关系、面向对象、对象-关系和演绎模型等先进的数据模型的发展,包括空间的、时间的、多媒体的、主动的、流的、传感器的和科学与工程的数据库、知识库、办公信息库在内的面向应用的数据库系统百花齐放。同数据的分布、多样性和共享有关的问题被广泛研究。异种数据库和基于因特网的全球信息系统(如万维网)也已出现,并成为信息工业的主力军。

在过去的几十年中,计算机硬件稳定的、令人吃惊的进步导致了功能强大的计算机和价格可以承受的计算机、数据收集设备和存储介质的大量供应。这些技术大大推动了数据库和信息产业的发展,使得大量数据库和信息存储用于事务管理、信息提取和数据分析。

现在,数据可以存放在不同类型的数据库结构中,其中一种数据库结构是数据仓库,它是一种多个异种数据源在单个站点以统一的模式组织的存储,以支持管理决策。数据仓库技术包括数据清理、数据集成和联机分析处理(OLAP)。OLAP是一种分析技术,具有汇总、合并和聚集功能,以及从不同的角度观察信息的能力。尽管OLAP工具支持多维分析和决策,但是对于深层次的分析,如数据分类、聚类和数据随时间变化的特征,仍然需要其他分析工具。

数据丰富加上对强有力的数据分析工具的需求可描述为数据丰富,但信息贫乏。快速增长的海量数据收集存放在大型和大量数据库中,如果没有强有力的工具,理解它们已经远远超出了人的能力,导致收集在大型数据库中的数据变成了"数据坟墓"。这样,重要的决定常常不是基于数据库中信息丰富的数据,而是基于决策者的直观,因为决策者缺乏从海量数据中提取有价值知识的工具。此外,当前的专家系统技术通常依赖用户或领域专家人工地将知识输入知识库。遗憾的是,这一过程常常有偏差和错误,并且耗时和费用高。使用数据挖掘工具进行数据分析,可以发现重要的数据模式,对商务决策、知识库、科学和医学研究做出巨大贡献。正在扩大的数据和信息之间的裂口呼唤系统地开发数据挖掘工具,将"数据坟墓"转换成知识"金块"。

1.1.2 数据挖掘的定义

数据挖掘的定义有广义和狭义之分。广义的数据挖掘是指知识发现的全过程;狭义的数据挖掘是知识发现的一个重要环节,利用机器学习、统计分析等发现数据模式的智能方法,侧重于模型和算法。知识发现的流程如图 1.1 所示,主要包括以下重要环节。

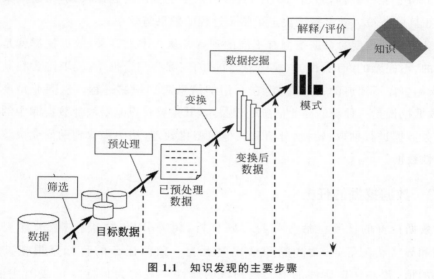

图 1.1 知识发现的主要步骤

(1)**数据准备**:掌握知识发现应用领域的情况,熟悉相关的背景知识,理解用户需求。

(2)**数据筛选**:根据用户的需要从原始数据库中选取相关数据或样本。

(3)**数据预处理**:对数据选取步骤中选出的数据进行再处理,检查数据的完整性及数据的一致性,消除噪声,滤除与数据挖掘无关的冗余数据,填充丢失的数据。

(4)**数据变换**:将数据变换或统一成适合挖掘的形式,包括投影、汇总、聚集等。

(5)**数据挖掘**:确定发现目标,根据用户的要求,确定要发现的知识类型。

根据确定的任务,选择合适的分类、关联、聚类等算法,选取合适的模型和参数,从数据库中提取用户感兴趣的知识,并以一定的方式表示出来。

(6) **模式解释**:对在数据挖掘中发现的模式进行解释。经过用户或机器评估后,可能会发现这些模式中存在冗余或无关的模式,此时应该将其剔除。

(7) **知识评价**:将发现的知识以用户能了解的方式呈现给用户。

在上述步骤中,数据挖掘占据非常重要的地位,它是一种决策支持过程,主要基于人工智能、机器学习、模式识别、统计学、数据库、可视化技术等,高度自动化地分析企业的数据,做出归纳性的推理,从中挖掘出潜在的模式,帮助决策者做出正确的决策。数据挖掘决定了整个过程的效果与效率。

从不同的角度对数据挖掘有不同的理解。从技术上定义,数据挖掘就是从大量的、不完全的、有噪声的、模糊的、随机的实际应用数据中,提取隐含在其中的、人们事先不知道的、但又是潜在有用的信息和知识的过程。从商业角度定义,数据挖掘是一种新的商业信息处理技术,其主要特点是对商业数据库中的大量业务数据进行抽取、转换、分析和其他模型化处理,从中提取辅助商业决策的关键性数据。

1.1.3　数据挖掘的任务

数据挖掘的任务包括分类与回归分析、相关分析、聚类分析、关联规则挖掘和异常检测等,分为预测和描述两大类。预测任务的目标是根据其他属性的值,预测特定属性的值。被预测的属性一般称为目标变量或因变量,而用来做预测的属性称为说明变量或自变量。描述任务的目标是导出和概括数据中有潜在联系的模式(相关、趋势、聚类、轨迹和异常)。预测任务是在当前数据上进行归纳以做出预测,描述性挖掘主要是刻画目标数据中数据的一般性质。

1. 分类

在机器学习中,**分类**(Classification)属于有监督学习,即从给定的有标记训练数据集中学习出一个函数,当未标记数据到来时,可以根据这个函数预测结果。在数据挖掘领域,分类可以被看成从一个数据集到一组预先定义的、非交叠的类别的映射过程。其中,映射关系的生成以及映射关系的应用就是数据挖掘分类方法的主要研究内容。映射关系即分类函数或分类模型(分类器),映射关系的应用就是使用分类器将数据集中的数据项划分到给定类别中的某一个类别的过程。例如,构建病人的温度、脉搏、是否打喷嚏等体表特征和感冒之间的映射关系,根据病人的体表特征预测病人是否感冒。

2. 回归分析

回归分析(Regression Analysis)的目的在于了解两个或多个变量间是否相关、相关方向与强度,并建立数学模型以便观察特定变量来预测研究者感兴趣的变量,主要包括线性回归分析和非线性回归分析。例如,手机的用户满意度与产品的质量、价格和形象有关,以"用户满意度"为因变量,以"质量""形象"和"价格"为自变量,做线性回归分析。得到回归方程:用户满意度＝0.008×形象＋0.645×质量＋0.221×价格。利用训练数据集建立该模型后就可以根据各品牌手机的质量、价格和形象,预测用户对该手机的满意程度。

3. 相关分析

相关分析(Relevance Analysis)一般在分类和回归之前进行,识别分类和回归过程中显著相关的属性。例如,某公司员工的基本情况分别为性别、年龄、工资,现在希望了解员工年龄和工资水平之间的关系,可通过计算皮尔森相关系数和显著性水平得出年龄与工资水平的相关关系。

4. 聚类分析

聚类分析(Cluster Analysis)又称为群分析,是根据"物以类聚"的道理,对样品或指标进行划分的一种多元统计分析方法,讨论的对象是大量的样品,要求能合理地按各自的特性进行合理的划分。在聚类分析中没有任何模式可供参考或依循,即聚类是在没有先验知识的情况下进行的。Everitt 在 1974 年定义聚类的划分标准是:一个类簇内的实体是相似的,不同类簇内的实体是不相似的。一个类簇是测试空间中点的汇聚,同一类簇的任意两个点间的距离小于不同类簇的任意两个点间的距离。类簇可以描述为一个包含密度相对较高的点集的多维空间中的连通区域。在机器学习中,聚类归纳为非监督学习。聚类分析被应用于很多方面,在商业上,聚类分析被用来发现不同的客户群,并且通过购买模式刻画不同的客户群的特征。

分类和聚类的区别在于,分类是事先定义好类别,类别数不变。分类器需要由人工标注的分类训练语料训练得到,属于有指导学习范畴。聚类则没有事先预定的类别,类别数不确定。聚类不需要人工标注和预先训练分类器,类别在聚类过程中自动生成。分类的目的是学会一个分类函数或分类模型(也常称作分类器),该模型能把数据库中的数据项映射到给定类别中的某一个类中。分类需要构造分类器,需要有一个训练样本数据集作为输入。每个训练样本都有一个类别标记。聚类的目的是划分对象,使得属于同一个簇的样本之间彼此相似,而不同簇的样本足够不相似。

5. 关联规则

关联规则(Association Rule,AR)是指通过挖掘发现大量数据中项集间有趣的关联或相关联系,即在交易数据、关系数据或其他信息载体中,查找存在于项目集合或对象集合之间的频繁模式、关联、相关性或因果结构,是数据挖掘中一个重要的课题。关联规则挖掘的一个典型例子是购物篮分析,可以发现交易数据库中不同商品(项)之间的联系,找出顾客购买的行为模式,如购买了某一商品对购买其他商品的影响。分析结果可以应用于商品货架布局、货存安排等。

6. 异常检测

在数据库中包含着少数的数据对象,它们与数据的一般行为或特征不一致,这些数据对象叫作异常点(Outlier),也叫作孤立点。异常点的检测和分析是一种十分重要的数据挖掘类型,其任务是识别其特征显著不同于其他数据的观测值。异常检测算法的目标是发现真正的异常点,而避免错误地将正常的对象标注为异常点。因此一个好的异常检测器必须具有高检测率和低误报率。异常检测的应用包括检测欺诈、网络攻击、疾病的不寻常模式、生态系统扰动等。例如信用卡欺诈检测,信用卡公司记录每个持卡人所做的交易,同时也记录信用限度、年龄、年薪和地址等个人信息。由于与合法交易相比,欺诈行为的数目相对较少,因此异常检测技术可以用来构造用户的合法交易的轮廓。当一个新的交易到达时就与之比较,如果该交易的特性与先前所构造的轮廓很不相同,就把交易标记为可能是欺诈。

1.2 关联规则挖掘

1.2.1 概述

关联规则是描述数据库中数据项(属性,变量)之间所存在的(潜在)关系的规则。一个关联规则是形如 $X \Rightarrow Y$(support,confidence)的蕴涵式。例如,关联规则"牛奶 $\Rightarrow$ 面包(support $= 10\%$, confidence $= 80\%$)"说明在所有的顾客事务中,有 10% 的顾客同时购买了牛奶和面包,其支持度 support $= 10\%$,而购买了牛奶的顾客中有 80% 的顾客也购买了面包,其置信度 confidence $= 80\%$,这就是有名的支持度-置信度框架(Support-Confidence Framework)。

关联规则挖掘是数据挖掘领域的一个重要问题,其研究工作有着重要的实际意义和研究价值。例如,对关联规则"牛奶 $\Rightarrow$ 面包"的研究可以:① 找出所有以面包作为后项的关联规则,这将有助于商场决策者采取相应措施来促进面包的销售;② 找出前项中含有牛奶的关联规则,这将使得商场决策者了解如果中止销售牛奶将会影响其他哪些商品的销售。总之,通过对众多商品间的关联规则进行研究可以发现顾客的购买行为模式,决策者可以根据这些模式提供的信息优化商场布置(例如,把用户经常购买的商品摆放在一起)、追加销售、库存安排、广告宣传以及根据购买模式对用户进行分类等。例如"啤酒与尿布"的例子,沃尔玛超市对其销售数据分析后,发现夏天的每个周末啤酒与尿布的销售量都很高。调查得知,许多年轻的爸爸周末在为自己的宝宝买尿布的同时也不忘给自己买些啤酒,于是商家调整货架布局,将啤酒与尿布放在一起,结果二者的销售量大幅增长。

关联规则挖掘可以分为以下分类。

(1) 基于规则中处理的变量类别,关联规则可以分为布尔型和数值型。

布尔型关联规则处理的值都是离散的,它显示了这些变量之间的关系;而数值型关联规则可以和多维关联或多层关联规则结合起来,对数值型字段进行处理,将其进行动态的分隔,或者直接对原始的数据进行处理,当然,数值型关联规则中也可以包含种类变量。

例如,性别 $=$ "女" $\Rightarrow$ 职业 $=$ "秘书",是布尔型关联规则;性别 $=$ "女" $\Rightarrow$ 收

入＝2300元,涉及的收入是数值类型,所以是一个数值型关联规则。

（2）基于规则中数据的抽象层次,关联规则可以分为单层关联规则和多层关联规则。

在单层关联规则中,所有的变量都没有考虑现实的数据是具有多个层次的;而在多层关联规则中,对数据的多层次性进行了充分考虑。

例如,联想台式计算机⇒惠普打印机,是一个细节资料上的单层关联规则;台式计算机⇒惠普打印机,是一个较高层次和细节层次之间的多层关联规则。

（3）基于规则中涉及的维数,关联规则可以分为单维的和多维的。

在单维的关联规则中,只涉及一个维度,如用户购买的物品;而在多维的关联规则中会涉及多个维度。换句话说,单维关联规则是处理单个属性中的一些关系;多维关联规则是处理多个属性之间的关系。

例如,啤酒⇒尿布,这条规则只涉及用户购买的物品;性别＝"女"⇒职业＝"秘书",这条规则就涉及两个字段的信息,是一个二维的关联规则。

1.2.2 主要算法

关联规则挖掘实质上就是在满足用户给定的最小支持度的频繁项集中,找出所有满足最小置信度的关联规则,具体分为两步:①找出所有的频繁项集;②用频繁项集产生关联规则。人们已经对第一步的求解提出了多个算法,如由Rakesh Agrawal等人于1993年首先提出的Apriori算法,用于挖掘事务数据库中项集之间的关联规则问题。以后众多的研究人员对关联规则的挖掘问题进行了大量的研究,主要工作是对原有的算法进行改进,如增量式更新算法、并行发现算法、多层关联规则挖掘算法、多值关联规则挖掘算法、基于约束的关联规则挖掘算法、在线关联规则挖掘算法、模糊关联规则挖掘算法、多循环方式的挖掘算法、加权的关联规则、时态关联规则等,以提高挖掘算法的效率。

1. Apriori 算法

Apriori算法的基本方法是重复扫描数据库,在第k次扫描产生出长度为k的频繁项集,称为L_k,而在第$k+1$次扫描时,只考虑由L_k中的k项集连接产生的长度为$k+1$的候选项集C_{k+1}。因此除了第1次扫描以外,以后每一次扫描要考虑的并不是所有项目的组合,而只是其中的一部分,即候选项集C_k。围绕着怎样精简候选项集 C_k 的大小(特别是 C_2 的选择会大大影响采掘的性能)和减少对数据库的扫描次数,出现了不少改进方法。例如,R. Agrawal 提出的 AprioriTid、AprioriHybrid 算法,Park 等人提出的 DHP 算法,使用 Hash 技术有效地改进了候选项集 C_k 的产生过程,Savasere 等在 1995 年提出了一种把数据库分割(Partition)处理的算法,降低了采掘过程中 I/O 操作的次数,减轻了 CPU 的负担,H.Toivonen 使用抽样(Sampling)的方法可以用较小的代价从大型数据库中找出关联规则。更进一步的研究是在分布和并行环境下挖掘关联规则,例如,D.W.Cheung 等提出了一种关联规则的快速分布式开采算法(FDM)。Apriori 算法将在 1.2.3 节详细叙述。

2. AprioriTid 算法

AprioriTid 算法是众多 Apriori 改进算法中的一种,其改进思想是减少用于未来扫描的事务集的大小。一个基本的原理就是当一个事务不包含长度为 k 的频繁项集,则必然不包含长度为 $k+1$ 的频繁项集,从而就可以将这些事务移去,这样在下一遍的扫描中就可以减少事务集的个数。

AprioriTid 算法的优点是:仅在计算频繁 1 项集时对数据库进行一次扫描,以后对频繁 k 项集的计算都是用上次生成的 C_{k-1} 来计算项集的支持度,随着 k 的增加,C_{k-1} 的大小越来越小于原始数据库,减少了 I/O 操作时间和需要扫描的数据库的大小。

ApririTid 算法的缺点:C_1 和 C_2 数据量庞大,在求频繁 2 项集 L_2 和频繁 3 项集 L_3 时非常耗时。

3. AprioriHybrid 算法

AprioriHybrid 算法综合了 Apriori 算法和 AprioriTid 算法,当 C_k 不能被装入到内存中时使用 Apriori 算法,否则切换到 AprioriTid 算法。

4. 多循环方式的挖掘算法

多循环方式的挖掘算法包括 Agrawal 等人提出的 AIS、Apriori、AprioriTid 和 AprioriHybrid,Park 等人提出的 DHP,Savasere 等人提出的 Partition 以及 Toivonen 提出的抽样算法 Sampling 等。其中,最有效和最有影响的算法包括 DHP 和 Partition。

DHP 算法利用散列(Hashing)技术有效地改进了候选频繁项集的生成过

程,产生比前述算法更小的候选频繁项集,同时缩减数据库的大小,减少了数据库 I/O 时间,其效率比 Apriori 算法有显著提高。其缺点是:在第 k 次扫描数据库时需要建立关于 $k+1$ 项集的散列表,需要额外的时间和空间,而且实现起来比较麻烦。

Partition 算法分为两个部分。在第一部分中,算法首先将要在其中发现关联规则的数据库 D 分为 n 个互不相交的数据库($D^1,D^2,\cdots,D^n$),$D^i(i=1,2,\cdots,n)$的大小要求能够容纳在内存之中,然后将每一个分数据库 $D^i(i=1,2,\cdots,n)$读入内存并发现其中的频繁项集 L^i,最后在第一部分结束时将所有分数据库的频繁项集合并成为一个在数据库 D 中的潜在频繁项集 $\mathrm{PL}=\bigcup_{i=1}^{n}L^i$;算法的第二部分计算潜在频繁项集 PL 中的元素在数据库 D 中的支持数,并得出频繁项集 L。该算法只对数据库扫描两次,大大减少了 I/O 操作,从而提高了算法的效率。该算法的缺点是:数据库划分较为困难,而且随着分区的增加,局部频繁项集的数目将急剧增加。

5. 增量式更新算法

关联规则的增量式更新问题主要有三个:①在给定的最小支持度和最小置信度下,当一个新的数据集 db 添加到旧的数据库 DB 中时,如何生成 db∪DB 中的关联规则;②在给定的最小支持度和最小置信度下,当从旧的数据库 DB 中删除数据集 db 时,如何生成 DB-db 中的关联规则;③给定数据库 DB,在最小支持度和最小置信度发生变化时,如何生成数据库 DB 中的关联规则。FUP 算法是一个与 Apriori 算法相一致的针对第一个问题的更新算法。FUP2 是一个同时考虑第一个问题与第二个问题的算法。第三个问题则有相应的算法 IUA 和 PIUA。

FUP 算法的基本思想是:对任意一个 $k(k\geqslant 1)$项集,若其在 DB 和 db 中都是频繁项集,则其一定是频繁项集;若其在 DB 和 db 中都是非频繁项集,则其一定是非频繁项集;若其仅在 DB(db)中是频繁项集,则其支持计数应加上其在 db(DB)中的支持数以确定它是否为频繁项集。FUP 算法假设在 DB 中发现的频繁项集 $L=\bigcup_{i=1}^{n}L^i$(n 为 L 中最大元素的元素个数)已被保存下来。它需要对 DB 和 db 进行多次扫描,在第一次扫描中,算法先扫描 db,将 L_1 中的元素仍为

db∪DB 中的频繁项集的元素记入 L_1',并生成候选频繁 1 项集 C_1,C_1 中的元素为 db 中的频繁 1 项集且不包含在 L_1 中;然后扫描 DB 以决定 C_1 中的元素是否为 db∪DB 中的频繁项集,并将是 db∪DB 中的频繁项集的元素记入 L_1' 中。在第 $k(k>1)$ 次扫描前,先对 L_{k-1}' 用 apriori_gen 函数生成候选频繁 k 项集 C_k,并除去 L_k 中的元素,即 $C_k=C_k-L_k$,对 L_k 进行剪枝,即对于 $X \in L_k$,若存在 $Y \subset X$ 且 $Y \in L_{k-1}-L_{k-1}'$,则 X 肯定不是 db∪DB 中的频繁 k 项集,应将其在 L_k 中删除;然后扫描 db,将 L_k 中的元素仍为 db∪DB 中的频繁项集的元素记入 L_k',记录候选频繁 k 项集 C_k 中的元素在 db 中的支持数;最后扫描 DB,记录 C_k 中的元素在 DB 中的支持数,扫描结束时,将 C_k 中是 db∪DB 中频繁项集的元素记入 L_k' 中。算法在 L_k 和 C_k 均为空时结束。由于利用了对 DB 进行采掘的结果,FUP 算法的效率比使用 Apriori 算法和 DHP 算法重新对 db∪DB 进行挖掘的效率要高得多。

算法 IUA 采用了一个独特的候选频繁项集生成算法,在每一次对数据库 DB 扫描之前生成较小的候选频繁项集,从而提高了算法的效率。它也要求上一次对数据库 DB 进行采掘时发现的频繁项集 $L=\bigcup_{i=1}^{n} L^i$(n 为 L 中最大元素的元素个数)在本次挖掘时是可使用的。

6. 并行发现算法

随着数据挖掘所使用的数据集规模的不断扩大,数据挖掘的效率就成为一个越来越重要的问题。如何提高挖掘速度日益受到研究者的重视,而并行挖掘作为一个可以显著提高挖掘速度的方法就顺理成章地成为研究的一个热点。目前已经提出了许多并行关联规则挖掘的算法,包括 Agrawal 等人提出的 CD (Count Distribution)、CaD(Candidate Distribution)、DD(Data Distribution),Park 等人提出的 PDM 以及铁治欣等人提出的 PMAR。Chueng 等人提出的 DMA 和 FDM 算法虽然是基于分布式数据库的挖掘算法,但也可适用于并行挖掘。

这些算法都基于无共享体系结构,即并行计算的 n 台计算机之间除了用网络连接起来以外,其他都是完全独立的。每台计算机 $P^i(i=1,2,\cdots,n)$ 上都有自己的分数据库 DB^i,总的数据库 $DB=\bigcup_{i=1}^{n} DB^i$。

CD 算法是 Apriori 算法在并行环境下的应用，它要求计算机 P^i（$i=1$，$2,\cdots,n$）对 DB^i 进行多遍扫描。在第 k 次扫描，当 $k>1$ 时，计算机 P^i（$i=1$，$2,\cdots,n$）首先利用第 $k-1$ 次扫描所得的频繁项集 L_{k-1} 和 apriori_gen 函数生成候选频繁项集 C_k，当 $k=1$ 时，计算机 P^i 先扫描 DB^i 得出其中的频繁 1 项集 L_1^i，再与其他计算机得到的频繁 1 项集 L_1^j 进行交换及合并，从而生成候选频繁 1 项集 C_1；然后扫描 DB^i 计算 C_k 中的元素在 DB^i 中的支持数，计算机 P^i 广播 C_k 中元素的支持数，并接收从其他计算机 P^j（$j\neq i$）传来的 C_k 中元素的支持数，并对这些支持数进行累加，得出 C_k 中元素的全局支持数；最后计算出频繁 k 项集 L_k，若 L_k 中元素个数为 1，则算法结束。CD 算法速度较快、易于实现，而且要求各计算机同步次数较少，但是它所需的通信量较大，而且候选频繁项集较大。

DMA 算法是以"若项集 X 在 DB 中是频繁项集，则其必然在某一个 DB^i（$1\leqslant i\leqslant n$，n 为参与计算的计算机的台数）中也是频繁项集"的原理为基础而设计的。算法采用局部剪枝（Local Pruning）技术，使其生成的候选频繁项集比 CD 算法要小。参与计算的计算机之间进行支持数交换时采用轮询站点技术，使每一个项集 X 的通信代价由 CD 算法的 $O(n^2)$ 降为 $O(n)$，其中，n 为计算机台数。

CaD、DD 及 PDM 算法的执行效率都不如 CD，DMA 算法虽然克服了 CD 算法的一些弱点，但是它要求的计算机间同步的次数较多。而 FDM 算法与 DMA 算法基本一致，只是增加全局剪枝技术。

7. 多层关联规则挖掘算法

在关联规则的具体应用中，例如超市的销售记录，由于其原始的概念层次数量众多，所以在其上很难发现强的或有趣的关联规则，这是因为项集往往很难获得足够的支持数。而在高层次的概念层次获得这些规则就容易得多。例如，三元牛奶是牛奶，牛奶是食品，则牛奶相对于三元牛奶是高层次的概念，食品相对于牛奶是高层次的概念。目前已经提出了很多挖掘一般或多层关联规则的算法，包括：Han 等人提出的 ML_T2L1 及其变种 ML_T1LA、ML_TML1、ML_T2LA 和 R. Srikant 等人提出的 Cumulate、Stratify 及其变种 Estimate、EstMerge 等。

ML_T2L1 算法的基本思想是首先根据要发现的任务从原数据库生成一个

根据概念层次信息进行编码的数据库,利用这个具有概念层次信息的新生成的数据库自顶向下逐层递进地在不同层次上发现相应的关联规则。它是 Apriori 算法在多概念层次上的扩展。根据在发现高层关联规则过程中所用的数据结构和所生成的中间结果共享方式的不同,算法 ML_T2L1 有三个变种:ML_T1LA、ML_TML1、ML_T2LA。

Cumulate 的基本思想与 Apriori 完全一样,只是在扫描到数据库某一记录时,将此记录中所有项的祖先加入到本记录中,并加入三个优化:①对加入记录中的祖先进行过滤;②预先计算概念关系 T 中的每一个项的祖先,得到项集与其祖先的对照表 T^*;③对既包含项集 X 又包含 X 的祖先的项集进行剪枝。

Stratify 算法基于"若项集 X 的父亲不是频繁项集,则 X 肯定不会是频繁项集",其基本思想是:在概念层次有向无环图(DAG)中,定义没有父亲的项集 X 的深度为 $\text{depth}(X)=0$,其他项集的深度为 $(\max(\{\text{depth}(\hat{X} \mid \hat{X}$ 是 X 的父亲$\})+1)$。算法要对数据库进行多遍扫描,第 $k(k \geqslant 0)$ 次扫描计算深度为 $k(k \geqslant 0)$ 的所有项集 C_k 的支持数,并得出深度为 $k(k \geqslant 0)$ 的频繁项集,在第 $k(k \geqslant 1)$ 次扫描之前,对 C_k 进行剪枝,即删除 C_k 中那些祖先包含在 $C_{k-1}-L_{k-1}$ 中的元素。

Estimate 和 EstMerge 算法是采用抽样技术对 Stratify 算法的改进。

8. 多值关联规则挖掘算法

关联规则可分为布尔型关联规则和多值属性关联规则。多值属性又可以分为数量属性和类别属性。目前提出的多值属性关联规则挖掘算法大多是将多值属性关联规则挖掘问题转换为布尔型关联规则挖掘问题,即将多值属性的值划分为多个区间,每个区间作为一个属性,将类别属性的每一个类别当作一个属性。

9. 基于约束的关联规则挖掘算法

基于约束的关联规则挖掘的主要目的是发现更有趣的、更实用的关联规则。这方面的算法包括:MultipleJoins、Reorder、Direct、CAP、大谓词增长算法(Large Predicate-growing)和直接 p-谓词测试算法(Direct p-predicate Testing)。

MultipleJoins、Reorder 和 Direct 算法是在提供了布尔表达式约束情况下的关联规则发现算法。这种布尔表达式约束允许用户指定所感兴趣的关联规则的集合,这种约束不仅可以用来对数据库进行预加工,而且可以把它集成在挖掘算法内部,从而提高算法的执行效率。根据集成方式的不同产生了这三种不同的算法。

CAP 算法是一个高效的基于约束的关联规则挖掘算法,它利用所给出的约束中两个对发现算法的剪枝步骤非常重要的属性:反单调型和简洁性,通过对这两个属性的分析而获取有趣、实用的关联规则。

大谓词增长算法和直接 p-谓词测试算法是元模式驱动的基于约束的关联规则挖掘算法。它们首先需要用户提供要发现的关联规则的元模式或模板,然后根据这些模板在数据库中发现与模板相适应的实际存在的关联规则。

10. 频繁模式增长算法

在许多情况下,Apriori 类的候选产生-检查方法大幅度压缩了候选项集的大小,并导致很好的性能。然而,它有两种开销可能并非微不足道的。一是它可能需要产生大量候选项集;二是它可能需要重复地扫描数据库,通过模式匹配检查一个很大的候选集合。对于挖掘长模式尤其如此。

J.Han 等人于 2000 年提出了一种新的算法理论 FP-Growth,彻底地脱离了Apriori 必须产生候选项集的传统方式,建立了基于 FP-tree 频繁项模式的无候选项集的结构思想,开辟了关联规则挖掘的新思路。简单地,FP-Growth 采取如下分治策略:将提供频繁项集的数据库压缩到一棵频繁模式树(或 FP-tree),但仍保留项集关联信息;然后,将这种压缩后的数据库分成一组条件数据库(一种特殊类型的投影数据库),每个关联一个频繁项,并分别挖掘每个数据库。

1.2.3 Apriori 算法详解

1. 基本定义和性质

虽然很多算法的效率都比 Apriori 高,但由于该算法提出来的时间较早,是很多初学者最先接触的算法,也是一个比较基础的算法,本书提出的算法也都是以 Apriori 算法为基础的。下面详细介绍该算法,先介绍基本定义和性质。

设 $I = \{i_1, i_2, \cdots, i_m\}$ 是由 m 个不同属性(项目)组成的集合,$i_k(k=1, 2, \cdots, m)$ 称为项(Item)。事务数据库 D 是事务 T(Transaction)的集合,其事务

数记作$|D|$,其中,T是项的集合,并且$T\subseteq I$。对应每一个事务有唯一的标识,记作 TID。设X是一个I中项的集合(项集),如果$X\subseteq T$,那么称事务T包含X。若X包含的项的个数为$k(1\leqslant k\leqslant m)$,则称$X$为**$k$-项集**。

项集**X的支持度**(Support,简记为s)定义为D中包含项集X的事务数与D中所有事务数的比值,记作$s(X)$,它表示项集X的重要性。设$X.\text{count}$表示D中包含项集X的事务数,则$s(X)=|\{T:X\subseteq T,T\in D\}|/|D|=X.\text{count}/|D|$。

如果$s(X)\geqslant\text{ms}$,则称X为**频繁项集**(Frequent Item Set,FIS),否则称为**非频繁项集**(in Frequent Item Set,inFIS),或者称为稀疏项集(Rare Itemset),其中,ms是由用户或专家给出的最小支持度(Minimun Support),它表示用户对项集感兴趣的最小阈值。若X为k-项集,则称项集X为k-频繁项集。若X仅包含正项,则称X为正频繁项集;若X还包含负项(未发生的项),则称X为负频繁项集。在大多数的研究工作中,频繁项集习惯上用L表示,本书对这两种表示方法不加区别,一般情况下用L,与非频繁项集对照时用 FIS 表示。

一个关联规则是形如$X\Rightarrow Y$的蕴涵式,这里$X\subset I,Y\subset I$,并且$X\cap Y=\Phi$,其中,X称为规则的前项(前件),Y称为规则的后项(后件)。规则$X\Rightarrow Y$在事务数据库D中的**支持度**是事务集中包含X和Y的事务数与所有事务数之比,它是概率$P(X\cup Y)$,记为$s(X\Rightarrow Y)$,实际上就是项集$X\cup Y$的支持度,即$s(X\cup Y)$,本书对这两种表示方法不加区分,即

$$s(X\Rightarrow Y)=s(X\cup Y)=P(X\cup Y)$$

$$=\frac{(X\cup Y).\text{count}}{|D|}=\frac{|\{T:X\cup Y\subseteq T,T\in D\}|}{|D|} \quad (1.1)$$

规则$X\Rightarrow Y$的**置信度**(Confidence,记为c)是指包含X和Y的事务数与包含X的事务数之比,这是条件概率$P(Y|X)$,记为$c(X\Rightarrow Y)$,即

$$c(X\Rightarrow Y)=P(Y\mid X)=\frac{s(X\cup Y)}{s(X)}$$

$$=\frac{(X\cup Y).\text{count}}{X.\text{count}}=\frac{|\{T:X\cup Y\subseteq T,T\in D\}|}{|\{T:X\subseteq T,T\in D\}|} \quad (1.2)$$

给定一个事务集D,挖掘关联规则问题就是产生支持度和置信度分别大于用户给定的最小支持度和最小置信度(Minimum Confidence,记为 mc)的关联规则,这样的关联规则称为强关联规则,即满足:

(1) $s(X \Rightarrow Y) \geqslant \mathrm{ms}$。

(2) $c(X \Rightarrow Y) \geqslant \mathrm{mc}$。

挖掘关联规则问题可以分解成如下两个子问题。

(1) 产生所有支持度满足最小支持度的项集。

(2) 对于每个频繁项集,产生所有置信度满足最小置信度的规则。

有时为了方便,也用 $0 \sim 100\%$ 的值而不是用 $0 \sim 1$ 的值来表示支持度和置信度。

频繁项集具有以下三个性质,这三个性质是所有关联规则挖掘算法的基础。

(1) 子集支持。

设 A 和 B 是两个不同的项集,如果 $A \subseteq B$,则 $s(A) \geqslant s(B)$。

(2) 非频繁项集的超集一定是非频繁的。

如果 A 在 D 中不满足最小支持度条件,即 $s(A) < \mathrm{ms}$,A 的超集 B 也不是频繁的。由性质 1 可得 $s(B) \leqslant s(A) < \mathrm{ms}$,因此 B 也不是频繁的。

(3) 频繁项集的子集也是频繁的。

如果项集 B 是数据库 D 中的频繁项集,即 $s(B) \geqslant \mathrm{ms}$,则 B 的子集 A 也是频繁的。由性质 1 可得 $s(A) \geqslant s(B) \geqslant \mathrm{ms}$,因此 A 也是频繁的。特别地,如果 $B = \{i_1, i_2, \cdots, i_k\}$ 是频繁的,则它的 k 个基数为 $k-1$ 的子集都是频繁的,反之不成立。

2. Apriori 算法

Apriori 算法使用称作逐层搜索的迭代方法,k-项集用于搜索 $(k+1)$-项集。首先,找出频繁 1-项集的集合,记作 L_1,L_1 用于找频繁 2-项集的集合 L_2,L_2 用于找 L_3,如此下去,直到不能找到频繁 k-项集。Apriori 算法如下。

算法 1.1:Apriori 算法

输入:D:事务数据库;ms:最小支持度。

输出:频繁项集 L。

(1) $L_1 = \{\text{frequent } 1-\text{itemsets}\}$;

(2) **for** $(k=2; L_{k-1} \neq \Phi; k++)$ **do begin**

(3) $C_k = \text{apriori\_gen}(L_{k-1})$;   //新的候选集

(4)   **for** all transactions $t \in D$ **do begin**

(5) $C_t = \text{subset}(C_k, t)$;

(6)　　　　　**for** all candidates $c \in C_t$ **do**

(7)　　　　　　c.count++;

(8)　　　**end**;

(9)　　　$L_k = \{c \in C_k \mid \text{c.count} \geqslant \text{ms} * \mid D \mid \}$;

(10) **end**;

(11) $L = \bigcup_k L_k$;

该算法的执行过程如下:首先扫描一次数据库,产生频繁 1-项集 L_1;然后进行循环,在第 k 次循环中,首先由频繁 $(k-1)$-项集进行自连接和剪枝产生候选 k-项集 C_k,然后使用 Hash 函数把 C_k 存储到一棵 Hash 树上,扫描数据库,对每一个事务 T 使用同样的 Hash 函数,计算出该事务 T 内包含哪些候选 k-项集,并对这些候选 k-项集的支持数加 1,如果某个候选 k-项集的支持数大于或等于最小支持数,则该候选 k-项集为频繁 k-项集;该循环直到不再产生候选 k-项集结束。

apriori_gen 函数的功能是从第 k 次遍历数据库后找出的频繁项集集合 L_k 中产生第 $k+1$ 次遍历所要计数的长度为 $k+1$ 的候选项集集合 C_{k+1},并且要保证 C_{k+1} 中项集的所有 k-项子集都是频繁项集。

apriori_gen 函数分为两步:①连接步,将 L_{k-1} 做自身连接;②剪枝步,对于 C_k 中任意候选项集 c,如果 c 的某个长度为 $k-1$ 的子集不属于 L_{k-1},则将 c 从 C_k 中删除,函数 has_infrequent_subset 用于完成剪枝功能。两个函数如下。

Function apriori-gen(L_{k-1}: frequent$(k-1)-$itemsets)

(1) **for** each itemset $L_1 \in L_{k-1}$

(2)　**for** each itemset $L_2 \in L_{k-1}$

(3)　　**if** $(L_1[1] = L_2[1]) \wedge (L_1[2] = L_2[2]) \wedge \cdots \wedge (L_1[k-2] = L_2[k-2]) \wedge$ $(L_1[k-1] < L_2[k-1])$ **then begin**

(4)　　　$c = L_1 \bowtie L_2$;　　//join step, generate candidates

(5)　　　**if** has_infrequent_subset(c, L_{k-1}) **then**

(6)　　　　delete c;　　//Prune step;

(7)　　　**else** add c to C_k;

(8)　　**end**;

(9) **return** C_k;

Function has_infrequent_subset(c：candidate k-itemset；L_{k-1}：frequent $(k-1)$-*itemsets*)

（1）**for** each $(k-1)-$subset s of c

（2）　　**if** $s \notin L_{k-1}$ **then**

（3）　　　**return true**；

连接步用 SQL 实现的语句如下。

insert into C_k

select $p.\text{item}_1$，$p.\text{item}_2$，$\cdots$，$p.\text{item}_{k-1}$，$q.\text{item}_{k-1}$

from $L_{k-1}P$，$L_{k-1}Q$

where $p.\text{item}_1 = q.\text{item}_1 \wedge p.\text{item}_2 = q.\text{item}_2 \wedge \cdots \wedge p.\text{item}_{k-2} = q.\text{item}_{k-2} \wedge p.\text{item}_{k-1} <$

　　　　$q.\text{item}_{k-1}$

3. Apriori 算法举例

下面举例说明 Apriori 算法求频繁项集的过程。示例数据库如表 1.1 所示。

表 1.1　示例数据库

TID	项　　集	TID	项　　集
T_1	A,B,D	T_6	B,D,F
T_2	A,B,C,D	T_7	A,E,F
T_3	B,D	T_8	C,F
T_4	B,C,D,E	T_9	B,C,F
T_5	A,C,E	T_{10}	A,B,C,D,F

设 ms＝0.3，得到的候选集 C_k 及频繁项集 L_k 如表 1.2 所示。需要注意的是，在由 L_2 到 C_3 时，由 L_2 自连接得到的项集 BDF 和 CDF 因其子集 DF 不在 L_2 中，因而被剪枝。最后因为 $C_4 = \varnothing$，算法结束。

表 1.2　候选集 C_k 及频繁项集 L_k（ms＝0.3）

L_1		C_2		L_2	
项集	s	项集	s	项集	s
A	0.5	AB	0.3	AB	0.3
B	0.7	AC	0.3	AC	0.3

续表

L_1		C_2		L_2	
项集	s	项集	s	项集	s
C	0.6	AD	0.3	AD	0.3
D	0.6	AE	0.2	BC	0.4
E	0.3	AF	0.2	BD	0.6
F	0.5	BC	0.4	BF	0.3
		BD	0.6	CD	0.3
		BE	0.1	CF	0.3
		BF	0.3		
		CD	0.3		
		CE	0.2		
		CF	0.3		
		DE	0.1		
		DF	0.2		
		EF	0.1		

C_3		L_3		C_4	
项集	s	项集	s	项集	s
ABC	0.2	ABD	0.3	$\varnothing$	
ABD	0.3	BCD	0.3		
ACD	0.2				
BCD	0.3				
BCF	0.2				

1.2.4 由频繁项集产生关联规则

一旦由数据库 D 中的事务找出频繁项集,由它们产生强关联规则是直截了当的。对于置信度,可用式(1.2)计算。根据该式,关联规则可以产生如下。

对于每个频繁项集 X,分解成不相交的两个非空子集 A 和 B,如果 $c(A \Rightarrow$

$B) \geqslant \mathrm{mc}$,则输出规则"$A \Rightarrow B$"。

由于规则由频繁项集产生,每个规则都自动满足最小支持度。

下面用表 1.2 中的频繁项集生成关联规则。

对项集 AB,有

$$c(A \Rightarrow B) = s(A \Rightarrow B)/s(A) = 0.3/0.5 = 60\%$$

$$c(B \Rightarrow A) = s(B \Rightarrow A)/s(B) = 0.3/0.7 = 43\%$$

对项集 ABC,有

$$c(A \Rightarrow BC) = s(A \Rightarrow BC)/s(A) = 0.2/0.5 = 40\%$$

$$c(B \Rightarrow AC) = s(B \Rightarrow AC)/s(B) = 0.2/0.7 = 29\%$$

$$c(C \Rightarrow AB) = s(C \Rightarrow AB)/s(C) = 0.2/0.6 = 33\%$$

$$c(AB \Rightarrow C) = s(AB \Rightarrow C)/s(AB) = 0.2/0.3 = 67\%$$

$$c(AC \Rightarrow B) = s(AC \Rightarrow B)/s(AC) = 0.2/0.3 = 67\%$$

$$c(BC \Rightarrow A) = s(BC \Rightarrow A)/s(BC) = 0.2/0.4 = 50\%$$

如果最小置信度阈值为 50%,则只有 $A \Rightarrow B$,$AB \Rightarrow C$,$AC \Rightarrow B$,$BC \Rightarrow A$ 可以输出,因为只有这些是强的。

下面是生成关联规则的算法 AR(Association Rule)。

算法 1.2　AR 求关联规则的传统算法

输入:L:频繁项集;mc:最小置信度。

输出:AR:关联规则集合。

(1) AR $= \varnothing$;

(2) //产生频繁项集 L 中的正负关联规则

　　for any frequent itemset X in L **do**

　　　　for any itemset $A \cup B = X$ and $A \cap B = \varnothing$ **do**

　　　　　　if $c(A \Rightarrow B) \geqslant \mathrm{mc}$　　**then**

　　　　　　　　AR $=$ AR $\cup \{A \Rightarrow B\}$;

(3) **return** AR;

小　　结

本章主要讲述了数据挖掘的起源、定义、任务,介绍了关联规则挖掘的主要算法,并详细介绍了关联规则挖掘的经典算法——Apriori 算法。

第 2 章　挖掘负关联规则的 PNARC 模型

从本章开始讨论负关联规则的挖掘算法。与正关联规则中所有的项(集)都是已经发生的事件不同,负关联规则中还包含未发生的事件,能够反映未发生事件和已发生事件之间的关系,因而能够提供更全面的决策信息。2.1 节介绍研究负关联规则的意义,2.2 节讨论挖掘正负关联规则的 PNARC 模型,该模型包括研究负关联规则后出现的问题以及基于相关性的解决方案、负关联规则的支持度与置信度的计算方法和算法设计,2.3 节用示例数据和实际数据对算法进行了验证,最后对本章进行了小结。

2.1　负关联规则概述

首先看一个例子。

例 2.1　假设有 6 样商品 A、B、C、D、E 和 F,从支持度-置信度模型来看,其中有两条关联规则 $A \Rightarrow B$、$E \Rightarrow F$,超市中有两个货架来摆放这 6 样商品。我们已经知道,A 和 B、E 和 F 应摆放在同一货架上,但 C 和 D 应怎样摆放呢?

从上面的两条正关联规则来看,C 和 D 不与其他任何商品正关联。现在来看一下 $A \Rightarrow \neg C$。$A \Rightarrow \neg C$ 表示在一个交易中如果商品 A 存在的话,商品 C 存在的可能性极小,或者说,商品 C 不存在的可能性极大,我们把形似 $A \Rightarrow \neg C$(还有 $\neg A \Rightarrow C$、$\neg A \Rightarrow \neg C$ 等)的关联规则称为负关联规则(Negative Association Rule,NAR)。负关联规则说明在一个交易中,用户购买某些商品后会暗示很有可能不买另一些商品(如用户购买茶叶后很有可能不买咖啡)。在这个例子中,

如果 A 和 C 存在负关联(C 与另外的商品不存在负关联),则应该把商品 C 放在摆放 E 和 F 的货架上。

例 2.2 在房地产业,投资者将会面临环境质量问题、自然资源利用问题以及许多经济和政治问题。对于引起环境问题、资源利用冲突,以及可能解决这些问题和冲突的政治方案极其重要的环境状况分析报告的制定,不仅要依靠从数据中得到的正关联规则,而且要依靠负关联规则。

这个例子说明,当决策者想知道"当某些有利因素出现时哪些不利因素很少出现"的时候,负关联规则就变得非常重要。

激励我们不仅研究正关联规则,而且研究负关联规则的原因有两个。

第一,像商品摆放和投资分析等许多领域的决策制定过程中,常常会涉及许多因素,包括有利因素和不利因素。为了将负面影响降到最低,最大限度地增加正面效益,就必须仔细考察当期望的有利因素出现时,哪些因素的副作用极少出现或者永不出现。在制定决策时负关联规则 $A \Rightarrow \neg C$ 是非常重要的,因为 C 可能就是一个不利因素。这条规则告诉我们,当有利因素 A 出现时,不利因素 C 很少出现。上面的两个例子阐明,正关联规则和负关联规则都是非常有用的。

第二,科学工程领域的实验已经表明,负相关(如数学中的负数和逻辑中的负命题)和正相关有着同样重要的作用。因此,在关联规则分析中,负关联规则和正关联规则会有同样重要的作用。

基于上述两方面的原因,使得在挖掘正关联规则的同时,非常有必要给出一种挖掘负关联规则的方法。挖掘负关联规则会带来以下两方面的直接收益。

第一个收益是:从逻辑上讲,作为一个系统,进一步完善项集间的关联规则分析,就像在形成了自然数系统和正实数系统之后,又形成了负数系统和负实数系统一样。

第二个收益是:为决策支持提供更多的有用信息。

对于给定的项集 X、Y,$X \cap Y = \varnothing$,共有以下 8 种形式的关联规则。

(1) $X \Rightarrow Y$。

(2) $X \Rightarrow \neg Y$。

(3) $\neg X \Rightarrow Y$。

(4) $\neg X \Rightarrow \neg Y$。

(5) $Y \Rightarrow X$。

(6) $Y \Rightarrow \neg X$。

(7) $\neg Y \Rightarrow X$。

(8) $\neg Y \Rightarrow \neg X$。

其中,(5)~(8)是交换了(1)~(4)的前件和后件得到的,为了简化讨论,本书只考虑前4种形式的关联规则,但书中的方法皆适用于8种形式,且书中所有的验证实验都是对8种形式的规则进行的。形如 $\neg X$ 的项集被称为**负项集**,它表示一个事务中不存在项集 X,因此有的文献中也称为不存在项集,并把(2)~(4)称为**负关联规则**(确切的定义应是负项集关联规则,因为规则中包含负项集,但是本书仍然沿用以前工作者提出的定义);$X \Rightarrow Y$ 相应地称为**正关联规则**(Positive AR,PAR)。

2.2　正负关联规则相关性模型——PNARC 模型

正负关联规则相关性模型(Positive and Negative Association Rules on Correlation,PNARC)的基本思想是利用支持度-置信度框架,采用相关性检验方法,删除矛盾的关联规则,得到正确的正负关联规则。

2.2.1　问题分析

例 2.3　假定某一超市数据中包含 n 个事务,现在关注一下茶叶(t)和咖啡(c)的销售情况。设 $s(t)=0.5$,$s(c)=0.5$,$s(t \bigcup c)=0.2$,并假定最小支持度 ms=0.2,最小置信度 mc=0.4,很明显,项集 t、c、$t \bigcup c$ 都是频繁项集,4 个规则的置信度如下(计算方法见 2.2.2 节)。

(1) $c(t \Rightarrow c)=0.4$。

(2) $c(t \Rightarrow \neg c)=0.6$。

(3) $c(\neg t \Rightarrow c)=0.6$。

(4) $c(\neg t \Rightarrow \neg c)=0.4$。

因此 4 个规则都满足最小置信度约束,都将作为有效的关联规则,其含义分别如下。

（1）顾客购买茶叶时也会购买咖啡。

（2）顾客购买茶叶时则不会购买咖啡。

（3）顾客不购买茶叶时会购买咖啡。

（4）顾客不购买茶叶时也不会购买咖啡。

很明显，规则（1）、（4）与（2）、（3）是相互矛盾的。

例 2.3 说明了两个问题，第 1 个问题是在频繁项集中也存在负关联规则；第 2 个问题是如果不对 4 种形式的关联规则进行控制，则可能会出现相互矛盾的关联规则。

研究发现，项集 X、Y 之间可能出现的矛盾关系如图 2.1 所示，两条规则间的连线说明这两个规则存在矛盾，不能同时存在于结果集中，如 $X \Rightarrow Y$ 与 $X \Rightarrow \neg Y$，$\neg X \Rightarrow Y$ 不能同时存在，而 $X \Rightarrow Y$ 和 $\neg X \Rightarrow \neg Y$ 之间没有连线，则可以同时存在，其他以此类推。

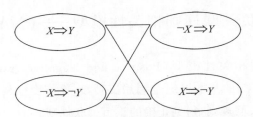

图 2.1 X、Y 之间可能出现的矛盾关系

出现矛盾的原因是项集间存在负相关，另外一种可能会出现矛盾的情况是项集之间相互独立，而统计学上相关性可以有效地解决这一问题。

2.2.2   负关联规则中支持度与置信度的计算

第 1 章提到了很多的方法都可以用来获得正关联规则的支持度，但由于负关联规则包含负项集，用扫描数据库的方法求它们的支持度较为困难。在 Apriori 算法中，已经得到了所有频繁项集的支持度，本章提出的方法就是利用这些已知的支持度，通过适当转换来计算负关联规则的支持度与置信度。下面是本章提出的计算方法。

定理 2.1   设 $A, B \subset I, A \cap B = \varnothing$，则有：

（1）$s(\neg A) = 1 - s(A)$ (2.1)

$(2)\ s(A \cup \neg B) = s(A) - s(A \cup B)$ \hfill (2.2)

$(3)\ s(\neg A \cup B) = s(B) - s(A \cup B)$ \hfill (2.3)

$(4)\ s(\neg A \cup \neg B) = 1 - s(A) - s(B) + s(A \cup B)$ \hfill (2.4)

为了证明该定理,需要从另外一个角度重新表示一下支持度与置信度,即把项集的集合运算转换为对事务集的集合运算,这样更有利于集合论中一些定理及性质的应用,也易于理解。

证明: 设 A_s 表示包含项集 A 的事务的集合,$|A_s|$ 表示 A_s 中的事务数;同样,设 B_s 表示包含项集 B 的事务的集合,$|B_s|$ 表示 B_s 中的事务数,而数据库 D 是数据库中所有事务的集合,即全集,$|D|$ 表示全部的事务数,则相应的转换如下。

$(1)\ (A \cup B).\text{count} = |A_s \cap B_s|$ \hfill (2.5)

$(2)\ s(A) = \dfrac{A.\text{count}}{|D|} = \dfrac{|A_s|}{|D|}$ \hfill (2.6)

$(3)\ s(A \cup B) = \dfrac{(A \cup B).\text{count}}{|D|} = \dfrac{|A_s \cap B_s|}{|D|}$ \hfill (2.7)

$(4)\ c(A \Rightarrow B) = \dfrac{s(A \cup B)}{s(A)} = \dfrac{|A_s \cap B_s|}{|A_s|}$ \hfill (2.8)

下面证明该定理。

$(1)\ s(\neg A) = |\neg A_s| / |D| = |D - A_s| / |D| = (|D| - |A_s|) / |D| = 1 - s(A)$。

(2) 因为

$$(A \cup \neg B).\text{count} = |A_s \cap \neg B_s| = |A_s - A_s \cap B_s| = |A_s| - |A_s \cap B_s|$$

所以

$$s(A \cup \neg B) = \frac{(A \cup \neg B).\text{count}}{|D|} = \frac{|A_s| - |A_s \cap B_s|}{|D|} = s(A) - s(A \cup B)$$

(3) 利用集合并的交换性可直接由(2)推出。

(4) 因为

$$(\neg A \cup \neg B).\text{count} = |\neg A_s \cap \neg B_s| = |D - A_s| - |B_s - A_s \cap B_s|$$
$$= |D| - |A_s| - |B_s| + |A_s \cap B_s|$$

所以

$$s(\neg A \cup \neg B) = \frac{(\neg A \cup \neg B).\text{count}}{|D|} = \frac{|D| - |A_s| - |B_s| + |A_s \cap B_s|}{|D|}$$
$$= 1 - s(A) - s(B) + s(A \cup B)$$

证毕。

根据定理 2.1 及置信度的定义,很容易得到下面的推论,该推论用于计算负关联规则的置信度。

推论 2.1 设 $A,B \subset I, A \cap B = \varnothing$,则有:

(1) $c(A \Rightarrow \neg B) = \dfrac{s(A) - s(A \cup B)}{s(A)} = 1 - c(A \Rightarrow B)$ (2.9)

(2) $c(\neg A \Rightarrow B) = \dfrac{s(B) - s(A \cup B)}{1 - s(A)}$ (2.10)

(3) $c(\neg A \Rightarrow \neg B) = \dfrac{1 - s(A) - s(B) + s(A \cup B)}{1 - s(A)} = 1 - c(\neg A \Rightarrow B)$ (2.11)

这里只证明(3),(1)、(2)可以用类似的方法证明。

证明:

$$c(\neg A \Rightarrow \neg B) = \frac{s(\neg A \cup \neg B)}{s(\neg A)} = \frac{1 - s(A) - s(B) + s(A \cup B)}{1 - s(A)}$$
$$= 1 - c(\neg A \Rightarrow B)$$

证毕。

推论 2.2 设 $A,B \subset I, A \cap B = \varnothing$,则有:

(1) $c(A \Rightarrow B) + c(A \Rightarrow \neg B) = 1$ (2.12)

(2) $c(\neg A \Rightarrow B) + c(\neg A \Rightarrow \neg B) = 1$ (2.13)

推论 2.2 表明了 4 类关联规则的置信度之间的关系。

2.2.3 相关性在正负关联规则挖掘中的应用

项集的相关性(提升度)可以利用概率论的相关知识来定义。把项集 A 和 B 看作是两个随机事件,因此项集 A 和 B 支持度 $s(A)$、$s(B)$ 就是它们发生的概率 $P(A)$、$P(B)$。如果式 $P(AB) = P(A)P(B)$ 成立,则说明事件 A、B 是独立的,否则是相关的。同样,如果 $P(ABC) = P(A)P(B)P(C)$ 成立,则说明事件 A、B、C 是独立的,否则是相关的。相关性有一个重要性质是向上封闭性:如果一个项集 X 是相关的,那么 X 的所有超集都是相关的。该性质可以用反证法证明。假定 A、B 是相关的,而 A、B、C 不是,那么 $P(AB) = P(ABC) + P(AB\neg C) = P(A)P(B)P(C) + P(A)P(B)P(\neg C) = P(A)P(B)$,

说明 A、B 是独立的,这与假设矛盾,所以 A、B、C 也是相关的。

A 和 B 的相关性对称提升度可由式(2.14)

$$\text{corr}(A,B)=\frac{P(A\bigcup B)}{P(A)P(B)}=\frac{s(A\bigcup B)}{s(A)s(B)} \tag{2.14}$$

来度量,其中,$P(A)\neq0,P(B)\neq0$。

$\text{corr}(A,B)$有三种可能的情况:

(1) 如果 $\text{corr}(A,B)>1$,那么 A 和 B 正相关,事件 A 出现的越多,事件 B 出现的也越多。

(2) 如果 $\text{corr}(A,B)=1$,那么 A 和 B 相互独立,事件 B 的出现与事件 A 无关。

(3) 如果 $\text{corr}(A,B)<1$,那么 A 和 B 负相关,事件 A 出现的越多,事件 B 出现的越少。

下面来讨论项集 A、B 间 4 种形式关联规则的相关性之间的关系。

定理 2.2　如果 $\text{corr}(A,B)>1$,则有:

(1) $\text{corr}(A,\neg B)<1$;

(2) $\text{corr}(\neg A,B)<1$;

(3) $\text{corr}(\neg A,\neg B)>1$。

反之亦反之。

证明:这里只证明(3),(1)、(2)可以用类似的方法证明。

由 $\text{corr}(A,B)>1$ 得:

$$s(A\bigcup B)>s(A)s(B)$$

所以

$$1-s(A)-s(B)+s(A\bigcup B)>1-s(A)-s(B)+s(A)s(B)$$

又因

$$\text{corr}(\neg A,\neg B)>0$$

即

$$1-s(A)-s(B)+s(A)s(B)>0$$

所以

$$\frac{1-s(A)-s(B)+s(A\bigcup B)}{1-s(A)-s(B)+s(A)s(B)}=\frac{s(\neg A\bigcup\neg B)}{s(\neg A)s(\neg B)}>1$$

即 $\text{corr}(\neg A,\neg B)>1$。

证毕。

推论 2.3 如果 corr(A,B)>1,则有:

(1) $c(A{\Rightarrow}B)>c(\neg A{\Rightarrow}B)$。

(2) $c(\neg A{\Rightarrow}\neg B)>c(A{\Rightarrow}\neg B)$。

反之亦反之。

证明: (1) 由 corr(A,B)>1 得

$$s(A{\bigcup}B)>s(A)s(B)$$
$$c(A{\Rightarrow}B)=s(A{\bigcup}B)/s(A)>s(B)$$

由定理 2.2 可知,corr(A,B)>1 则 corr($\neg A$,B)<1,即

$$s(\neg A{\bigcup}B)<s(\neg A)s(B)$$
$$c(\neg A{\Rightarrow}B)=s(\neg A{\bigcup}B)/s(\neg A)<s(B)$$

所以 $c(A{\Rightarrow}B)>c(\neg A{\Rightarrow}B)$。

(2) 同理可证。

证毕。

定理 2.2 和推论 2.3 都说明规则 $A{\Rightarrow}B$(或 $\neg A{\Rightarrow}\neg B$)和 $A{\Rightarrow}\neg B$(或 $\neg A{\Rightarrow}B$)不会同时成为有效规则。

推论 2.4 如果 corr(A,B)=1,则有:

(1) corr(A,$\neg B$)=1。

(2) corr($\neg A$,B)=1。

(3) corr($\neg A$,$\neg B$)=1。

很容易证明该推论,这里从略。

由以上的推导可见,相关性检验是一种非常有效的方法,在挖掘正、负关联规则时只要对项集的相关性进行判断就可以避免矛盾规则的出现,即当 corr$_{A,B}$>1 时仅挖掘规则 $A{\Rightarrow}B$ 和 $\neg A{\Rightarrow}\neg B$,当 corr($A$,$B$)<1 时仅挖掘规则 $\neg A{\Rightarrow}B$ 和 $A{\Rightarrow}\neg B$,当 corr(A,B)=1 时不挖掘规则,从而避免产生矛盾的关联规则。

根据这一结论,例 2.3 中因 corr(t,c)<1,所以只有 $t{\Rightarrow}\neg c$ 和 $\neg t{\Rightarrow}c$ 才是有效的规则。

下面给出 PNARC 模型的正、负关联规则的定义。

定义 2.1 设 I 是数据库 D 的项集，$A,B \subseteq I$ 且 $A \cap B = \varnothing$，$0 < s(A)$、$s(\neg A)$、$s(B)$、$s(\neg B) < 1$，$ms > 0$，$mc > 0$；若 $corr(A,B) = 1$，A,B 相互独立；否则，A,B 相关，且：

(1) 如果 $corr(A,B) > 1$，$s(A \cup B) \geqslant ms$ 且 $c(A \Rightarrow B) \geqslant mc$，那么 $A \Rightarrow B$ 是一条正关联规则。

(2) 如果 $corr(A,\neg B) > 1$，$s(A \cup B) \geqslant ms$ 且 $c(A \Rightarrow \neg B) \geqslant mc$，那么 $A \Rightarrow \neg B$ 是一条负关联规则。

(3) 如果 $corr(\neg A,B) > 1$，$s(A \cup B) \geqslant ms$ 且 $c(\neg A \Rightarrow B) \geqslant mc$，那么 $\neg A \Rightarrow B$ 是一条负关联规则。

(4) 如果 $corr(\neg A,\neg B) > 1$，$s(A \cup B) \geqslant ms$ 且 $c(\neg A \Rightarrow \neg B) \geqslant mc$，那么 $\neg A \Rightarrow \neg B$ 是一条负关联规则。

2.2.4 PNARC 算法

下面给出 PNARC 模型的算法，并把它称作 PNARC 算法，该算法能够判断项集间的相关性并同时挖掘出频繁项集中的正、负关联规则，还能检测并删除那些相互独立的项集产生的规则。在算法中，假定已经求得了频繁项集并保存在集合 L 中。

算法 2.1 PNARC 算法

输入：L：频繁项集；mc：最小置信度。

输出：PAR：正关联规则集合；NAR：负关联规则集合。

(1) $PAR = \varnothing$；$NAR = \varnothing$。

(2) //产生频繁项集 L 中的正负关联规则

for any frequent itemset X in L **do** **begin**

  for any itemset $A \cup B = X$ and $A \cap B = \varnothing$ **do begin**

    $corr = s(A \cup B)/(s(A)s(B))$;

    $c(A \Rightarrow B) = s(A \cup B)/s(A)$;

    $c(A \Rightarrow \neg B) = 1 - c(A \Rightarrow B)$;

    $c(\neg A \Rightarrow B) = (s(B) - s(A \cup B))/(1 - s(A))$;

    $c(\neg A \Rightarrow \neg B) = 1 - c(\neg A \Rightarrow B)$;

    if corr> 1 **then begin**

      (2.1)//产生形如 $A \Rightarrow B$ 和 $\neg A \Rightarrow \neg B$ 的规则

  if $c(A\Rightarrow B)\geqslant$mc then

   PAR=PAR$\bigcup\{A\Rightarrow B\}$；

  if $c(\neg A\Rightarrow\neg B)\geqslant$mc then

   NAR=NAR$\bigcup\{\neg A\Rightarrow\neg B\}$；

  end；

 if corr $<$1 then begin

 (2.2)//产生形如 $A\Rightarrow\neg B$ 和 $\neg A\Rightarrow B$ 的规则

 if $c(A\Rightarrow\neg B)\geqslant$mc then

  NAR=NAR$\bigcup\{A\Rightarrow\neg B\}$；

 if $c(\neg A\Rightarrow B)\geqslant$mc then

  NAR=NAR$\bigcup\{\neg A\Rightarrow B\}$；

 end；

  end；

   end；

 (3) **return** PAR and NAR；

  该算法产生频繁项集 L 的正关联规则集合 PAR 和负关联规则集合 NAR。第(1)步将 PAR 和 NAR 初始化为空集。第(2)步计算相关性标志 corr 并产生规则,该步骤中由 corr 判断 4 种形式关联规则的相关性,当 corr$>$1 时由步骤(2.1)产生形如 $A\Rightarrow B$ 和 $\neg A\Rightarrow\neg B$ 的规则,当 corr$<$1 时步骤(2.2)产生形如$A\Rightarrow\neg B$ 以及 $\neg A\Rightarrow B$ 的规则。第(3)步返回结果 PAR 和 NAR 并结束整个算法。

  显然,算法 PNARC 可以用于 8 种形式关联规则的挖掘,只要在算法中的相应位置添加适当语句即可。

  算法 PNARC 在算法 AR 的基础上添加了部分计算和判断语句,二者具有相同的时间复杂度。

2.3 PNARC 模型实验结果

  若仅验证 4 种形式的关联规则可能不具有重复性,因为不同的算法对同一项集产生的规则不一定相同。例如项集 ABC,有的算法可能会产生规则 AB$\Rightarrow$C 而不产生 $C\Rightarrow$AB,而有的算法则相反,因此为了实验的重复性,虽然本书中的算法仅写了 4 种规则,但所有的验证都是对 8 种规则进行的,以后不再注明。

2.3.1 示例数据

示例数据见表 1.1,实验是在算法 AR 和 PNARC 上进行的,表 2.1 列出了两种算法的实验结果。该表是保持 mc 不变、改变 ms 时的情况,从表中可以看出,当 ms=0.2,mc=0.3 时,用传统算法 AR 得到的正关联规则数是 70,而用 PNARC 算法得到的正关联规则数是 40,说明有 70−40=30 个与其对应的负关联规则相互矛盾的正关联规则被删除,同时得到了 20+20+42=82 个负关联规则,检测并修剪了 12 个由独立项集产生的规则,这充分说明算法 PNARC 是有效的。

下面举几个实际的例子(ms=0.2,mc=0.3 时的结果),其中的支持度参见表 1.2。

对于项集 AB,因为 corr$(A,B)=0.3/(0.5\times0.7)<1$,所以只能产生 $A\Rightarrow\neg B$ 型和 $\neg A\Rightarrow B$ 型规则,又因为 $c(A\Rightarrow\neg B)=0.4,c(\neg A\Rightarrow B)=0.8$,所以这两条规则都是有效的负关联规则。

对于项集 AC,因为 corr$(A,C)=0.3/(0.5\times0.6)=1$,所以删除项集 AC 产生的所有规则。

对于项集 AE,因为 corr$(A,E)=0.2/(0.5\times0.3)>1$,所以只能产生 $A\Rightarrow E$ 型和 $\neg A\Rightarrow\neg E$ 型规则,又因为 $c(A\Rightarrow E)=0.4,c(\neg A\Rightarrow\neg E)=0.8$,所以这两条规则都是有效的负关联规则。

表 2.1 PNARC 在示例数据上的实验结果

(置信度不变,支持度变化)

算　　法		关联规则数(mc=0.3)		
	ms	0.1	0.2	0.3
AR	$A\Rightarrow B$ 型	134	70	28
PNARC	$A\Rightarrow B$ 型	73	40	10
	$A\Rightarrow\neg B$ 型	72	20	10
	$\neg A\Rightarrow B$ 型	63	20	10
	$\neg A\Rightarrow\neg B$ 型	90	42	10
	修剪	17	12	8
	小计	325	135	48

表 2.2 是保持 ms 不变、改变 mc 时的情况,从另外一个角度说明了算法 PNARC 的有效性。

表 2.2　PNARC 模型在示例数据上的关联规则数(ms＝0.2)

(支持度不变,置信度变化)

算法	mc	0.2	0.3	0.4	0.5	0.6	0.65	0.7	0.8	0.9
AR	$A \Rightarrow B$ 型	74	70	59	46	32	26	9	8	7
PNARC	$A \Rightarrow B$ 型	42	40	31	26	23	23	9	8	7
	$A \Rightarrow \neg B$ 型	20	20	17	14	8	4	2	0	0
	$\neg A \Rightarrow B$ 型	20	20	18	18	18	16	13	4	0
	$\neg A \Rightarrow \neg B$ 型	42	42	40	30	24	24	24	13	7
	修剪	12	12	12	10	4	0	0	0	0
	小计	136	134	118	98	77	67	48	25	14

2.3.2　更多的实验结果

1. 数据说明

本书的数据集主要包含 2 个合成数据集和 5 个真实数据集,具体说明如下。

(1) DS1：C4_T20_S6_I20_DB5k_N100。

(2) DS2：C10_T10_S10_I30_DB4k_N100。

(3) DS3：Mushroom,是一个密集的数据集,包含与肋片蘑菇相关的假定样本数据。

(4) DS4：Nursery,数据来源于最初用于幼儿园排名应用而开发的一个分层的决策模型。Mushroom 和 Nursery 都可以从 http://archive.ics.uci.edu/ml/datasets.html 获得。

(5) DS5：用户单击链接数据,数据集来源于 www.microsoft.com 在 1998 年 2 月某一周的用户单击链接数据,数据是由 Microsoft Research 的 Jack S. Breese,David Heckerman,Carl M.Kadie 于 1998 年 11 月 30 日提供。用户用一个号码(如 14989)唯一识别,记录了 294 个链接,数据集中没有包含用户的私人信息。数据集中的每一行表示一个用户对网站的单击情况,用户的平均点击量是 3.0,共有 32 711 行数据。

(6) DS6:Chess,数据集由棋盘的坐标来表示国际象棋位置组成。

(7) DS7:Connect,数据集包含所有合法的 4 连接 8-ply 位置的游戏规则里面没有一个玩家能赢,并且在这里面下一步的操作是不被强制执行的。

本书的大部分实验是在 DS1~DS5 上进行的,部分实验还在 DS6 和 DS7 上进行。其中的一些实例用到了 DS5 的数据,下面详细介绍 DS5。

DS5 数据是用一种称作 DST 的格式存储的,数据中某一行的第一个字母表征了该行的类型,感兴趣的三种类型如下。

(1) 属性行:Attribute lines。

例如,'A,1277,1,"NetShow for PowerPoint","/stream"'

其中:

A 表示这是一个属性行。

1277 表示一个 Web 站点(称作一个 Vroot)的属性 ID。

1 表示可以被忽略。

"NetShow for PowerPoint"表示这个 Vroot 的标题。

"/stream"表示相对于网站 http://www.microsoft.com 的 URL。

(2) 实例行和 Vote 行。

对于每一个用户都有一个实例行和随后的 0 个或多个 vote 行,例如:

C,"10164",10164

V,1123,1

V,1009,1

V,1052,1

其中:

C 表示这是一个实例行,"10164" 表示这个实例的 ID。

V 表示这个实例的 vote 行。

1123,1009,1052 是一个用户访问的 Vroots 的属性 ID。

1 表示可以被忽略。

部分原始数据如下。

A,1287,1,"International AutoRoute","/autoroute"

A,1288,1,"library","/library"

A,1289,1,"Master Chef Product Information","/masterchef"

A,1297,1,"Central America","/centroam"

A,1215,1,"For Developers Only Info","/developer"

A,1279,1,"Multimedia Golf","/msgolf"

A,1239,1,"Microsoft Consulting","/msconsult"

A,1282,1,"home","/home"

A,1251,1,"Reference Support","/referencesupport"

…

但是上述数据集不能直接用于 Apriori 算法,需要进行转换,转换后的数据只保留了属性 ID,而忽略了用户 ID,转换后的数据格式示意如下。

1017 1004 1018 1029 1008 1030 1031 1032 1003 1033 1002

1008 1001 1034 1002

1017 1004 1018 1035 1036 1008 1037 1009 1038 1026 1039 1040 1032 1041 1042 1034

1017 1048

1045 1049 1018 1008 1035 1027 1046 1009 1031 1041 1001 1003 1002 1034 1050

1032

1037 1009 1004

1008 1051 1038 1031 1052 1053 1018

1051 1054 1018 1035 1008 1009 1026 1040 1052 1041 1003 1034 1048

1008 1055 1056 1017 1032

1008 1027 1026 1041 1032 1001 1003 1018 1057

…

2. 实验结果分析

得到频繁项集后,用 PNARC 算法进行了验证。图 2.2 表示出了 PNARC 得到的规则数量随支持度变化(置信度不变)的情况,图 2.3 表示出了 PNARC 得到的规则数量随置信度变化(支持度不变)的情况,从中可以看出 PNARC 算法的有效性。

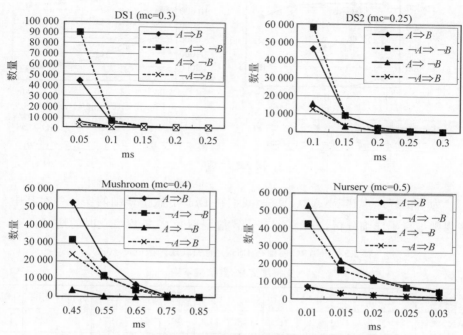

图 2.2　PNARC 得到的规则数量随支持度变化（置信度不变）的情况

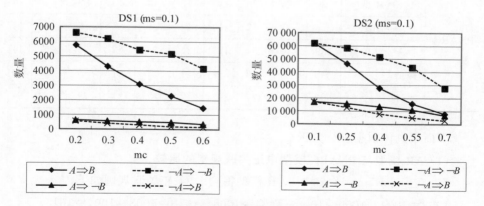

图 2.3　PNARC 得到的规则数量随置信度变化（支持度不变）的情况

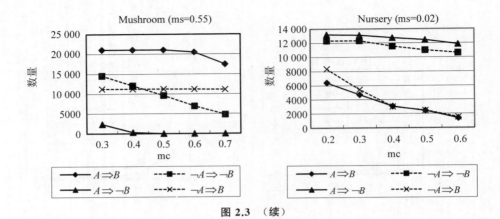

图 2.3 （续）

为了更好地理解 PNARC 算法，我们在 DS5 上做了详细的实验并对其中一些规则进行了详细分析，表 2.3 列出了置信度不变、支持度变化时的情况。

表 2.3   PNARC 模型在 DS5 上的关联规则数（mc＝0.2）

（支持度变化，置信度不变）

算法	ms	0.014	0.016	0.018	0.02	0.022	0.025	0.03	0.035	0.04	0.05
AR	$A \Rightarrow B$ 型	228	169	148	119	96	77	57	33	24	14
PNARC	$A \Rightarrow B$ 型	213	157	138	111	89	69	51	29	21	12
	$A \Rightarrow \neg B$ 型	30	26	20	16	16	14	10	8	6	4
	$\neg A \Rightarrow B$ 型	16	15	12	10	10	9	7	6	5	4
	$\neg A \Rightarrow \neg B$ 型	339	240	204	158	126	94	62	36	26	14
	修剪	5	3	3	2	1	1	1	0	0	0
	小计	603	441	377	297	242	187	131	79	58	34

下面用具体数据进行分析。

（1）AR 模型与 PNARC 模型中正关联规则的比较。

在 ms＝0.05，mc＝0.20 时，AR 模型得到 14 条正关联规则如下。

1008⇒1034   1009⇒1008   1034⇒1008   1018⇒1008   1001⇒1018

1001⇒1003   1017⇒1008   1018⇒1001   1017⇒1004   1008⇒1009

1003⇒1001   1008⇒1018   1004⇒1034   1004⇒1008

其中,各属性 ID 对应的含义如表 2.4 所示。

表 2.4 属性 ID 及含义对照表

属性 ID	含　　义	属性 ID	含　　义
1008	Free Downloads	1003	Knowledge Base
1034	Internet Explorer	1017	Products
1004	Microsoft.com Search	1035	Windows 95 Support
1018	isapi	1037	Windows 95
1009	Windows Family of Oss	1003	Knowledge Base
1001	Support Desktop		

而 PNARC 模型只有 12 条正关联规则,说明有两条规则被修剪,它们是:
$1004 \Rightarrow 1034$ 和 $1004 \Rightarrow 1008$,即:

Microsoft.com Search $\Rightarrow$ Free Downloads

$(s=0.06, c=0.2317, \text{corr}=0.06/(0.259 \times 0.331) \approx 0.7)$

和

Microsoft.com Search $\Rightarrow$ Internet Explorer

$(s=0.053, c=0.2046, \text{corr}=0.053/(0.259 \times 0.287) \approx 0.7)$

而得到的负关联规则如下。

$\neg 1004 \Rightarrow 1008 (c=0.3657)$

$1004 \Rightarrow \neg 1008 (c=0.7683)$

$\neg 1004 \Rightarrow 1034 (c=0.3158)$

$1004 \Rightarrow \neg 1034 (c=0.7964)$

在 $\text{ms}=0.015, \text{mc}=0.20$ 时,因 $\text{corr} \approx 1$,使得规则 $(1008, 1018) \Rightarrow 1004$,即 (Free Downloads, isapi) $\Rightarrow$ Microsoft.com Search 被修剪掉。

(2) PNARC 模型发现的一些有意义的规则。

下面是各种类型规则中置信度较高的一些规则,规则后面括号中的值分别表示支持度和置信度,但这里的支持度是指前项和后项的正项集的支持度。

$A \Rightarrow B$ 型:

$(1008, 1035) \Rightarrow 1018 (0.025, 0.9259)$

(Free Downloads,Windows 95 Support)⇒isapi

1037⇒1009(0.032,0.9143)

Microsoft.com Search⇒Windows Family of Oss

(1008,1009,1035)⇒1018(0.02,0.9091)

(Free Downloads,Windows Family of Oss,Windows 95 Support)⇒isapi

(1017,1037)⇒1009(0.017,0.894)

(Products,Microsoft.com Search)⇒Windows Family of Oss

(1003,1035)⇒1018(0.021,0.875)

(Knowledge Base,Windows 95 Support)⇒isapi(0.021,0.875)

(1008,1037)⇒1009(0.014,1.0)

(Free Downloads,Microsoft.com Search)⇒Windows Family of Oss

$A \Rightarrow \neg B$ 型：

1008＝＞¬(1004,1001) (0.015,0.9547)

Free Downloads＝＞¬(Microsoft.com Search,Support Desktop)

1034＝＞¬1003(0.016,0.9443)

Internet Explorer＝＞¬Knowledge Base

$\neg A \Rightarrow B$ 型：

¬1004⇒1008 (0.06,0.3657)

¬Microsoft.com Search⇒Free Downloads

¬1001⇒1034 (0.024,0.3044)

¬Support Desktop⇒Internet Explorer (0.024,0.3044)

¬1001⇒1008 (0.036,0.3414)

¬Support Desktop⇒Free Downloads (0.036,0.3414)

¬1004⇒1034(0.053,0.3158)

¬Microsoft.com Search⇒Internet Explorer(0.053,0.3158)

$\neg A ＝＞ \neg B$ 型：

¬1018⇒¬(1003,1035) (0.021,0.9964)

¬isapi⇒¬(Knowledge Base,Windows 95 Support)

¬1003⇒¬(1004,1018,1001)(0.014,0.9912)

¬Knowledge Base⇒¬(Microsoft.com Search,isapi,Support Desktop)

¬1009⇒¬(1017,1037) (0.017,0.9977)

¬Windows Family of Oss⇒¬(Products,Microsoft.com Search)

¬(1017,1009)⇒¬1037 (0.017,0.9813)

¬(Products,Windows Family of Oss)⇒¬Microsoft.com Search

（3）项集 1008,1004,1001 的各种规则。

表 2.5 列出了项集 1008(Free Downloads)、1004(Microsoft.com Search)、1001(Support Desktop)间的 12 条规则,这些规则说明了同一个项集可以生成不同形式的关联规则。

表 2.5　项集 1008、1004、1001 间的 12 条规则

项　　　集	规　　　则	置　信　度
1008,1004,1001	¬1004⇒¬(1008,1001)	0.9717
1008,1004,1001	1008⇒¬(1004,1001)	0.9547
1008,1004,1001	¬1001⇒¬(1008,1004)	0.9479
1008,1004,1001	¬(1008,1004)⇒¬1001	0.8713
1008,1004,1001	¬(1008,1001)⇒¬1004	0.7469
1008,1004,1001	(1004,1001)⇒¬1008	0.6939
1008,1004,1001	(1008,1001)⇒1004	0.4167
1008,1004,1001	¬(1004,1001)⇒1008	0.3323
1008,1004,1001	(1008,1004)⇒1001	0.2500
1008,1004,1001	1001⇒(1008,1004)	0.1103
1008,1004,1001	1004⇒(1008,1001)	0.0579
1008,1004,1001	¬1008⇒(1004,1001)	0.0508

以上数据从多个角度说明了 PNARC 模型的有效性。

小　结

本章首先阐述了研究负关联规则的重要意义，重点讨论了 PNARC 模型，包括负关联规则的支持度与置信度的计算方法、研究负关联规则后出现的问题以及基于相关性的解决方案、算法设计等内容，并用示例数据和实际数据对算法的有效性进行了验证，结果表明 PNARC 模型是非常有效的。

第 3 章　兴趣度在负关联规则中的应用研究

第 2 章已经讨论了挖掘负关联规则的 PNARC 模型,主要根据项集 A 和 B 的相关性来产生不同类型的规则。实际上,除了相关性外,研究工作者给出了多种度量方法,本章利用其中一些度量方法则来挖掘正负关联规则。3.1 节对兴趣度量在正关联规则挖掘中的应用进行了概述,3.2 节讨论了 χ^2 检验在负关联规则挖掘中的应用,3.3 节讨论了相关系数在负关联规则挖掘中的应用,3.4 节讨论了以 P-S 最小兴趣度在负关联规则挖掘中的应用,最后对本章进行了小结。

3.1　兴趣度在正关联规则中的应用概述

为了消除误导的关联规则,许多研究工作从不同角度进行了探讨。国内的研究中,王玮等讨论了采用统计学中相关性的方法弥补了支持度-置信度框架的不足;吴永梁等对采用支持度-置信度框架挖掘关联规则的不足进行了分析,然后引入相关性分析、改善度计算来弥补其不足,这里改善度 $\mathrm{lift}(X \Rightarrow Y)$ 是一个比值:可用 $P(Y|X)/P(Y)$ 表示,只有当改善度的值大于 1 时,才表示 X 和 Y 是相关的,改善度越高表示 X 的出现对 Y 出现的可能性影响越大,它度量的是 X 和 Y 之间蕴涵的实际强度,改善度的值越大,表示两者相关性越强,这条规则的可利用价值越大。张新霞等讨论了基于统计相关性的兴趣关联规则的挖掘,定义规则 X、Y 的客观兴趣度为 $\mathrm{RI} = P(XY)/(P(X)P(Y))$。周延泉等将泛逻辑中的广义相关系数与 Apriori 算法相结合,提出了一种改进的关联规则生成算法,文中对广义相关系数这一新的能够度量相关性的参数进行了详细分析,并与

条件概率方法进行了比较。杨建林对 P-S 兴趣度的数学特性进行了深入的讨论,指出了它的优点和不足,并提出了一个新的度量规则兴趣度的方法,该方法综合考虑了用户主观偏好、规则准确度、规则相关度对规则兴趣度的影响,克服了支持度-置信度框架的缺陷,可以用来简化寻找令人感兴趣规则的过程,优化现有的关联规则挖掘算法。

国外也有许多工作对如何挖掘感兴趣的规则进行了研究,如 P.Smyth 等的 J-Measure 函数、Klemettinen 的规则模板、Dong 和 Li 的基于距离的 Interestingness 等。这些兴趣度各有各的适用背景,规则模板需要用户明确指出什么样的规则是需要的,然后挖掘出符合要求的规则。Dong 和 Li 的基于距离的兴趣度考虑的是邻区范围内的有趣规则,J-Measure 函数对规则做了简化,并对包含的信息量进行综合度量,考虑了规则的前项 X 和后项 Y 的概率分布的相似程度。实际上,在数据挖掘、机器学习和统计学中,人们已经提出了多种兴趣度量方法,用于相关性和独立性检验以及将规则进行分类排序。Hilderman 等综述了 17 种已在应用领域出现的度量方法。Tan 对统计学、数据挖掘及机器学习中提出的多种度量方法进行了比较研究,并提出了一种自己的度量方法;Tan 还对 21 种度量方法进行了比较,提出了几个关键性质用于在特定应用中选择度量方法,这 21 种度量方法如表 3.1 所示,表中列出了各度量的表达式及其值域。

另外,χ^2 检验是统计学上常用的检验方法之一,在关联规则中的应用研究也引起了人们的重视。Brin 等人提出了用 χ^2 检验对关联规则进行相关性和独立性的检验方法,并说明了 χ^2 统计具有向上封闭性,也就是说,如果项集 C 通过了 χ^2 检验,那么所有 C 的超集也会通过 χ^2 检验。Liu 等用 χ^2 检验来修剪显著性水平不高的规则和识别不起作用的规则。Hilderman 等在规则的分类中也用到了 χ^2 独立性检验。Sergio 等提出了一种用支持度、置信度和提升度(lift)表示 χ^2 值的方法。

但是这些研究工作大都是将产生矛盾的规则从结果集中删除,本章则是将这些规则以负关联规则的形式挖掘出来。如何将这些度量用于相关性和独立性判断进而挖掘正负关联规则是本章研究的主要内容,限于篇幅,本章只对 χ^2 检验、相关系数、Piatetsky-Shapiro 的兴趣度三种度量在正负关联规则中的应用进行了讨论。

表 3.1　兴趣度度量列表

序号	度量	表达式	值域
1	相关系数	$\dfrac{s(A\cup B)-s(A)s(B)}{\sqrt{s(A)(1-s(A))s(B)(1-s(B))}}$	$-1\cdots0\cdots1$
2	Goodman-Kruskal's(λ)	$\dfrac{\sum\limits_j \max\limits_k P(A_j,b_k)+\sum\limits_k \max\limits_j P(A_j,b_k)-\max\limits_j P(A_j)-\max\limits_k P(B_k)}{2-\max\limits_j P(A_j)-\max\limits_k P(B_k)}$	$0\cdots1$
3	Odds ratio	$\dfrac{P(A,B)P(\bar A,\bar B)}{P(A,\bar B)P(\bar A,B)}$	$0\cdots1\cdots\infty$
4	Yule's Q	$\dfrac{P(A,B)P(\overline{AB})-P(A,\bar B)P(\bar A,B)}{P(A,B)P(\overline{AB})+P(A,\bar B)P(\bar A,B)}=\dfrac{\alpha-1}{\alpha+1}$	$-1\cdots0\cdots1$
5	Yule's Y	$\dfrac{\sqrt{P(A,B)P(\overline{AB})}-\sqrt{P(A,\bar B)P(\bar A,B)}}{\sqrt{P(A,B)P(\overline{AB})}+\sqrt{P(A,\bar B)P(\bar A,B)}}=\dfrac{\sqrt{\alpha}-1}{\sqrt{\alpha}+1}$	$-1\cdots0\cdots1$
6	Kappa	$\dfrac{P(A,B)+P(\bar A,\bar B)-P(A)P(B)-P(\bar A)P(\bar B)}{1-P(A)P(B)-P(\bar A)P(\bar B)}$	$-1\cdots0\cdots1$
7	Mutual Information	$\dfrac{\sum\limits_i\sum\limits_j P(A_i,B_j)\lg\dfrac{P(A_i,B_j)}{P(A_i)P(B_j)}}{\min\left(-\sum\limits_i P(A_i)\lg P(A_i),-\sum\limits_j P(B_j)\log P(b_j)\right)}$	$0\cdots1$
8	J-Measure	$\max\left(P(A,B)\lg\dfrac{P(B|A)}{P(B)}+P(A\bar B)\lg\dfrac{P(\bar B|A)}{P(\bar B)},\right.$ $\left.P(A,B)\lg\dfrac{P(A|B)}{P(A)}+P(\overline{AB})\lg\dfrac{P(\bar A|B)}{P(\bar A)}\right)$	$0\cdots1$

续表

序号	度量	表达式	值域
9	Gini index	$\max\{P(A)[P(B|A)^2+P(\bar{B}|A)^2]+P(\bar{A})[P(B|\bar{A})^2+P(\bar{B}|\bar{A})^2]-P(B)^2-P(\bar{B})^2, P(B)[P(A|B)^2+P(\bar{A}|B)^2]+P(\bar{B})[P(A|\bar{B})^2+P(\bar{A}|\bar{B})^2](-P(A)^2-P(\bar{A})^2)\}$	$0\cdots1$
10	Support	$P(A,B)$	$0\cdots1$
11	Confidence	$\max(P(B|A),P(A|B))$	$0\cdots1$
12	Laplace	$\max\left(\dfrac{NP(A,B)+1}{NP(A)+2},\dfrac{NP(A,B)+1}{NP(B)+2}\right)$	$0\cdots1$
13	Conviction	$\max\left(\dfrac{P(A)P(\bar{B})}{P(A\bar{B})},\dfrac{P(B)P(\bar{A})}{P(\bar{B}A)}\right)$	$0.5\cdots1\cdots\infty$
14	Interest	$\dfrac{P(A,B)}{P(A)P(B)}$	$0\cdots1\cdots\infty$
15	Cosine	$\dfrac{P(A,B)}{\sqrt{P(A)P(B)}}$	$0\cdots\sqrt{P(A,B)}\cdots1$
16	Piatetsky-Shapiro's	$P(A,B)-P(A)P(B)$	$-0.25\cdots0\cdots0.25$
17	Certainty Factor	$\max\left(\dfrac{P(B|A)-P(B)}{1-P(B)},\dfrac{P(A|B)-P(A)}{1-P(A)}\right)$	$-1\cdots0\cdots1$
18	Added Value	$\max(P(B|A)-P(B),P(A|B)-P(A))$	$-0.5\cdots0\cdots1$
19	Collective Strength	$\dfrac{P(A,B)+P(\bar{A}\bar{B})}{P(A)P(B)+P(\bar{A})P(\bar{B})}\dfrac{1-P(A)P(B)-P(\bar{A})P(\bar{B})}{1-P(A,B)-P(\bar{A}\bar{B})}$	$0\cdots1\cdots\infty$

续表

序号	度量	表达式	值域
20	Jaccard	$\dfrac{P(A,B)}{P(A)+P(B)-P(A,B)}$	$0\cdots1$
21	Klosgen	$\sqrt{P(A,B)}\max(P(B\mid A)-P(B),P(A\mid B)-P(A))$ 值域：$\left(\dfrac{2}{\sqrt{3}}-1\right)^{1/2}\left(2-\sqrt{3}-\dfrac{1}{\sqrt{3}}\right)$	$0\cdots\dfrac{2}{3\sqrt{3}}$

3.2 χ^2 检验在负关联规则中的应用研究

下面讨论将 χ^2 检验应用于挖掘正、负关联规则的方法。为了更好地理解，先回顾一下统计学上假设检验的相关知识。

3.2.1 假设检验相关知识

假设检验是推断统计中应用最广泛，也是最重要的统计方法。它首先对研究对象提出若干假设，然后通过一定的方法来验证假设是否成立，从而得出研究结论。

1. 假设检验的基本概念

1）样本

样本是用来进行检验的数据组，在检验中，它被用来代表所属的总体。

2）假设

假设检验一般有两个相互对立的假设，即零假设 H_0 和备择假设 H_1。

零假设就是关于当前样本所属的总体参数与原设总体参数值无差别的假设，简言之就是两个或两个以上样本之间所属的总体参数值没有显著差异的假设。它往往是研究者期望拒绝的假设。

备择假设是与零假设相互排斥的假设，它是关于当前样本所属的总体参数值与原设总体参数值不同的假设。如果接受零假设，那么拒绝备择假设；反之，如果接受备择假设，那么就拒绝零假设。

3）小概率事件

样本统计量的值在其抽样分布上出现的概率小于或等于事先规定的水平，这时就认为小概率事件发生了，把出现小概率的随机事件称为小概率事件（小概率的标准因不同的场合而不同）。

4）显著性水平

显著性水平是指根据小概率原理所规定的小概率事件的概率界限值，通常以 α 表示，即当某一事件的概率不大于 α 时，则认为它在一次实验中是不可能发生的事件。通常有两种：$\alpha = 0.05$ 和 $\alpha = 0.01$。也就是说，当 $\alpha = 0.05$ 时，是在

95％的可靠程度上对假设进行检验;当 $\alpha=0.01$ 时,是在 99％的可靠程度上进行检验。无论采用哪一种界限,都存在着犯错误的可能性,所以统计分析方法是以误差为前提的。

显著性水平的选择取决于小概率事件发生后所产生的后果。若后果严重,则应选的小一些;反之,应选的大一些。值通常取为 0.01,0.05,0.10 等。

5）检验临界值

检验临界值是做出判断的界限值,简称临界值。检验临界值主要是由显著性水平 α 所决定的。把根据样本数据计算出来的检验统计量的值与检验临界值进行比较,做出接受或否定原假设的决策。

6）实际推断原理

在承认误差的前提下,认为小概率事件在一次观测中几乎不会发生。

2. 假设检验的一般步骤

统计分析方法作为定量分析方法的一种,具有严密控制的程序,假设检验也同样具有一定的步骤。

（1）根据实际问题提出零假设 H_0 和备择假设 H_1,即指出需要检验的假设的具体内容。

（2）选取适当的统计量,并在原假设 H_0 成立的条件下确定该统计量的分布;根据资料的类型和特点,可分别选用 χ^2 检验,t 检验,u 检验,秩和检验等。

（3）根据问题的需要选取适当的显著性水平 α,并根据统计量的分布查表确定对应于 α 的临界值。

（4）根据样本观测值计算统计量的观测值,与临界值比较,做出拒绝或接受零假设 H_0 的判断。

3. 几种重要的假设检验方法

1）χ^2 检验

χ^2 检验适用于计数资料,将实验结果与某些理论假设上期待的结论进行比较的方法。

2）t 检验

t 检验比较两个平均数以确定它们之间的差数是真的差数而不是偶然差数的概率,适用于小样本的差异的显著性检验。

3）方差分析

方差分析用于同时比较几个平均数,可以指出自变量的不同水平因素之间相互作用的效益。

4）Z 检验

Z 检验主要应用于大样本,用正态分布理论来推论差异发生的概率,从而判别两个平均数的差异是否显著的方法。

4. 假设检验可能犯的两类错误

由于假设检验使用的是根据小概率的实际不可能性原理做出判断的一种"反证法",而无论小概率事件 A 发生的概率如何小,它还是有可能发生的,因此,假设检验可能做出以下两类错误的判断。

(1) 第一类错误——**"弃真"**,即零假设 H_0 实际上是正确的,但却错误地拒绝了 H_0,由于小概率事件 A 发生时才会拒绝 H_0,所以犯**第一类错误**的概率为小于 α。

(2) 第二类错误——**"取伪"**,即零假设 H_0 实际上是不正确的,但却错误地接受了 H_0,犯**第二类错误**的概率记为 β。

犯两类错误的概率当然是越小越好,但当样本容量固定时,不可能同时把 α、β 都减得很小,而是减少其中一个,另一个就会增大;要使 α、β 都很小,只有通过增大样本容量。在实际问题中,一般总是控制犯第一类错误的概率 α。

3.2.2　χ^2 检验在负关联规则中的应用研究

在统计学中,χ^2 检验是一种广泛应用于检验变量独立性和相关性的方法。其步骤是:先假设检验变量是相互独立的(即零假设 H_0),然后计算变量的 χ^2 值,如果 χ^2 值大于某一临界值(如在显著性水平 $\alpha=0.05$ 时的临界值为 3.84),就拒绝独立性假设,认为它们是相关的。χ^2 值可以用式:

$$\chi^2 = \sum \frac{[f_O - f_E]^2}{f_E} \tag{3.1}$$

计算,其中,f_O 表示观测频数,f_E 表示期望频数。具体地讲,设有二元随机变量,记为 (X, Y),取 (X, Y) 的 n 个样本值 $(X_1, Y_1)(X_2, Y_2), \cdots, (X_n, Y_n)$ 放在相依表(Contingency Table)中。设相依表有 R 行 C 列,样本落入 i 行 j 列单元格的频数为 N_{ij},记

$$N_{i\cdot} = \sum_{j=1}^{C} N_{ij}, \quad N_{\cdot j} = \sum_{i=1}^{R} N_{ij} \tag{3.2}$$

那么统计量

$$\chi^2 = \sum \frac{[f_O - f_E]^2}{f_E} = \sum_{i=1}^{R} \sum_{j=1}^{C} \frac{\left(N_{ij} - \frac{1}{n} N_{i\cdot} N_{\cdot j}\right)^2}{\frac{1}{n} N_{i\cdot} N_{\cdot j}} \tag{3.3}$$

服从自由度为 $(R-1)(C-1)$ 的 χ^2 分布,其中,$f_O = N_{ij}$,$f_E = \frac{1}{n} N_{i\cdot} N_{\cdot j}$。

　　χ^2 检验可以用于多个变量,但在关联规则中多是用在检验两个项集的情况,即二维相依表(统计学上又称四格表),服从自由度为 1 的 χ^2 分布,下面详细讨论。

　　假设事务数据库中的事务总数为 n,对应其中的项集 A 和 B,其相依表如表 3.2 所示。表中的数据用支持度来表示的目的是有利于把 χ^2 检验同关联规则中的概念结合起来。

表 3.2　项集 A 和 B 的相依表

	A	$\neg A$	Σ
B	$s(A \cup B) \times n$	$s(\neg A \cup B) \times n$	$s(B) \times n$
$\neg B$	$s(A \cup \neg B) \times n$	$s(\neg A \cup \neg B) \times n$	$s(\neg B) \times n$
Σ	$s(A) \times n$	$s(\neg A) \times n$	n

根据式(3.1)可以计算其 χ^2 值。

$$\chi^2 = \frac{\left[s(A \cup B) \times n - \frac{1}{n} s(A) \times n \times s(B) \times n\right]^2}{\frac{1}{n} s(A) \times n \times s(B) \times n}$$

$$+ \frac{\left[s(\neg A \cup B) \times n - \frac{1}{n} s(\neg A) \times n \times s(B) \times n\right]^2}{\frac{1}{n} s(\neg A) \times n \times s(B) \times n}$$

$$+ \frac{\left[s(A \cup \neg B) \times n - \frac{1}{n} s(A) \times n \times s(\neg B) \times n\right]^2}{\frac{1}{n} s(A) \times n \times s(\neg B) \times n}$$

$$+ \frac{\left[s(\neg A \bigcup \neg B) \times n - \frac{1}{n} s(\neg A) \times n \times s(\neg B) \times n \right]^2}{\frac{1}{n} s(\neg A) \times n \times s(\neg B) \times n}$$

$$= \frac{n \times \left[s(A \bigcup B) - s(A) \times s(B) \right]^2}{s(A) \times s(B) \times (1 - s(A)) \times (1 - s(B))} \tag{3.4}$$

例如,假定我们对分析购买苹果和香蕉的事务感兴趣,设事件 A 表示包含苹果的事务,B 表示包含香蕉的事务。在所分析的 10 000 个事务中,有 6000 个事务包含苹果,6500 个事务包含香蕉,而 3600 个事务同时包含苹果和香蕉。则对应的相依表如表 3.3 所示。

表 3.3　举例数据的相依表

	A	$\neg A$	Σ
B	3600	2900	6500
$\neg B$	2400	1100	3500
Σ	6000	4000	10 000

其 χ^2 值为:

$$\chi^2 = \frac{\left(3600 - \frac{6000 \times 6500}{10\ 000} \right)^2}{\frac{6000 \times 6500}{10\ 000}} + \frac{\left(2900 - \frac{4000 \times 6500}{10\ 000} \right)^2}{\frac{4000 \times 6500}{10\ 000}}$$

$$+ \frac{\left(2400 - \frac{6000 \times 3500}{10\ 000} \right)^2}{\frac{6000 \times 3500}{10\ 000}} + \frac{\left(1100 - \frac{4000 \times 3500}{10\ 000} \right)^2}{\frac{4000 \times 3500}{10\ 000}}$$

$$= 164.8 > 3.84$$

因此,认为购买苹果和购买香蕉在显著性水平为 $\alpha = 0.05$ 时是相关的。

但是怎样判断是正相关还是负相关呢?

定义 3.1　设 $A \Rightarrow B$ 是一条关联规则,A、B 相关,相依表中观测值落在 A、B 对应单元格中的频数为 f_O,其期望频数为 f_E。

(1) 如果 $f_O > f_E$,则 $A \Rightarrow B$ 是正相关的。

(2) 如果 $f_O < f_E$,则 $A \Rightarrow B$ 是负相关的。

记 $\text{corr}_{A,B}=f_O/f_E$，则上述定义等价为：

（1）如果 $\text{corr}_{A,B}>1$，则 $A\Rightarrow B$ 是正相关的。

（2）如果 $\text{corr}_{A,B}<1$，则 $A\Rightarrow B$ 是负相关的。

下面来讨论项集 A、B 间 4 种形式关联规则的相关性及其关系。根据定义 3.1 和表 3.2 中的数据，有：

$$\text{corr}_{A,B}=s(A\bigcup B)/(s(A)s(B))$$

$$\text{corr}_{A,\neg B}=s(A\bigcup\neg B)/(s(A)s(\neg B))$$

$$\text{corr}_{\neg A,B}=s(\neg A\bigcup B)/((s(\neg A)s(B))$$

$$\text{corr}_{A,\neg B}=s(\neg A\bigcup\neg B)/(s(\neg A)s(\neg B))$$

从这 4 个式子可以看出，这里相关性的判断方法与 PNARC 模型中的方法是完全一致的，因此相关性之间的关系在这里也同样适用，即如果 $\text{corr}_{A,B}>1$，则有：①$\text{corr}_{A,\neg B}<1$；②$\text{corr}_{\neg A,B}<1$；③$\text{corr}_{\neg A,\neg B}>1$；反之亦反之。

综上所述，给出基于 χ^2 检验的正、负关联规则的定义。

定义 3.2　设 I 是数据库 D 的项集，$A,B\subseteq I$ 且 $A\bigcap B=\varnothing$，$s(A)$、$s(\neg A)$、$s(B)$ 及 $s(\neg B)>0$，ms 和 mc 由用户给定；χ^2 表示 A,B 的 χ^2 值，用户给定的显著性水平为 α 时的临界值用 χ_α^2 表示。如果 $\chi^2\leqslant\chi_\alpha^2$，$A,B$ 相互独立；否则，A,B 相关且：

（1）若 $\text{corr}(A,B)>1$，$s(A\bigcup B)\geqslant\text{ms}$ 且 $c(A\Rightarrow B)\geqslant\text{mc}$，则 $A\Rightarrow B$ 是一条正关联规则。

（2）若 $\text{corr}(A,\neg B)>1$，$s(A\bigcup B)\geqslant\text{ms}$ 且 $c(A\Rightarrow\neg B)\geqslant\text{mc}$，则 $A\Rightarrow\neg B$ 是一条负关联规则。

（3）若 $\text{corr}(\neg A,B)>1$，$s(A\bigcup B)\geqslant\text{ms}$ 且 $c(\neg A\Rightarrow B)\geqslant\text{mc}$，则 $\neg A\Rightarrow B$ 是一条负关联规则。

（4）若 $\text{corr}(\neg A,\neg B)>1$，$s(A\bigcup B)\geqslant\text{ms}$ 且 $c(\neg A\Rightarrow\neg B)\geqslant\text{mc}$，则 $\neg A\Rightarrow\neg B$ 是一条负关联规则。

可见，χ^2 检验是一种非常有效的方法，它能够进行项集间的相关性判断，并能够检测出相互独立的项集，从而避免产生误导的规则。但是 χ^2 检验也有一定的局限性，因为它是以二项分布（Binomial Distribution）的正态近似值（Normal

Approximation)为基础的,它要求相依表中所有单元格的值都大于 1 并且有至少 80％的单元格的值都大于 5。

3.2.3 算法设计

下面给出 PNARC 的 χ^2 模型算法,即把 PNARC 算法中的相关性和独立性的判断标准改用 χ^2 检验方法。在算法中,假定已经求得了频繁项集并保存在集合 L 中。

算法 3.1 PNARC 的 χ^2 模型算法

输入:L:频繁项集;mc:最小置信度;χ^2_α:显著性水平为 α 时的临界值。

输出:PAR:正关联规则集合;NAR:负关联规则集合。

方法:

(1) PAR=$\varnothing$;NAR=$\varnothing$;

(2) //产生 L 中的四种形式的正、负关联规则

for any frequent itemset X in L **do**   **begin**

   for any itemset $A \cup B = X$ and $A \cap B = \varnothing$ **do begin**

   //计算 χ^2 值和相关性标志变量 corr

   由式(3.4)计算 χ^2 值;

   corr=$s(A \cup B)/(s(A)s(B))$;

   if $\chi^2 > \chi^2_\alpha$ **then**   **begin**

     //产生形如 $A \Rightarrow B$ 和 $\neg A \Rightarrow \neg B$ 的规则

      if corr>1 **then begin**

        if $c(A \Rightarrow B) \geqslant$ mc   **then**

          PAR $=$ PAR$\cup \{A \Rightarrow B\}$;

        if $c(\neg A \Rightarrow \neg B) \geqslant$ mc   **then**

          NAR$=$NAR$\cup \{\neg A \Rightarrow \neg B\}$;

     end;

     //产生形如 $A \Rightarrow \neg B$ 和 $\neg A \Rightarrow B$ 的规则

     if   corr <1 **then begin**

        if $c(A \Rightarrow \neg B) \geqslant$ mc   **then**

$$NAR = NAR \cup \{A \Rightarrow \neg B\};$$

$$\textbf{if } c(\neg A \Rightarrow B) \geqslant mc \quad \textbf{then}$$

$$NAR = NAR \cup \{\neg A \Rightarrow B\};$$

$$\textbf{end};$$

$$\textbf{end};$$

$$\textbf{end};$$

$$\textbf{end};$$

（3）**return** PAR and NAR;

第 1 步将 PAR 和 NAR 初始化为空集,第 2 步计算 χ^2 值和相关性标志 corr,并产生规则,第 3 步返回结果 PAR 和 NAR 并结束整个算法。与 PNARC 算法的不同之处在于添加了 χ^2 值的计算和判断。

3.2.4　实验结果

考虑到 χ^2 检验样本的局限性,验证实验没有在示例数据上进行,仅在实际数据上进行。实验结果如表 3.4 所示,其中,显著性水平 $\alpha = 0.05$。表中的数据是保持 ms=0.014 不变、mc 变化时的情况。其他数据集上的实验结果如图 3.1 和图 3.2 所示。

表 3.4　PNARC 的 χ^2 模型在 DS5 上的实验结果

算法		关联规则数（ms=0.014）									
	mc	0.25	0.3	0.35	0.4	0.45	0.5	0.6	0.7	0.8	0.9
AR	$A \Rightarrow B$ 型	200	167	134	114	85	64	43	21	12	4
PNARC 的 χ^2 模型	$A \Rightarrow B$ 型	188	161	134	114	85	64	43	21	12	4
	$A \Rightarrow \neg B$ 型	28	28	58	28	28	28	28	26	20	9
	$\neg A \Rightarrow B$ 型	15	10	1	0	0	0	0	0	0	0
	$\neg A \Rightarrow \neg B$ 型	335	335	335	335	335	336	335	308	277	186
	修剪	6	4	0	0	0	0	0	0	0	0
合计		572	538	498	477	448	427	406	355	309	199

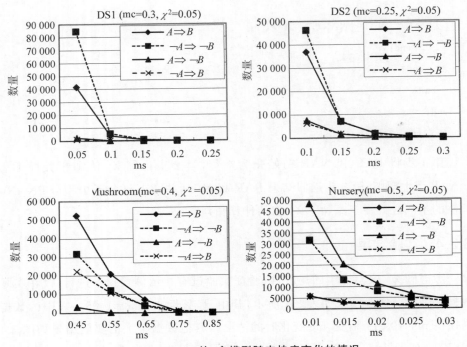

图 3.1　PNARC 的 χ^2 模型随支持度变化的情况

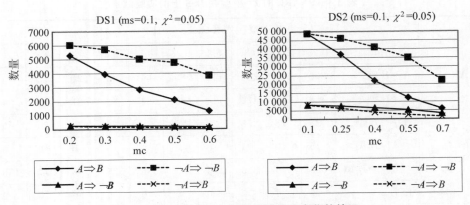

图 3.2　PNARC 的 χ^2 模型随置信度变化的情况

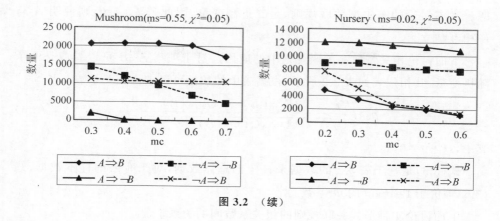

图 3.2 （续）

从实验结果可以看出,χ^2 模型同样可以挖掘出正负关联规则,删除 AR 算法中的矛盾规则,该实验充分说明了 χ^2 检验的有效性。

3.3　相关系数在负关联规则中的应用研究

相关系数是刻画两个随机变量间线性相关程度的一个量,它表达的是一种不精确、不稳定的变化关系。在统计学中,相关系数定义为:

$$\rho_{AB} = \frac{\mathrm{Cov}(A, B)}{\sigma_A \sigma_B} \tag{3.5}$$

其中,$\mathrm{Cov}(A, B) = E(AB) - E(A)E(B)$ 是随机变量 A、B 的协方差,$E(*)$ 是数学期望值,σ_A、σ_B 是随机变量 A、B 的标准差。

ρ_{AB} 的取值范围是 $[-1, +1]$,分为三种情况:正相关、负相关、不相关。即:

(1) 如果 $\rho_{AB} > 0$,那么 A 和 B 正相关。

(2) 如果 $\rho_{AB} = 0$,那么 A 和 B 不相关。

(3) 如果 $\rho_{AB} < 0$,那么 A 和 B 负相关。

需要注意的是,这里的不相关与相互独立是不等价的,它们之间的关系是:若 A 与 B 相互独立,则 A 与 B 不相关,即 $\rho_{AB} = 0$;但反之则不成立。也就是说,若 $\rho_{AB} = 0$,并不能说明 A 与 B 相互独立,仅说明 A 与 B 之间没有线性关系,并非没有其他关系。但幸运的是,对于二进制变量并不存在这样的问题。本书讨论的布尔型关联规则，是二进制变量，因此若 $\rho_{AB}=0$，则说明 A 与 B 相互独立。

下面讨论相关系数在关联规则中的应用。对于项集 A、B 可以看成是两个随机变量，其相依表如表 3.2 所示，根据表中的数据可以求得相关系数：

$$\rho_{AB} = \frac{s(A \cup B) - s(A)s(B)}{\sqrt{s(A)(1-s(A))s(B)(1-s(B))}} \tag{3.6}$$

其中，$s(*) \neq 0,1$。

式(3.6)是基于表 3.2 的数据来自全部总体数据，对于有限的样本数据，式(3.6)等价于 Pearson 的 Φ-系数。

下面讨论 4 种形式关联规则的相关系数间的关系。

定理 3.1 如果 $\rho_{AB}>0$，则

(1) $\rho_{\neg AB}<0$。

(2) $\rho_{A\neg B}<0$。

(3) $\rho_{\neg A\neg B}>0$。

反之亦反之。

证明：(1)根据 $\rho_{AB}>0$，可得 $s(A \cup B)-s(A)s(B)>0$。

$$
\begin{aligned}
\rho_{\neg AB} &= \frac{s(\neg AB)-s(\neg A)s(B)}{\sqrt{s(\neg A)(1-s(\neg A))s(B)(1-s(B))}} \\
&= \frac{-(s(A \cup B)-s(A)s(B))}{\sqrt{s(A)(1-s(A))s(B)(1-s(B))}} < 0
\end{aligned}
$$

同理可证(2)、(3)。

从上述定理可以看出，这里相关性的判断方法与 PNARC 模型中的方法是相辅相成的，因此可以将 PNARC 模型中的相应内容适当修改就可以得到另外一个扩展模型——PNARC 的相关系数模型。读者可以仿照定义 2.1 给出基于相关系数的正、负关联规则的定义，将 PNARC 算法经过适当修改就可以得到基于相关系数的正、负关联规则挖掘算法(只要将 PNARC 算法中的 corr 的计算和相关性判断改成 ρ_{AB} 的计算和相关性判断即可)，算法和实验结果将在第 7 章中介绍。

3.4　最小兴趣度在负关联规则中的应用研究

3.4.1　P-S兴趣度相关问题讨论

Piatetsky-Shapiro 主张如果一条规则满足 $P(A,B)-P(A)P(B)\approx 0$，那么该规则是无兴趣的，用数据挖掘中的符号表示就是：如果项集 A、B 满足

$$s(A\Rightarrow B)-s(A)\times s(B)\approx 0 \tag{3.7}$$

那么该规则是无兴趣的（简称 P-S 兴趣度）。下面先讨论如何将 P-S 兴趣度用于正、负关联规则挖掘，其核心问题是如何用 P-S 兴趣度进行相关性的判断。

这里将 P-S 兴趣度进行相关性的判断方法定义为：

$$\mathrm{corr}(A,B)=s(A\Rightarrow B)-s(A)\times s(B) \tag{3.8}$$

（1）如果 $\mathrm{corr}(A,B)>0$，那么 A 和 B 正相关。

（2）如果 $\mathrm{corr}(A,B)=0$，那么 A 和 B 相互独立。

（3）如果 $\mathrm{corr}(A,B)<0$，那么 A 和 B 负相关。

容易证明，项集 A、B 间 4 种形式关联规则的相关性之间有以下关系。

如果 $\mathrm{corr}(A,B)>0$，则有：

（1）$\mathrm{corr}(A,\neg B)<0$。

（2）$\mathrm{corr}(\neg A,B)<0$。

（3）$\mathrm{corr}(\neg A,\neg B)>0$。

反之亦反之。

将 PNARC 模型中的相应内容适当修改就可以得到另外一个扩展模型——PNARC 的 P-S 兴趣度模型。将定义 2.1 适当修改可以得到基于 P-S 兴趣度的正、负关联规则定义，将 PNARC 算法适当修改就可以得到基于 P-S 兴趣度的正、负关联规则挖掘算法，算法和实验结果在此从略。

既然由相互独立的项集产生的规则是没有兴趣的，换句话说，只有满足

$$s(A\Rightarrow B)-s(A)\times s(B)\geqslant \mathrm{mi} \tag{3.9}$$

的规则才是有兴趣的，其中，mi 是由用户指定的最小兴趣度，但对于负相关的规则，$s(A\Rightarrow B)-s(A)\times s(B)$ 的值可能小于 0，因此需要对该式进行修正。为此，本章提出将表达式的左边改用绝对值，即如果规则 $A\Rightarrow B$ 是有兴趣的，当且仅当

$|s(A \Rightarrow B) - s(A) \times s(B)| \geqslant$ mi。下面讨论 4 种形式关联规则的最小兴趣度之间的关系。

定理 3.2　如果 $|s(A \Rightarrow B) - s(A) \times s(B)| \geqslant$ mi，那么

(1) $|s(\neg A \Rightarrow B) - s(\neg A) \times s(B)| \geqslant$ mi。

(2) $|s(A \Rightarrow \neg B) - s(A) \times s(\neg B)| \geqslant$ mi 。

(3) $|s(\neg A \Rightarrow \neg B) - s(\neg A) \times s(\neg B)| \geqslant$ mi。

证明：(1)　$|s(\neg A \Rightarrow B) - s(\neg A) \times s(B)|$

$$= |s(B) - s(A \bigcup B) - (s(B) - s(A) \times s(B))|$$

$$= |-s(A \bigcup B) + s(A) \times s(B)|$$

$$= |s(A \Rightarrow B) - s(A) \times s(B)| \geqslant \text{mi}$$

(2)、(3) 同理可证。

该定理说明可以用同一个最小兴趣度对 4 种关联规则进行修剪。需要说明的是，该定理是针对 P-S 兴趣度的，对其他度量不一定适用，但可以用类似的方法讨论，这里不再详细论述。

我们把考虑最小兴趣度的 PNARC 模型称为 PNARC 的最小兴趣度模型，只要把 PNARC 模型中的相关性判断方法改用 P-S 兴趣度的相关性判断方法，再把独立性的判断方法改为：$|s(A \bigcup B) - s(A) \times s(B)| \geqslant$ mi，即可得到 PNARC 的最小兴趣度模型.

最小置信度的取值没有一个标准，有人主张 mi＝ms^2。

3.4.2　算法设计

算法 3.2　基于最小兴趣度的 PNARC 扩展算法

输入：L：频繁项集；mc：最小置信度；mi：最小兴趣度。

输出：PAR：正关联规则集合；NAR：负关联规则集合。

(1) PAR＝$\varnothing$；NAR＝$\varnothing$；

(2) //产生 L 中的四种形式的正、负关联规则

for any frequent itemset X in L **do**　**begin**

　for any itemset $A \bigcup B = X$ and $A \bigcap B = \varnothing$ **do**　**begin**

　　if　$|s(A \Rightarrow B) - s(A) * s(B)| \geqslant$ mi **do**　**begin**

　　　//产生形如 $A \Rightarrow B$ 和 $\neg A \Rightarrow \neg B$ 的规则

　　　If $(s(A \Rightarrow B) - s(A) * s(B)) > 0$ **then begin**

```
if c(A⇒B) ≥ mc   then
    PAR = PAR∪{A⇒B};
if c(¬A⇒¬B) ≥ mc   then
    NAR= NAR∪{¬A⇒¬B};
end；
//产生形如 A⇒¬B 和 ¬A⇒B 的规则
if (s(A⇒B)−s(A)*s(B))<0 then begin
    if c(A⇒¬B) ≥ mc   then
        NAR = NAR∪{A⇒¬B};
    if c(¬A⇒B) ≥ mc   then
        NAR = NAR∪{¬A⇒B};
    end；
  end；
 end；
end；
```

（3）return PAR and NAR;

与 PNARC 算法的不同之处在于添加了最小兴趣度的判断以及在相关性的判断中使用了 P-S 兴趣度。

3.4.3　实验结果

1. 示例数据上的实验结果

这里仍然使用表 1.1 中的数据。设 ms＝0.2,mc＝0.4,表 3.5 列出了几种最小兴趣度下修剪的关联规则数以及正负关联规则的变化情况,从中可以看出,最小兴趣度可以有效地修剪那些兴趣度不高的规则,修剪效果非常明显。

表 3.5　最小兴趣度模型在示例数据上的实验结果

mi	关联规则数(ms＝0.2,mc＝0.4)				
	0	0.03	0.06	0.07	0.1
A⇒B 型	31	23	17	13	6
A⇒¬B 型	17	14	8	4	4
¬A⇒B 型	18	14	8	4	4

续表

	关联规则数(ms=0.2,mc=0.4)				
¬A⇒¬B 型	40	24	18	14	6
修剪	—	31	55	71	86
小计	106	75	51	35	20

2. 更多数据上的验证实验

表 3.6 列出了 DS5 上最小兴趣度模型的实验结果,图 3.3～图 3.5 显示了该模型在 DS1～DS4 上随最小支持度、最小兴趣度、最小置信度变化的结果。从中可以看出,PNARC 的最小兴趣度模型具有良好的性能。

表 3.6　最小兴趣度模型在 DS5 上的实验结果

	关联规则数(ms=0.015,mc=0.4)						
mi	0	0.005	0.01	0.015	0.02	0.025	0.03
A⇒B 型	141	126	91	61	30	18	9
A⇒¬B 型	34	18	10	8	4	2	0
¬A⇒B 型	8	4	3	3	2	1	0
¬A⇒¬B 型	300	252	164	98	44	24	12
修剪	—	83	215	313	403	438	462
小计	483	400	268	170	80	45	21

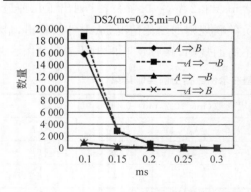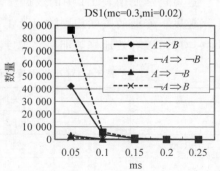

图 3.3　最小兴趣度模型随最小支持度变化的实验结果

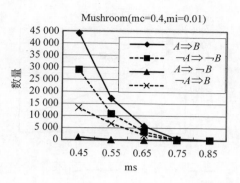
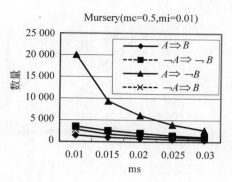

图 3.3 （续）

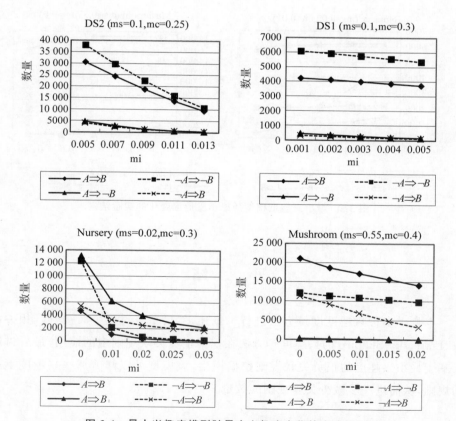

图 3.4 最小兴趣度模型随最小兴趣度变化的实验结果

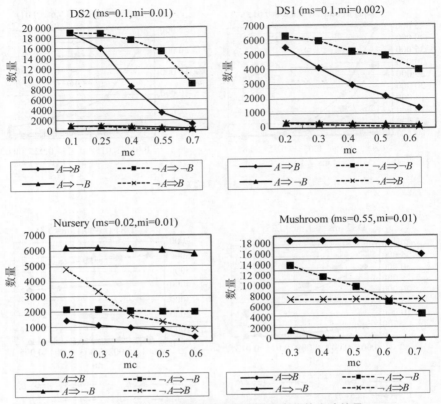

图 3.5　最小兴趣度模型随最小置信度变化的实验结果

小　　结

　　本章对多种兴趣度度量方法进行了概述,然后重点讨论了 χ^2 检验、相关系数、Piatetsky-Shapiro 的兴趣度等方法在挖掘正负关联规则中的应用,最后讨论了基于最小兴趣度的正负关联规则挖掘模型,该模型可以修剪那些兴趣度不高的规则,从而进一步减少关联规则的数量。

第 4 章　多数据库中的负关联规则挖掘

　　前面介绍的关联规则挖掘技术大多是针对单一数据库进行,而在很多情况下我们必须面对多个数据库。本章介绍多数据库中的负关联规则挖掘方法。4.1 节介绍多数据库中的正关联规则挖掘方法,4.2 节介绍多数据库中的负关联规则的挖掘算法,4.3 节对 4.2 节中的算法进行了加权改进,4.4 节将 P-S 最小兴趣度融入了 4.3 节的算法中,4.5 节对多数据库中的例外关联规则进行研究,提出一种 MGER-MDB 算法,用来合成多数据库中的局部模式,最后是本章小结。

4.1　多数据库中的正关联规则挖掘概述

　　之前的正关联规则挖掘技术大多是针对单一数据库进行挖掘,而在实际应用中,很多情况下我们必须面对多个数据库,许多大型企业、跨国公司都拥有多个子公司,每个子公司都有自己相应的数据库,在总公司进行数据汇总分析时,就需要数据挖掘系统能够针对多个数据库的情况采取相应的策略,这就涉及多数据库挖掘问题。在商业、政府、学术等很多部门也都涉及多数据库挖掘。不过,多数据库挖掘依然沿用单个数据库挖掘技术,即首先将相关的数据库中的数据并入一个集合,然后挖掘这个集合,这会破坏一些有用的模型,像"一个公司的子公司认为一个 45～65 岁的已婚顾客通常至少有两部车"。这种模型有助于该公司的总体规划。另一方面,多数据库挖掘和单个数据库挖掘之间存在本质的不同。多数据库中的数据特征包括以下几个方面:①在不同的分支中具有不同的名字;②在不同的分支中具有不同的形式;③在不同的分支中具有不同的结构;④在不同的分支中可能是冲突的,甚至是有噪声的;⑤它们分布在不同的分支中;⑥它们可能被不同的分支分享而且可能同时被两级应用。

多数据库挖掘要考虑总公司和子公司的多层次应用,传统的多数据库挖掘技术还存在着许多不足,例如,将所有相关的数据库整合起来挖掘,一方面将会使得数据量变得很大,另一方面将会破坏一些反映模式分布的重要信息;同时,由于数据隐私性和其他相关问题等,使得获取一个公司内的数据相当困难,公司往往也不愿意共享它们的数据。因此,多数据库挖掘变得越来越重要。如图4.1显示了一个公司典型的两级应用模式。

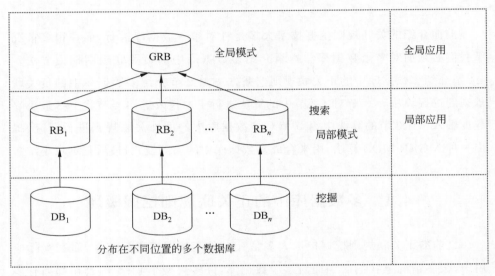

图 4.1 公司典型的两级应用模式
(**GRB**:从局部模式中合成的全局模式;**RB**$_i$:为局部应用所挖掘的模式;**DB**$_i$:第 i 个分支数据库)

多数据源挖掘任务可分解为三个子任务:①对多数据源进行分类;②挖掘每个数据库的知识;③把同类数据库挖掘到的知识进行合成。当对多数据库进行挖掘时,因为数据源很多,着手挖掘时必须采用"干净"的数据库(即消除不同类数据库挖掘引起的歧义),所以多数据库挖掘的第一个步骤就是分类多个数据库。对数据库分类后,不应该简单地把所有子公司的数据收集后,直接提交给总公司,而是应该让各子公司对自己的数据进行相应的处理,再把结果提交给总公司。因为其一,如果子公司数量众多,经营的范围较广,所收集到的数据之多将是无法想象的,可能其中还包括很多不必要的冗余和噪声,这样的数据源不仅加大了总公司处理数据的难度,更不能保证挖掘结果的准确性;其二,基于数据库保密的原则,如果总公司总是用子公司的原始数据库进行处理,势必会危及数据库的安全。所以必须首先挖掘出每个数据源感兴趣的规则,这一个过程是多数据源挖掘的第二个步骤。在获得各个数据源的规则后,第三个步骤就是把各数据库的知识进行准确而全面地合成,去除噪声,保留有用且感兴趣的知识。

1. 规则集的精简

所有子公司提交自己的挖掘规则结果给总公司时,所产生的数据集合也是非常大的,其中有很多关联规则可能只在一两个公司中出现,对总公司的决策不起什么作用,就应该对子公司的初始关联规则集进行预处理,把那些无多大意义的噪声规则删除。本章提出了一个用投票率进行有效规则选取的方法,使得在分配权值前就把不必要的规则都删除。方法如下:假设收集到的规则集为 S,m 为数据库的数目,γ 为设定的最小投票率。遍历规则集 S 中所有的规则,依次计算出包含某个规则的数据库数目,得到这个规则的投票数,再用这个数值除以数据库总数,结果即是此规则的投票率,这个投票率如果大于最小投票率 γ,此规则保留,否则,此规则从 S 中删除。经过有限次循环后,规则集 S 中只包含有效的规则。

在科学研究及应用中,通常用权值的方法来分析和合成不同数据库的信息。在本章中,也借用权值的方法来解决多数据源的合成问题。要解决的关键问题是怎样得到合适的权值。一个规则的投票率指的是包含这个规则的子公司的数量。如果一个规则被大部分公司支持或投票,这个规则称为高投票率的规则。一般说来,高投票率的规则是比较有用的规则,所以只着重考虑高投票率的规则。尽管每个子公司相对于总公司有平等的投票权,即假设 A 公司有关联规则"$X \Rightarrow Y$",B 公司也有关联规则"$X \Rightarrow Y$",相对于总公司来说,"$X \Rightarrow Y$"这个关联规则就有两个公司投票。但在实际情况下,每个子公司对总公司的影响是不同的。比如 A 公司的销售额是 B 公司的 4 倍,显然相对于总公司来说,A 公司应该比 B 公司重要。同样,每个子公司挖掘关联规则的时候,所设置的最小支持度和可信度可能都是不相同的,假设 A 公司的支持度阈值设为 0.19,B 公司的支持度阈值设为 0.15,比较起来,A 公司的关联规则应该更可信。如果把这些因素都考虑进去,怎样才能使多数据库合成的结果更准确呢? 本章通过合理地确定规则权值和数据库权值来解决上述问题。

2. 规则合成

各子公司挖掘出的关联规则经过规则选取预处理以后,就可以利用各规则的权值来合成多数据源的关联规则。合成的模式如下。

定义 4.1 $D_1, D_2, \cdots, D_m$ 为 m 个不同的数据库,规则集 S_i 是数据库 $D_i (i=1, 2, \cdots, m)$ 中的关联规则集。对于特定的关联规则"$X \Rightarrow Y$",假设 ω_1, $\omega_2, \cdots, \omega_m$ 分别是数据库 $D_1, D_2, \cdots, D_m$ 的权值,模式合成定义如下。

$$s(X \bigcup Y) = \omega_1 \times s_1(X \bigcup Y) + \omega_2 \times s_2(X \bigcup Y) + \cdots +$$
$$\omega_m \times s_m(X \bigcup Y) \tag{4.1}$$

$$c(X \Rightarrow Y) = \omega_1 \times c_1(X \Rightarrow Y) + \omega_2 \times c_2(X \Rightarrow Y) + \cdots +$$
$$\omega_m \times c_m(X \Rightarrow Y) \tag{4.2}$$

式中,$s(R)$ 是经数据库的合成后 R 规则的支持度;$c(R)$ 是合成后的置信度。由此可以看出,对多数据源挖掘出的关联规则进行合成的问题,可以转换为利用各同类数据库的权值合并它们各自的关联规则的问题,关键是合理地确定各数据库的权值。一方面,总公司总是对高投票率的规则更感兴趣,规则的投票率越高,此规则的权值也就越大;另一方面,如果一个公司包含高投票率的规则越多,那么这个子公司在决策时,地位就越重要,相应地,它的数据库权值应该更大。在设定各数据库的权值时,就可以利用这两点,首先保证高投票率的规则更受重视,权值更大。

定义 4.2 让 $S_1, S_2, \cdots, S_m$ 分别为各同类数据源的关联规则集,$S = \{S_1, S_2, \cdots, S_m\}$ 为总关联规则集,$R_1, R_2, \cdots, R_n$ 为总规则集 S 中具体的关联规则。R_i 的权值定义如下。

$$\omega_{R_i} = \frac{\text{Num}(R_i)}{\sum\limits_{j=1}^{n} \text{Num}(R_j)} \tag{4.3}$$

这里 $i=1, 2, \cdots, n$,$\text{Num}(R)$ 表示具有规则 R 的数据库数目,即规则 R 的投票数。还需要考虑各子公司在总公司中的地位,并结合定义 4.2,得到数据库的权值定义如下。

定义 4.3 $D_1, D_2, \cdots, D_m$ 为各分公司的数据库,S_i 为 D_i 中的关联规则集,

而总规则集 $S = \{S_1, S_2, \cdots, S_m\}$，$R_1, R_2, \cdots, R_n$ 为 S 中具体的关联规则，数据库的权值可定义为：

$$\omega_{D_i} = \frac{\sum\limits_{R_k \subset S_j} \text{Num}(R_k) \times \omega_{R_i}}{\sum\limits_{j=1}^{m} \sum\limits_{R_h \in S_j} \text{Num}(R_h) \times \omega_{R_h}} \tag{4.4}$$

在所有的数据库被分配相应权值后，将子公司的关联规则合成，就可得到各规则的支持度和可信度，提交给总公司供决策之用。

4.2　多数据库中的负关联规则挖掘

4.2.1　挖掘合成规则

上述方法只是提出了多数据库中的正关联规则，在考虑负关联规则时，一个数据库中的规则可能会和其他数据库中的规则发生冲突。例如，若数据库 D_1 中有规则 $A \Rightarrow B$，D_2 中有规则 $A \Rightarrow \neg B$，这样就产生了矛盾。怎样去除这种矛盾，得到正确的关联规则呢？第 2 章中利用相关性来检测矛盾规则只是用于单一数据库，我们则将该方法运用到多数据库中。①$A \Rightarrow B$，②$A \Rightarrow \neg B$，③$\neg A \Rightarrow B$，④$\neg A \Rightarrow \neg B$，很明显，①④与②③是相互矛盾的，若数据库中存在这种矛盾的规则就要首先进行模式合成，然后对项集 A、B 合成后的相关性进行判断。数据库和规则的权值同样由定义 4.2 和定义 4.3 得出，则合成模式就变为：

$$s_\omega(A \Rightarrow B) = \omega_1 \times s_1(A \Rightarrow B) + \omega_2 \times s_2(A \Rightarrow B) + \cdots + \omega_m \times s_m(A \Rightarrow B) \tag{4.5}$$

$$c_\omega(A \Rightarrow B) = \omega_1 \times c_1(A \Rightarrow B) + \omega_2 \times c_2(A \Rightarrow B) + \cdots + \omega_m \times c_m(A \Rightarrow B) \tag{4.6}$$

$$s_\omega(A \Rightarrow \neg B) = \omega_1 \times s_1(A \Rightarrow \neg B) + \omega_2 \times s_2(A \Rightarrow \neg B) + \cdots + \omega_m \times s_m(A \Rightarrow \neg B) \tag{4.7}$$

$$c_\omega(A \Rightarrow \neg B) = \omega_1 \times c_1(A \Rightarrow \neg B) + \omega_2 \times c_2(A \Rightarrow \neg B) + \cdots + \omega_m \times c_m(A \Rightarrow \neg B) \tag{4.8}$$

$$\text{corr}_\omega(A, B) = \frac{s_\omega(AB)}{s_\omega(A) s_\omega(B)} \tag{4.9}$$

其中，$s_\omega(AB)$，$s_\omega(A)$，$s_\omega(B)$是频繁项集合成后的支持度。

（1）如果 $\mathrm{corr}_\omega(A,B)>1$，仅挖掘规则 $A \Rightarrow B$ 和 $\neg A \Rightarrow \neg B$。

（2）如果 $\mathrm{corr}_\omega(A,B)<1$，挖掘规则 $A \Rightarrow \neg B$ 和 $\neg A \Rightarrow B$。

（3）如果 $\mathrm{corr}_\omega(A,B)=1$，不挖掘规则。

这样进行判断之后，数据库中的矛盾的规则将被去除。

去掉矛盾的规则后，各子公司挖掘出的规则结果提交给总公司时所产生的数据集还是非常大的，因此在对关联规则合成前应该先对其进行预处理。设定一个有效投票率 min.γ effective，将规则的权值与之相比较，将那些权值小于该阈值的无多大意义的噪声规则删除。

4.2.2 算法设计及实验

算法 4.1 PNAR_MDB 算法

输入：$S_1, S_2, \cdots, S_m$：规则集；ms，mc：支持度和置信度阈值。

输出：S：合成后的关联规则。

（1）**Let** $S \leftarrow \{S_1 \cup S_2 \cup \cdots \cup S_m\}$；

（2）对 S 中的每一条规则 R

用式（4.3）求 R_i 的权值 ω_{R_i}；

（3）**For** $i = 1$ to m **do**

用式（4.4）求 D_i 的权值 ω_{D_i}；

（4）利用式（4.5）～式（4.8）就 S 中的每一条规则的 $s_\omega(A \Rightarrow B)$，$c_\omega(A \Rightarrow B)$，$s_\omega(A \Rightarrow \neg B)$，$c_\omega(A \Rightarrow \neg B)$；

（5）若在 S 中存在相冲突的规则，则利用式（4.9）来计算相冲突规则的合成相关性；

If $\mathrm{corr}_{\omega(A,B)}>1$ **then**

$S \leftarrow S - \{\neg A \Rightarrow B, A \Rightarrow \neg B\}$；

If $\mathrm{corr}_{\omega(A,B)}<1$ **then**

$S \leftarrow S - \{A \Rightarrow B, \neg A \Rightarrow \neg B\}$；

（6）输出 S 中支持度和置信度大于或等于阈值的规则 R。

下面结合例子对算法进行说明：为了验证算法的正确性，用了几个实验数据库如表 4.1 所示，设 ms$=0.2$，mc$=0.2$，$\alpha=0.05$，利用 PNARC 进行挖掘，产生的关联规则数如表 4.2 所示。

表 4.1 实验数据库

数据库	Tid	1	2	3	4
1	Tlist	A，B，C	B，D，E	B，C	C，E
2	Tlist	C，D	A，B，E	A，B，C	B，C
3	Tlist	A，B，C	D，E	B，C，D	

表 4.2 产生的关联规则数

数据库	$A \Rightarrow B$ 型	$A \Rightarrow \neg B$ 型	$\neg A \Rightarrow B$ 型	$\neg A \Rightarrow \neg B$ 型	Grand
1	20	6	6	20	52
2	18	8	8	18	52
3	18	6	6	18	48
synthesied	12			12	24

从表 4.2 中可以看出，如果把所有的数据放在一起进行挖掘，将会丢掉一些负关联规则，这样就丢掉了一些有用的信息，所以不能简单地将数据库直接放在一起进行挖掘。

设 S_1，S_2，S_3 是分别从数据库 D_1，D_2，D_3 中挖掘出来的关联规则，如表 4.3 所示。设 ms=0.2，mc=0.3。

表 4.3 数据库的关联规则集

RuLE 集	规则	sL	sR	s	c
S_1	$A \Rightarrow D$	0.5	0.6	0.4	0.8
	$\neg A \Rightarrow \neg B$	0.5	0.7	0.45	0.5
	$\neg C \Rightarrow B$	0.6	0.7	0.4	0.75
	$\neg E \Rightarrow F$	0.7	0.6	0.4	0.667
S_2	$A \Rightarrow D$	0.4	0.5	0.35	0.875
	$\neg A \Rightarrow \neg B$	0.4	0.6	0.3	0.5
	$\neg C \Rightarrow B$	0.5	0.6	0.25	0.7

RuLE 集	规则	sL	sR	s	c
	$A \Rightarrow D$	0.6	0.7	0.5	0.3
	$\neg A \Rightarrow \neg B$	0.6	0.6	0.4	0.5
S_3	$\neg C \Rightarrow \neg B$	0.5	0.6	0.4	0.6
	$E \Rightarrow F$	0.6	0.5	0.4	0.667

注：sL,sR 和 s 是频繁项集的支持度。

可以得到 3 个数据库的权值分别为：$\omega_{D_1} = 23/65$，$\omega_{D_2} = 22/65$，$\omega_{D_3} = 20/65$。通过数据库的权值合成的关联规则的支持度和置信度如表 4.4 所示。

表 4.4　合成的规则

合 成 规 则	s_ω	c_ω
$R_1: A \Rightarrow D$	0.4138	0.6715
$R_2: \neg A \Rightarrow \neg B$	0.3838	0.5
$R_3: \neg C \Rightarrow B$	0.2262	0.5023
$R_4: \neg E \Rightarrow F$	0.4	0.667
$R_5: \neg C \Rightarrow \neg B$	0.4	0.6
$R_6: E \Rightarrow F$	0.4	0.667

从表 4.4 中可以看到，规则 R_3 和 R_5，R_4 和 R_6 是矛盾的，需要计算 BC 的合成相关性。由式(4.9)得 $\text{corr}_\omega(B,C) = 1.0266 > 1$，所以规则 $\neg C \Rightarrow \neg B$ 是有效的规则。同样，可以得到 $\text{corr}_\omega(E,F) = 1.6717 > 1$，$E \Rightarrow F$ 是有效的规则。最后得到的关联规则就是 $A \Rightarrow D$，$\neg A \Rightarrow \neg B$，$\neg C \Rightarrow \neg B$，$E \Rightarrow F$。

我们在数据集 DS1～DS4 上进行了更多的实验。为了满足多数据库的要求，对 4 个数据集进行了分割，每个数据集都分成了 3 个小的数据集，具体分割方法如下：数据集 Mushroom 共 8124 行数据，分割后的 3 个小数据集分别为 2000 行、5000 行和 1124 行；数据集 Nursery(12 960 行)分割成了 3960 行、5000 行和 4000 行的 3 个小数据集；数据集 DS1(742 行)分割成了 200 行、300 行和 242 行的 3 个小数据集；数据集 DS2(974 行)分割成了 200 行、400 行和 374 行的

3 个小数据集。后面的多数据库实验都是利用了这种分割方法。图 4.2 和图 4.3 显示了 PNAR_MDB 在数据集 DS1~DS4 上的实验结果。

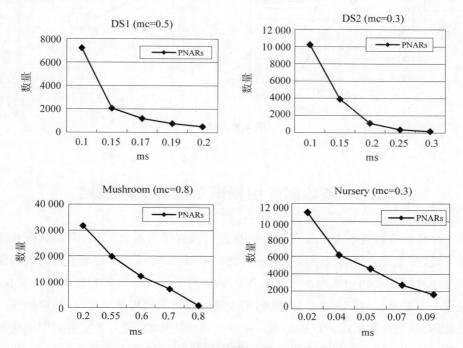

图 4.2 PNAR_MDB 在数据集 DS1~DS4 上的实验结果

（置信度不变,支持度变化）

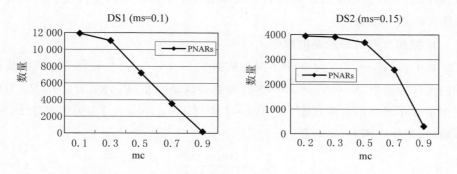

图 4.3 PNAR_MDB 在数据集 DS1~DS4 上的实验结果

（支持度不变,置信度变化）

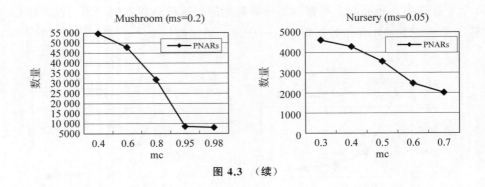

图 4.3 （续）

4.3 多数据库中挖掘负加权关联规则

张师超等认为各个子公司相对于总公司具有平等的投票权,但是从商业理念来说,各个子公司的投票权是不一样的。例如,在大城市的某个子公司的销售额是小城镇子公司销售额的 10 倍,则大城市的子公司应该具有较大的决策权。假设一个数据库的交易事务数越多,则表明该公司的销售额也越高,相应的权值也就越大,因此数据库的权值与交易事务数是成正比的,这与现实生活中的应用也是一致的。这与上述方法中求取数据库和规则的权值方法是不一样的,该方法利用产生规则的数据库的事物数量来计算规则的权值,只利用事物数量得到数据库的权值,利用数据库的权值和局部支持度值得到全局支持度。精简规则去除矛盾是一致的。

1. 数据库与关联规则的权值

设 $D_1,D_2,\cdots,D_m$ 为 m 个不同的数据库,$S_1,S_2,\cdots,S_m$ 分别为各同类数据源的关联规则集,$S=\{S_1,S_2,\cdots,S_m\}$ 为总关联规则集,$R_1,R_2,R_j,\cdots,R_n$ 为总规则集 S 中具体的关联规则,其中,$j=1,2,3,\cdots,n$,$\mathrm{Num}(D_i)$ 为数据库 D_i 的事物数,则数据库 D_i 的权值 ω_{D_i} 为:

$$\omega_{D_i} = \frac{\mathrm{Num}(D_i)}{\sum\limits_{i=1}^{m}(D_i)} \tag{4.10}$$

规则 R_j 的权值为包含该规则的数据库的权值之和,规范化的规则的权值为:

$$\omega_{Rj} = \frac{\sum\limits_{i=1,R_j \subset s_I}^{m} \omega_{Di}}{\sum\limits_{j=1}^{n} \sum\limits_{i=1,R_j \subset s_i}^{m} \omega_{DI}} \tag{4.11}$$

2. 合成负关联规则

设 $D_1, D_2, \cdots, D_m$ 为 m 个不同的数据库,规则集 S_i 是数据库 $D_i (i=1,2, \cdots, m)$ 中的关联规则集,$\omega_{D1}, \omega_{D2}, \cdots, \omega_{Dm}$ 分别是数据库 $D_1, D_2, \cdots, D_m$ 的权值,对于特定的关联规则 $A \Rightarrow B, A \Rightarrow \neg B$(或 $\neg A \Rightarrow B, \neg A \Rightarrow \neg B$),合成模式为:

$$s_\omega(A \Rightarrow B) = \omega_{D1} \times s_1(A \Rightarrow B) + \omega_{D2} \times s_2(A \Rightarrow B) + \cdots +$$
$$\omega_{Dm} \times s_m(A \Rightarrow B) \tag{4.12}$$

$$s_\omega(A \Rightarrow \neg B) = \omega_{D1} \times s_1(A \Rightarrow \neg B) + \omega_{D2} \times s_2(A \Rightarrow \neg B) + \cdots +$$
$$\omega_{Dm} \times s_m(A \Rightarrow \neg B) \tag{4.13}$$

$$c_\omega(A \Rightarrow B) = \frac{s_\omega(A \bigcup B)}{s_\omega(A)} \tag{4.14}$$

$$c_\omega(A \Rightarrow \neg B) = \frac{s_\omega(A \bigcup \neg B)}{s_\omega(A)} \tag{4.15}$$

根据合成模式可以得到各规则的支持度和置信度,这样就可以把有趣的关联规则提交给总公司决策之用。

3. 算法设计

算法 4.2 RuleSelection(S)

输入:min.γ effective:最小有效投票率;S:个数为 N 的规则集;ω_{Di}:数据库 D_i 的权值,$i=1,2,\cdots,m$。

输出:S:缩减了的规则集。

(1) **if** 规则集 S 中存在矛盾的规则 **do begin**

用式(4.9)计算 corr$_\omega(A,B)$;

If corr$_\omega(A,B) > 1$ $S \leftarrow S - \{\neg A \Rightarrow B, A \Rightarrow \neg B\}$;

If corr$_\omega(A,B) < 1$ $S \leftarrow S - \{A \Rightarrow B, \neg A \Rightarrow \neg B\}$;

end;

(2) **for** 对于在规则集 S 中每一个 规则 R **do begin**

用式(4.10)计算 ω_{Rj};

If $\omega_{R_j} <$ min.γ effective；

$S \leftarrow S - \{R_j\}$；

end；

（3）**output** S；

通过规则选取后，规则集的数量就减少了，然后再利用数据库的权值来合成关联规则。

算法 4.3 RuLE Synthesizing

输入：$S_1, S_2, \cdots, S_m$ 规则集；ms：支持度阈值；mc：置信度阈值。

输出：合成后的关联规则。

（1）$S \leftarrow \{S_1 \cup S_2 \cup \cdots \cup S_m\}$；

（2）**Call** RuLE Selection(S)；

（3）**for** 规则集中的每条规则 $A \Rightarrow B$ **do begin**

用式（4.12）计算 $s_\omega(A \Rightarrow B)$；

用式（4.14）计算 $c_\omega(A \Rightarrow B)$；

end；

（4）按支持度的高低排列规则集 S 中的关联规则 R；

（5）输出 S 中支持度和置信度大于或等于 ms 和 mc 的关联规则 R。

4. 实验结果及分析

为了更好地说明算法，下面举个简单的例子，如表 4.5 所示。

表 4.5　三个数据库得到的规则

数据库	事务数	规则	sL	sR	s	c
D_1	5000	$A \Rightarrow B$	0.3	0.5	0.2	0.667
		$B \Rightarrow \neg C$	0.5	0.4	0.3	0.6
		$C \Rightarrow D$	0.6	0.3	0.3	0.5
		$E \Rightarrow F$	0.8	0.2	0.2	0.25
D_2	2500	$A \Rightarrow B$	0.5	0.3	0.3	0.6
		$C \Rightarrow \neg D$	0.4	0.3	0.2	0.5
		$E \Rightarrow \neg F$	0.8	0.4	0.6	0.75

续表

数据库	事务数	规则	sL	sR	s	c
D_3	2500	$A{\Rightarrow}B$	0.4	0.3	0.2	0.5
		$B{\Rightarrow}\neg C$	0.3	0.3	0.2	0.667
		$C{\Rightarrow}\neg D$	0.7	0.4	0.3	0.429
		$E{\Rightarrow}F$	0.7	0.5	0.4	0.571

从表 4.5 中可以得到数据库的权值为 $\omega_{D_1}=$ 事务数/总的事务数 $=5000/(5000+2500+2500)=0.5$，同理可得，$\omega_{D_2}=0.25,\omega_{D_3}=0.25$。规则集 $S=\{R_1:A{\Rightarrow}B,R_2:B{\Rightarrow}\neg C,R_3:C{\Rightarrow}D,R_4:C{\Rightarrow}\neg D,R_5:E{\Rightarrow}F,R_6:E{\Rightarrow}\neg F\}$，其中，$R_3$ 与 R_4，R_5 与 R_6 是相互矛盾的，所以应该利用合成相关性用式(4.9)来确定哪个才是正确的规则。

$$\text{corr}_\omega(C,D)=\frac{0.5\times0.3+0.25\times0.2+0.25\times0.4}{(0.5\times0.6+0.25\times0.4+0.25\times0.7)\times(0.5\times0.3+0.25\times0.7+0.25\times0.6)}$$
$$=1.0986>1$$

同理可以计算 $\text{corr}_\omega(E,F)=0.86<1$，所以 $C{\Rightarrow}D$ 和 $E{\Rightarrow}\neg F$ 是正确的规则，将规则 $C{\Rightarrow}\neg D,E{\Rightarrow}F$ 从规则集中删除。现在的规则集为 $S=\{R_1:A{\Rightarrow}B,R_2:B{\Rightarrow}\neg C,R_3:C{\Rightarrow}D,R_6:E{\Rightarrow}\neg F\}$。

求得各个规则的权值为：
$$\omega_{R_1}=0.5+0.25+0.25=1$$
$$\omega_{R_2}=0.5+0.25=0.75$$
$$\omega_{R_3}=0.5,\cdots$$
$$\omega_{R_6}=0.25$$
$$\omega_R=2.5$$

规范化的权值为：
$$\omega_{R_1}=0.4$$
$$\omega_{R_2}=0.3$$
$$\omega_{R_3}=0.2$$
$$\omega_{R_6}=0.1$$

设定 min.γ effective $=0.2$，则规则 R_6 将从规则集中删除，只需计算 $R_1,R_2,$

R_3 合成后的支持度和置信度。

$$R_1 : s(A \Rightarrow B) = 0.5 \times 0.2 + 0.25 \times 0.3 + 0.25 \times 0.2 = 0.225$$

$$c_\omega(A \Rightarrow B) = 0.225 / (0.5 \times 0.3 + 0.25 \times 0.5 + 0.25 \times 0.4) = 0.6$$

同理得到 R_2 的支持度和置信度为 0.2 和 0.375，R_3 的支持度和置信度为 0.3 和 0.5。

假如设定的支持度和置信度阈值分别为 0.2 和 0.3，则最后提交给总公司的关联规则为 R_1, R_2, R_3。

为了更好地验证该方法，利用合成数据库模拟了 6 个已分好类的超市数据库，它们主要的特点是：每个数据库都有 $|R| = 100$ 个属性，每行的属性平均数 T 分别为 8，5，5，6，4，7，事务数 $|r|$ 大约有 200 个，最大频繁集的项数分别为 3，2，5，4，6，3，表 4.6 列出了这些参数。

表 4.6　数据库基本信息

数 据 库	$|R|$	T	I	$|r|$
DB1	98	8	3	198
DB2	93	5	2	196
DB3	95	5	5	195
DB4	97	6	4	197
DB5	99	4	6	194
DB6	96	7	3	198

设 $ms = 0.025$，$mc = 0.2$，这些数据库的规则如表 4.7 所示。

表 4.7　产生的关联规则数

数 据 库	$A \Rightarrow B$	$A \Rightarrow \neg B$	$\neg A \Rightarrow B$	$\neg A \Rightarrow \neg B$	修剪	合计
DB1	70	20	9	97	1	196
DB2	98	23	12	88	3	221
DB3	86	35	6	79	1	206
DB4	93	28	8	85	2	214
DB5	75	32	11	90	0	208
DB6	84	26	14	92	1	216

利用权值合成的方法和利用将数据库合在一起挖掘，比较结果如表 4.8 所示。

表 4.8　两种方法的比较结果

方法	$A \Rightarrow B$	$A \Rightarrow \neg B$	$\neg A \Rightarrow B$	$\neg A \Rightarrow \neg B$	合计
1	56	12	5	63	136
2	81	27	8	95	211

在数据集 DS1～DS4 上的实验结果如图 4.4～图 4.6 所示。

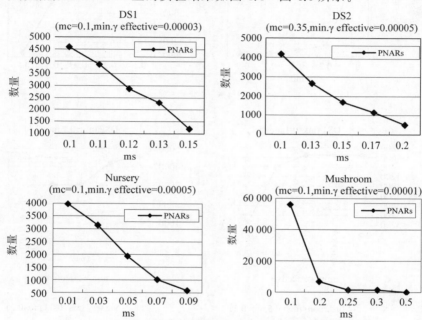

图 4.4　在数据集 DS1～DS4 上的实验结果（支持度变化）

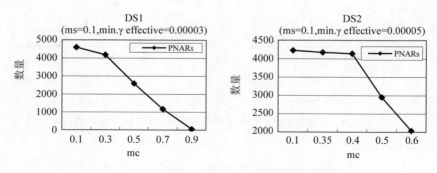

图 4.5　数据集 DS1～DS4 上的实验结果（置信度变化）

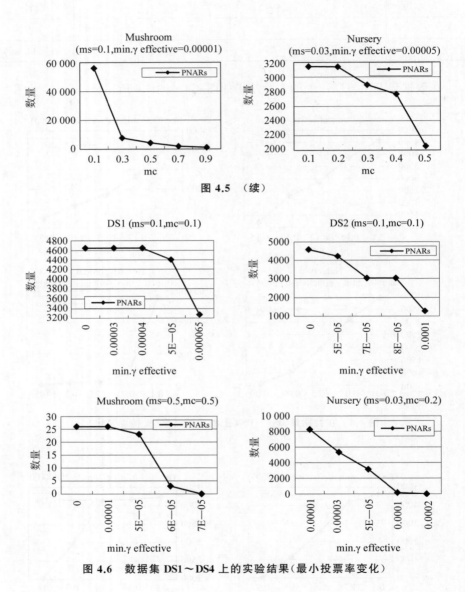

图 4.5 （续）

图 4.6 数据集 DS1～DS4 上的实验结果（最小投票率变化）

4.4 基于 P-S 兴趣度的多数据库中的负关联规则挖掘

在第 3 章中提到基于最小兴趣度的正负关联规则挖掘,本节将 P-S 兴趣度扩展到多数据库中来进行正负关联规则挖掘。

设 $D_1, D_2, \cdots, D_m$ 为 m 个不同的数据库,$S = \{S_1, S_2, \cdots, S_m\}$ 为总关联规则集,$S_1, S_2, \cdots, S_m$ 分别为各同类数据源的关联规则集,$R_1, R_2, R_j \cdots R_n$ 为总规则集 S 中具体的关联规则,其中,$j = 1, 2, 3, \cdots, n$,$\mathrm{Num}(D_i)$ 为数据库 D_i 的事物数,则数据库 D_i 的权值 ω_{D_i} 用式(4.10)计算。

得到数据库的权值之后,可以用来合成频繁项集。设 FS_i 为数据库 D_i 的频繁项集,$\omega_1, \omega_2, \cdots \omega_m$ 分别是数据库 $D_1, D_2, \cdots, D_m$ 的权值,全局最小支持度为 ms_ω,对于频繁项集 X 的合成模式支持度 $s_\omega(X)$ 为:

$$s_\omega(X) = \omega_1 \times s_1(X) + \omega_2 \times s_2(X) + \cdots + \omega_m \times s_m(X) \qquad (4.16)$$

关联规则 $A \Rightarrow B$ 合成后的置信度 $c_\omega(A \Rightarrow B)$ 仍然由式(4.15)计算。由于增加了权值,合成后项集的支持度发生了变化,所以应该去除那些不满足全局最小支持度阈值的频繁项集。

我们将 P-S 兴趣度扩展到多数据库中,如果规则 $A \Rightarrow B$ 是有兴趣的,当且仅当 $|s_\omega(A \bigcup B) - s_\omega(A) \times s_\omega(B)| \geqslant \mathrm{mi}$。关联规则的相关性可以删除一些矛盾的规则,我们将 P-S 兴趣度修改使其可以用于关联规则相关性的判断。我们将合成的频繁项集 A 和 B 的相关性记为 $\mathrm{corr}_\omega(A, B)$:

$$\mathrm{corr}_\omega(A, B) = s_\omega(A \bigcup B) - s_\omega(A) s_\omega(B) \qquad (4.17)$$

其中,$s_\omega(A \bigcup B)$,$s_\omega(A)$,$s_\omega(B)$ 分别为合成后的频繁项集的支持度,$s_\omega(A) \neq 0$,$s_\omega(B) \neq 0$。

如果 $\mathrm{corr}_\omega(A, B) > 0$,则有:

(1) $\mathrm{corr}_\omega(A, \neg B) < 0$;

(2) $\mathrm{corr}_\omega(\neg A, B) < 0$;

(3) $\mathrm{corr}_\omega(\neg A, \neg B) > 0$;

反之亦反之。

$\text{corr}_{\omega(A,B)}$ 有以下三种可能的情况。

(1) 如果 $\text{corr}_{\omega}(A,B) > 0$，$A$ 和 B 正相关，仅挖掘规则 $A \Rightarrow B$ 和 $\neg A \Rightarrow \neg B$。

(2) 如果 $\text{corr}_{\omega}(A,B) = 0$，$A$ 和 B 相互独立，不挖掘规则。

(3) 如果 $\text{corr}_{\omega}(A,B) < 0$，$A$ 和 B 负相关，仅挖掘规则 $A \Rightarrow \neg B$ 和 $\neg A \Rightarrow B$。

下面是挖掘算法。

算法 4.4 基于 P-S 兴趣度的多数据库中的负关联规则挖掘算法

输入：$\text{FS}_1, \text{FS}_2, \cdots, \text{FS}_m$：数据库 $D_1, D_2, \cdots, D_m$ 的频繁项集的集合，ms：支持度阈值；mc：置信度阈值；$\omega_1, \omega_2, \cdots, \omega_m$：数据库 $D_1, D_2, \cdots, D_m$ 的权值，mi：最小兴趣度。

输出：PAR：正关联规则集合；NAR：负关联规则集合。

(1) $\text{FS} \leftarrow \{\text{FS}_1, \text{FS}_2, \cdots, \text{FS}_m\}$；$\text{PAR} = \varnothing$；$\text{NAR} = \varnothing$

(2) 对于 FS 中的每一个频繁项 X **do begin**

$$s_{\omega}(X) = \omega_1 \times s_1(X) + \omega_2 \times s_2(X) + \cdots + \omega_m \times s_m(X)$$

if $s_{\omega}(X) < \text{ms}$ **then**

$\text{FS} \leftarrow \text{FS} - \{X\}$

end；

(3) 对于 FS 中的合成的任何一个频繁项集 X **do begin**

for any itemset $A \cup B = X$ **and** $A \cap B = \varPhi$ **do begin**

if $|s_{\omega}(A \cup B) - s_{\omega}(A)s_{\omega}(B)| \geqslant \text{mi}$ **then begin**

if $s_{\omega}(A \cup B) - s_{\omega}(A)s_{\omega}(B) > 0$ **then begin**

if $c_{\omega}(A \Rightarrow B) \geqslant \text{mc}$ **then**

$\text{PAR} = \text{PAR} \cup \{A \Rightarrow B\}$；

if $c_{\omega}(\neg A \Rightarrow \neg B) \geqslant \text{mc}$ **then**

$\text{NAR} = \text{NAR} \cup \{\neg A \Rightarrow \neg B\}$；

end；

if $s_{\omega}(A \cup B) - s_{\omega}(A)s_{\omega}(B) < 0$ **then begin**

if $c_{\omega}(A \Rightarrow \neg B) \geqslant \text{mc}$ **then**

$\text{NAR} = \text{NAR} \cup \{A \Rightarrow \neg B\}$；

$$\text{if } c_\omega(\neg A \Rightarrow B) \geqslant \text{mc then}$$
$$NAR = NAR \cup \{\neg A \Rightarrow B\};$$

                                end；

                         end；

                  end；

          end；

（4）输出 PAR 和 NAR。

为了验证算法的正确性，我们进行了实验，设定 3 个事物数据库 D_1, D_2, D_3，事物数分别为 4,6,10。

$D_1 = \{(A,B,D);(A,B,C,E);(A,B,C,D);(B,C,D);\}$

$D_2 = \{(A,B,C);(A,C,D,E);(B,C,D);(B,D,E);(A,C,E);(A,B,D,E);\}$

$D_3 = \{(A,B,C);(A,B,C,D);(A,B,C,E);(B,D,E);(B,C,D,E);$
$(A,B,C,D,E);(B,C,E);(C,D,E);(A,C,D,E);(A,B,D,E);\}$

3 个数据库的权值分别为 $\omega_1 = 0.2, \omega_2 = 0.3, \omega_3 = 0.5$。设定数据库的最小支持度分别为 0.3,0.3,0.4，用 Apriori 算法分别得到频繁项集，然后利用设定的数据库权值来合成频繁项集，设全局支持度和置信度分别为 ms=0.2,mc=0.3，最后得到的关联规则如表 4.9 所示。

表 4.9 生成的关联规则数

兴 趣 度	$A \Rightarrow B$ 型	$A \Rightarrow \neg B$ 型	$\neg A \Rightarrow B$ 型	$\neg A \Rightarrow \neg B$ 型	修剪	Total
0	24	4	4	24	——	56
0.03	20	4	4	18	8	48
0.06	18	4	4	18	12	44
将数据库合在一起用 Apriori 算法挖掘	75	——	——	——	——	75

从表 4.9 中可以看出，用传统 Apriori 算法得到的正关联规则数是 75，而用该算法得到的正关联规则数显著减少，同时，提高最小兴趣度可以有效地修剪那些兴趣度不高的规则，从而易于用户选择有兴趣的规则，充分说明该算法是有效的。

在 DS1～DS4 上的实验结果如图 4.7 所示。

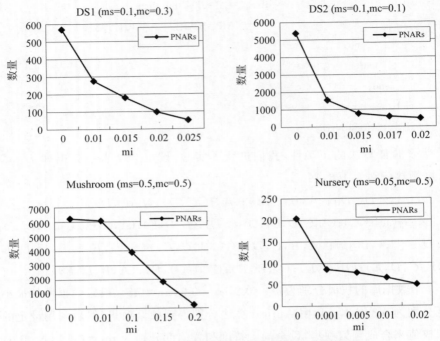

图 4.7　基于 P-S 兴趣度的多数据库中的负关联规则挖掘算法在 DS1～DS4 上的实验结果

4.5　多数据库中的例外关联规则挖掘

传统的数据挖掘技术都是针对常规规则而设计的,具有高的支持度和置信度;相反,例外规则,虽然也有很高的置信度,但由于具有较小的支持度,因而常常被忽略。因此,在某些情况下,挖掘那些例外规则也是很有兴趣的。

在挖掘多数据库中的例外规则前,首先要判断是否有矛盾规则的问题,以及怎样确定数据库和规则的权值,而该方法与前面介绍的方法是一致的。

1. 挖掘方法

解决了冲突问题后,就可以挖掘多数据库中的例外规则,给定一个大公司的 n 个子公司的数据库 $D_1, D_2, \cdots, D_n$,设 $\mathrm{LR}_1, \mathrm{LR}_2, \cdots, \mathrm{LR}_n$ 是相应的从各个数据库中挖掘出的局部规则，ms_i 是用户设定的第 i 个数据库 $D_i(i=1,2,\cdots,n)$ 的最小支持度，对于每一条规则 R，在 D_i 中的支持度记为 $s_i(R)$。我们定义局部模式的平均投票率为：

$$\mathrm{AverVotes} = \frac{\sum_{i=1}^{\mathrm{Num(GR)}} \mathrm{Num}(R_i)}{\mathrm{Num(GR)}} \tag{4.18}$$

GR 是指全局规则，它是每个数据库的规则的集合，$\mathrm{GR} = \{\mathrm{LR}_1 \bigcup \mathrm{LR}_2 \bigcup \cdots \bigcup \mathrm{LR}_n\}$，$\mathrm{Num(GR)}$ 是 GR 中规则的数量。我们设定平均投票率 AverVotes 为一个边界值，如果一个规则的投票率 vote 少于 AverVotes，则该规则就是一个候选的例外规则，否则将是一个高投票率规则。我们设定 CER 为候选的例外规则，定义规则的全局支持度为：

$$s_G(R) = \frac{\sum_{i=1}^{\mathrm{Num}(R)} \omega_i \dfrac{s_i(R) - \mathrm{ms}_i}{1 - \mathrm{ms}_i}}{\sum_{i=1,R \subset D_i}^{\mathrm{Num}(R)} \omega_i} \tag{4.19}$$

其中，$s_G(R)$ 指规则 R 的全局支持度，$\mathrm{Num}(R)$ 表示支持规则 R 的数据库的数量，ω_i 是数据库 D_i 的权值，我们设定最小全局支持度阈值为 $\mathrm{ms}_G(R)$，如果一个规则的全局支持度 $s_G(R)$ 不满足最小全局支持度阈值，就删去它，规则的全局支持度 $S_G(R)$ 越大，该规则就越重要。由于不同的数据库有不同的数据信息，所以不能简单地说 0.6 就比 0.3 大，如果两个数据库的最小支持度分别为 0.5 和 0.1，这是因为两个数据库的最小支持度是不同的。利用规则支持度数据库的最小支持度的距离来作为测量度：

$$s(R) = \frac{s_i(R) - \mathrm{ms}_i}{1 - \mathrm{ms}_i} \tag{4.20}$$

在子公司中规则的支持度越高，该规则就越有趣。

2. 算法设计

算法 4.5　MGER-MDB 算法

输入：LR_i：局部关联规则集；ω_i：D_i 的权值；ms_i：$D_i(i=1,2,\cdots,n)$ 的支持度阈值；$\mathrm{ms}_G(R)$：全局支持度阈值。

输出：ER：例外规则集。

(1) $GR \leftarrow \{LR_1 \cup LR_2 \cup \cdots \cup LR_n\}, CER = \varnothing$;

(2) 如果在 GR 中存在互相矛盾的规则,则利用式(4.9)来计算矛盾规则的合成相关性 $corr_\omega(X,Y)$;

   if $corr_\omega(X,Y) > 1$ **then**

       $GR \leftarrow GR - \{\neg X \Rightarrow Y, X \Rightarrow \neg Y\}$;

   if $corr_\omega(X,Y) < 1$ **then**

       $GR \leftarrow GR - \{X \Rightarrow Y, \neg X \Rightarrow \neg Y\}$;

(3) 对 GR 中的每一条规则 R,利用式(4.18)计算 R 的投票率和数量;

   if $(Num(R) < AverVotes)$ **then**

       $CER = CER \cup R$;

(4) 对 CER 中的每一条候选的例外规则,利用式(4.19)计算规则 R 的全局支持度 $s_G(R)$;

   if $s_G(R) < ms_G(R)$ **then**

       $ER = CER - R$;

(5) 输出 ER;

步骤(1)产生每个数据库的关联规则集,步骤(2)查找和去除矛盾规则,步骤(3)产生候选的例外规则,步骤(4)计算所有的候选的例外规则的 $s_G(R)$,然后得到例外规则,步骤(5)产生出所有的例外规则。

3. 实验结果

为了验证算法的正确性,下面给出一个例子,表 4.10 是数据库和局部从中挖掘出的关联规则。

表 4.10　数据库和局部关联规则

数据库	$Num(D_i)$	ms_i	RuLE	sL	sR	s
D_1	0.25	0.4	$A \Rightarrow B$	0.6	0.8	0.6
			$B \Rightarrow \neg C$	0.8	0.3	0.4
			$C \Rightarrow \neg D$	0.7	0.3	0.6
			$E \Rightarrow F$	0.5	0.6	0.5

续表

数据库	Num(D_i)	ms_i	RuLE	sL	sR	s
D_2	0.15	0.25	$A \Rightarrow B$	0.5	0.4	0.3
			$B \Rightarrow \neg C$	0.4	0.5	0.25
			$A \Rightarrow D$	0.5	0.6	0.4
D_3	0.1	0.3	$C \Rightarrow \neg D$	0.7	0.6	0.6
			$A \Rightarrow B$	0.4	0.5	0.4
			$B \Rightarrow \neg C$	0.5	0.3	0.3
D_4	0.4	0.3	$C \Rightarrow D$	0.6	0.8	0.4
			$A \Rightarrow D$	0.5	0.8	0.5
			$A \Rightarrow \neg B$	0.5	0.4	0.3
D_5	0.1	0.2	$E \Rightarrow F$	0.8	0.7	0.7
			$A \Rightarrow D$	0.5	0.6	0.5
			$B \Rightarrow E$	0.6	0.8	0.6

从表 4.10 中可以得到 $GR = \{A \Rightarrow B, B \Rightarrow \neg C, C \Rightarrow \neg D, E \Rightarrow F, A \Rightarrow D, C \Rightarrow D, A \Rightarrow \neg B, B \Rightarrow E\}$，而规则 $A \Rightarrow B$ 和 $A \Rightarrow \neg B$，$C \Rightarrow \neg D$ 和 $C \Rightarrow D$ 是相互矛盾的，我们利用相关性来选择有效的规则。数据库的权值分别为 $0.25, 0.15, 0.1,$ 0.4 和 0.1，通过式(4.9)得到 $\mathrm{corr}_\omega(A, B) > 1, \mathrm{corr}_\omega(C, D) < 1$ 所以 $A \Rightarrow B$ 和 $C \Rightarrow \neg D$ 是有效的规则。在去除了矛盾规则后，得到全局规则为 $GR = \{A \Rightarrow B, B \Rightarrow \neg C, C \Rightarrow \neg D, E \Rightarrow F, A \Rightarrow D, B \Rightarrow E\}$，$\mathrm{AverVotes} = 14/6 = 2.33$，通过 $\mathrm{AverVotes}$ 剪枝后，$CER = \{C \Rightarrow \neg D, E \Rightarrow F, B \Rightarrow E\}$，利用式(4.19)计算出 CER 中的每条规则的全局支持度如下：$S_G(C \Rightarrow \neg D) = 0.279, S_G(E \Rightarrow F) = 0.2978,$ $S_G(B \Rightarrow E) = 0.5$。如果设定最小的全局支持度 $ms_G(R) = 0.25$，最后得到的例外规则是 $C \Rightarrow \neg D, E \Rightarrow F, B \Rightarrow E$。

在 DS1～DS4 上的实验结果如图 4.8 所示。

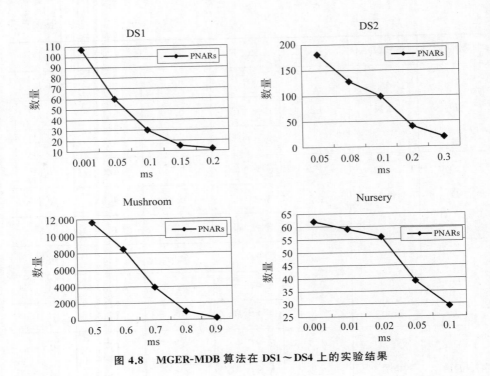

图 4.8　MGER-MDB 算法在 DS1～DS4 上的实验结果

小　结

　　本章分析了传统的多数据库关联规则挖掘算法在研究负关联规则后出现的矛盾规则问题,提出了利用合成相关性来解决矛盾规则的方法,并提出了从多数据库中挖掘正负关联规则的方法。在此基础上,增加了最小兴趣度,将挖掘出的正负关联规则进行剪枝,去掉无趣的规则。本章还提出了一种挖掘多数据库中的全局例外关联规则的方法,实验验证了这些算法的有效性。

第 5 章　负时态关联规则挖掘

由于时间是现实数据本身固有的因素,附加上某种时态约束后可以发现一些更有价值的规则,本章对正负时态关联规则进行了讨论。5.1 节对时态关联规则进行概述,5.2 节分析两种典型的正时态关联规则挖掘模型,包括基于日历的时态关联规则挖掘模型和基于商品生命周期的时态关联规则挖掘模型,5.3 节提出一个挖掘时态频繁项集的泛化算法——GTFS 算法,5.4 节提出一种基于定制时间的负时态关联规则挖掘模型——CTP 模型,最后对本章进行了小结。

5.1　研究时态关联规则的必要性

现实世界中的数据常常会出现时态语义问题,这使得我们有必要在知识发现过程中考虑时间因素。在现实世界数据库中可以发现各种各样的时态数据,例如,超市的交易记录有时间标记、病员的病历数据记录、天气数据日志文件等。这里考察的时态语义是所谓的时态约束问题,即如果数据库中的每个事务均有其有效时间,那么在数据库中所发现的知识也必然有相应的时态约束,以表明所发现的知识何时是有效的。目前许多研究工作都假定得到的规则是永远有效的,没有任何信息表明规则何时有效,何时无效,同样,目前无效的规则也没有说明它在过去或将来是否有效,然而事实并非如此。在现实中,附加上某种时态约束的规则将可以更好地描述客观现实情况,因而也会更有价值。在现实生活中往往存在或希望带有时态约束的规则,我们把这种关联规则称为时态关联规则。

先来看一个例子。

例 5.1 我们已经熟知了数据仓库和数据挖掘中的经典例子——啤酒与尿布的故事:沃尔玛超市在对其销售数据的分析中发现夏天的每个周末啤酒与尿布的销售量会大幅度上升。调查得知,许多年轻的爸爸们周末在为自己的宝宝买尿布的同时也不忘给自己买些啤酒。当时得出的一条关联规则是:啤酒⇒尿布,支持度是 3%,置信度是 87%,也就是说,在所有事务数据中有 3% 的顾客同时购买了啤酒与尿布,而在购买啤酒的顾客中有 87% 的顾客也购买了尿布。

下面再来对这些购买行为进行仔细分析。

(1) 他们购买啤酒与尿布的时间可能多在 6PM~9PM,因此,如果把事务数据按照购买时间划分为 7AM~6PM 和 6PM~9PM 的话,就可能发现规则:啤酒⇒尿布的支持度在 6PM~9PM 上升到 10%。

(2) 众所周知,夏季是啤酒的销售旺季,因此,如果再把事务数据按照季节划分的话,就可能发现规则:啤酒⇒尿布的支持度在夏季的 6PM~9PM 上升到 20% 以上。

(3) 这个例子中年轻爸爸们的购买行为多发生在周末,因此,如果再把事务数据按照周末与非周末划分的话,就可能发现规则:啤酒⇒尿布的支持度在夏季周末的 6PM~9PM 上升到 30% 以上。

(4) 相反,如果当初把关联规则的支持度阈值定为 4% 的话,这条经典的关联规则就可能被埋没掉了。

这样的例子有很多,如圣诞礼品、中秋月饼等。这些商品都有自己的生命周期,没有必要存在于数据库的整个时间段内(如两年甚至更多)。但是传统的挖掘算法却可能找不到这些商品的关联规则,因为从其支持度的计算 $s(X\Rightarrow Y)=|\{T:X\cup Y\subseteq T,T\in D\}|/|D|$ 来看,分母 $|D|$ 是数据库中的所有事务数,不随商品的生命周期而变化,这样做的后果就是可能失去一些重要的规则。为弥补这一缺点,就必须给事务数据加上时态信息(Temporal Information)。

5.2 两种典型的正时态关联规则挖掘模型

5.2.1 日历模型分析

一个日历模型是一个具有合法约束的关系模型 $R=(G_n:D_n,G_{n-1}:D_{n-1},\cdots,$

$G_1:D_1$),每一个属性 G_i 是一个时间粒度名,如年、月、周等,每一个域 D_i 是一个正整数的有限集。约束的合法性是 $D_n \times D_{n-1} \times \cdots \times D_1$ 的一个布尔函数,该函数指明了 $D_n \times D_{n-1} \times \cdots \times D_1$ 中哪些值的组合是合法的,目的是排除那些不感兴趣的组合及不与任何时间间隔对应的组合。

如果给定一个日历模型 $R=(G_n:D_n, G_{n-1}:D_{n-1}, \cdots, G_1:D_1)$,那么 R 上一个简单的基于日历的模式(简称日历模式)是一个形如 $<d_n, d_{n-1}, \cdots, d_1>$ 的数组,其中,$d_i \in D_i$ 或者是广义符"$*$",表示"每一(个)"。如果一个时间间隔集 e' 是 e 的子集,那么称日历模式 e 覆盖日历模式 e'。

为了简化,要求在一个日历模型 $(G_n:D_n, G_{n-1}:D_{n-1}, \cdots, G_1:D_1)$ 中,每一个 G_i 受限于唯一一个 $G_{i+1}(1 \leqslant i < n)$。例如,(月,日)是符合要求的日历模型,因为每日受限于唯一的一个月,而(年,月,周)就是不符合要求的日历模型,因为不能保证一个周在一个月内。

为了便于表示,把一个含有 k 个广义符"$*$"的日历模式称为 **k 阶广义日历模式**,计作 e_k;把至少有一个广义符"$*$"的日历模式称为一个**广义日历模式**;另外,把不含广义符的日历模式(即 0 阶广义日历模式)称为**基本时间间隔**。

下面是基于日历模式的频繁项集挖掘算法。假定数据库中的每个事务 T 都有一个时间戳 t,给定一个日历模式 e,把 $t \in e$ 的事务记作 $T[e]$,寻找频繁项集的算法如下。

算法 5.1 基于日历模式的频繁项集挖掘算法

输入:e:日历模式;D:具有时间戳的事务数据库,其中,每个事务 T 都有一个时间戳 t。

输出:$<L_k(e), e>$:日历模式 e 下的频繁项集。

(1)　**for all** basic **time** intervals e_0 **do begin**

(2)　　　$L_1(e_0) = \{$freauent $1-$itemsets in $T[e_0]\}$;

(3)　　　　**for all** star patterns e that cover e_0 **do**

(4)　　　　　update $L_1(e)$ using $L_1(e_0)$;

(5)　**end**;

(6)　**for** ($k = 2$; $\exists$ a star calendar pattern e such that $L_{k-1}(e) \neq \varnothing$; $k++$) **do begin**

(7)　　　**for all** basic time intervals e_0 **do begin**

　　　　　//Phase 1:生产候选

(8)　　　　　　　generate candidates $C_k(e_0)$;

　　　　　　//Phase 2：事务扫描

(9)　　　**for all** transactions $T \in T [e_0]$ **do**

(10)　　　　　　subset $(C_k(e_0)，T)$;

(11)　　　　　　$L_k(e_0) = \{c \in C_k(e_0) | c.\text{count} \geqslant \text{ms}\}$;

　　　　　　//Phase 3：更新广义日历模式

(12)　　　　　**for all** star patterns e that cover e_0 **do**

(13)　　　　　update $L_k(e)$ using $L_k(e_0)$;

(14)　　**end**;

(15) Output $<L_k(e)，e>$for all star calendar pattern e;

(16) **end**;

5.2.2　商品生命周期模型分析

　　商品生命周期模型的主要思想是事务数据库中的每一项都有一个生命周期 $[t_1,t_2]$。设 $T=\{K,t_0,t_1,t_2,K\}$ 是一个时间段的集合,可数且有穷,定义一个线性序列 $t_1<t_2$ 表示 t_1 发生在 t_2 之前,项 X 的存在时间用闭区间 $[t_i,t_j]$ 表示,其中,$t_i<t_j$,计为 l_X,其值计为 $|l_X|$。k-项集的存在时间是这 k 个项的存在时间的交集,例如,$Y=\{I_1,I_2,\cdots,I_k\}$ 是一个 k-项集,则 $l_Y=l_{I1} \bigcap l_{I2}$, $\bigcap \cdots \bigcap l_{Ik}$。为了滤去那些存在时间很短的项,由用户给定一个最小时间间隔值 minlifespan,在选择频繁项集时,只有那些 $|l_X| \geqslant$ minlifespan 的项集才被考虑。

　　设数据库 D 中项集 X 的存在时间为 l_X,$s(X,l_X,D)$ 表示项集 X 在存在时间为 l_X 内的支持度,用 $X \Rightarrow Y[t_1,t_2]$ 表示在 $[t_1,t_2]$ 内的一条时态关联规则,用 $c(X \Rightarrow Y[t_1,t_2],D)$ 表示时态置信度,L_k 表示频繁项集,并假定 L_k 中的每一项 X 具有以下属性：①itemset;②项的存在时间区间 $[t_1,t_2]$;③$[t_1,t_2]$ 中包含项 X 的事务数 Count;以及④D 中 $[t_1,t_2]$ 时间内的事务总数 TotalCount。

　　基于商品生命周期的时态关联规则的挖掘步骤如下。

　　(1) 寻找项集 $X \subseteq I$ 使得 $s(X,l_X,D) \geqslant$ ms;并且 $|l_X| \geqslant$ minlifespan。

　　(2) 用频繁项集 X 发现规则：对于每一个 $Y \subset X,Y \neq \varnothing$,如果

$$c(X \Rightarrow Y[t_1,t_2],D)=s(X \bigcup Y,l_{X \cup Y},D)/s(X,l_{X \cup Y},D) \geqslant \text{mc}$$

那么 $X \Rightarrow Y[t_1, t_2]$ 就是一条(正)时态关联规则。

另外还有一种将日历与商品生命周期相结合的模型,它同时考虑了日历模式,又充分考虑了商品的存在时间。

周期性时态关联规则是挖掘在明确的有规律的时间间隔内符合最小支持度和最小置信度的关联规则。

5.3 挖掘时态频繁项集算法

对多种时态模式分析后发现,其根本区别在于求频繁项集的时间范围不同,但具体到任何一种时态模式时由于涉及的细节内容太多,理解起来有一定难度。为此,本章从泛化的角度提出一个挖掘时态频繁项集的算法——GTFS(Generized Temporal Frequent itemSet)算法,该算法避开一些具体细节,使读者能对时态频繁项集的挖掘有一个概括的了解,在此基础上,再阅读具体时态模式(如商品的生命周期)的时态关联规则挖掘算法时会非常轻松,起到事半功倍的效果。

5.3.1 相关定义

一个**时态关联规则**可以看作一个二元式<AR,TF>,式中,AR 是一条形如 $X \Rightarrow Y$ 的关联规则,TF 是一个时间特征(Temporal Feature),如商品的生命周期、基于日历的时间特征、循环的时间特征等。二元式<AR,TF>表示了在时间特征 TF 中关联规则 AR 都成立。

设 $I = \{i_1, i_2, \cdots, i_m\}$ 是项的集合,任务相关的数据 D 为数据库事务的集合,事务数记作 $|D|$,每个事务 T 是项的集合,使得 $T \subseteq I$,并且都有一个时间戳 t;所有 $t \in TF$ 的事务集合记作 d,d 中的事务个数记作 $|d|$。

(1) 设 $X \subset I$,项集 X 的**时态支持度**是事务集 d 中包含 X 的事务数与 d 中事务数之比,计为 $s(X, TF)$,即

$$s(X, TF) = |\{T: X \subseteq T, T \in d\}| / |d|$$

如果 $s(X, TF) \geq ms$,则称 X 为**时态频繁项集**。

(2) 设 $X \subset I, Y \subset I$,并且 $X \cap Y = \varnothing$,规则 $X \Rightarrow Y$ 在事务数据库 D 中的**时态支持度**是事务集 d 中包含 X 和 Y 的事务数与 d 中事务数之比,计为 $s(X \Rightarrow Y, TF)$,即

$$s(X \Rightarrow Y, TF) = |\{T: X \cup Y \subseteq T, T \in d\}|/|d|$$

（3）规则 $X \Rightarrow Y$ 在事务集中的**时态置信度**是指事务集 d 中包含 X 和 Y 的事务数与包含 X 的事务数之比，记为 $c(X \Rightarrow Y, TF)$，即

$$c(X \Rightarrow Y, TF)) |\{T: X \cup Y \subseteq T, T \in d\}|/|\{T: X \subseteq T, T \in d\}|$$

选择时间特征 TF 的目的是为了减少支持度计算式中分母的值（用部分事务数 $|d|$，而不是全部事务数 $|D|$），从而更有效地挖掘关联规则。

5.3.2　GTFS 算法设计

挖掘时态关联规则问题就是在给定的事务集 D 中产生时态支持度和时态置信度分别大于用户给定的最小支持度（ms）和最小置信度（mc）的关联规则。其过程仍然可以分为两步：①求时态频繁项集 X，使 $s(X, TF) \geqslant ms$；②用时态频繁项集 X 发现规则：对于每一个 $A \cup B = X$，$A \cap B = \Phi$，验证 $c(A \Rightarrow B, TF)$ $\geqslant mc$。但是具有时态约束的频繁项集的算法与传统的算法有较大区别，若具体到某一时间特征（如商品的生命周期）则更加明显。下面的算法是求具有时间特征 TF 约束的频繁项集的算法。根据上述定义，为了求得候选项集 c 的时态支持度 $s(c, TF)$，就必须先求出 TF 内包含项集 c 的事务数（Count）和数据库中在 TF 内的事务总数（TotalCount），下面的算法中说明了相应的过程。

算法 5.2　GTFS 算法

输入：D：事务数据库；ms：最小支持度；TF：时间特征。

输出：L：具有时间特征 TF 约束的频繁项集。

方法：

（1）　$L_1 = \{1-\text{frequent itemsets}\}$；　　　/ * 对于每一个项集 X 及其时间特征 TF，使得

　　　　　　　　　　　　　　　　　　　　　　　$s(X, TF) \geqslant ms$ * /

（2）　**for** $(k=2; L_{k-1} \neq \varnothing; k++)$ **do begin**

（3）　　　$C_k = \text{apriori} - \text{gen}(L_{k-1})$；　　　/ * 结合每个项集的时间特征生成新的候选项

　　　　　　　　　　　　　　　　　　　　　　　集 * /

（4）　　　**for** each transaction $s \in d$ **do begin**

　　　　　$C_s = \text{subset}(C_k, s)$；　　　　/ * 求 s 中是候选项集的子集 $c (c \in C_k)$，保证 s

　　　　　　　　　　　　　　　　　　　　　　的时间戳 t 符合 c 的时间特征 TF 的要求 * /

（5）　　　　**for each** candidate $c \in C_s$ **do**

(6)　　　　　c.Count＋＋；　　　　　/＊求候选项集 c 在时间特征 TF 中的事务计数＊/

(7)　　　　**foreach** candidate $c \in C_k$ **do**　/＊求数据库 D 中在候选项集 c 的时间特征 TF

中的事务总数＊/

(8)　　　　　　**update** c.TotalCount；

(9)　　　**end**；

(10)　　$L_k = \{c \in C_k \mid (\text{c.Count} \geqslant \text{ms})\}$；

(11) **end**；

(12) $L = \bigcup_k L_k$；

在算法 5.2 中，第(1)步求得具有时间特征 TF 约束的频繁 1-项集，第(3)步结合每个项集的时间特征生成新的候选项集，函数 apriori-gen(L_{k-1})以频繁(k－1)-项集为参数，返回一个超集：k-项集，且每个项集都有其时间特征 TF，该函数与传统 Apriori 中的 apriori-gen 函数工作方法类似，也分解为连接步和剪枝步，这里不再赘述。第(4)~(9)步是求得候选项集在时间特征 TF 内的事务计数 Count 和数据库 D 中在相应时间特征 TF 中的事务总数 TotalCount；第(10)步得到频繁 k-项集 L_k，第(12)步得到所有具有时间特征 TF 约束的频繁项集 L 并结束算法。

GTFS 算法是易于理解的，但是具体到某一时间特征后会有一些具体的细节问题，怎样求得候选项集在时间特征 TF 内的事务计数 Count 和数据库 D 中在相应时间特征 TF 中的事务总数 TotalCount 是与传统算法的主要区别，也是各种具体算法研究的核心内容，下面的实例会体验到这种不同。

用 GTFS 算法求得时态频繁项集后，就可以用 PNARC 模型挖掘正负时态关联规则了。

5.3.3　GTFS 算法举例

下面以商品的生命周期作为时间特征来进一步说明算法 5.2 的执行过程。设用于分析的示例数据库 TD 如表 5.1 所示，其中，T 表示交易时间，表中的排列顺序同时也表示时间的先后顺序。项集(商品)的生命周期是该项集(商品)在事务数据库中首次出现的时间 t_1 和末次出现的时间 t_2 之间的时间段，记为 $[t_1, t_2]$。例如，项集 A 的生命周期是 $[1,6]$，在该生命周期中，包含项集 A 事务数是 4，事务总数是 6，即 $A.\text{Count}=4$，$A.\text{TotalCount}=6$，因此项集 A 的时态支持度

$s(A,[1,6])=4/6=0.67$;相应地,项集 B 的生命周期是$[1,5]$,在该生命周期中,$B.Count=2$,$B.TotalCount=5$,因此项集 B 的时态支持度 $s(B,[1,5])=2/5=0.4$。由此以及 GTFS 算法,可以得到$(1-2)$-频繁项集,如表 5.2 所示。

在表 5.2 中,C_1 表示 1 阶候选项集,L_1 表示 1 阶频繁项集;C_2 表示 2 阶候选项集,L_2 表示 2 阶频繁项集,根据 GTFS 算法,C_3 为空集,算法结束。

表 5.1　示例数据库

T	TID	项　　集
1	100	$A\ B\ C\ E\ F$
2	200	$A\ C\ D$
3	300	$C\ D$
4	400	$A\ C$
5	500	$B\ C\ D\ E$
6	600	$A\ D\ F$

表 5.2　$(1-2)$-频繁项集(ms＝0.5)

C_1			L_1		
项集	支持度	生命周期	项集	支持度	生命周期
A	0.67	$[1,6]$	A	0.67	$[1,6]$
B	0.4	$[1,5]$	C	1.0	$[1,5]$
C	1.0	$[1,5]$	D	0.8	$[2,6]$
D	0.8	$[2,6]$			
E	0.40	$[1,5]$			
F	0.33	$[1,6]$			

C_2			L_2			C_3
项集	支持度	生命周期	项集	支持度	生命周期	项集
$\{A,C\}$	0.6	$[1,5]$	$\{A,C\}$	0.6	$[1,5]$	$\varnothing$
$\{A,D\}$	0.4	$[2,6]$	$\{C,D\}$	0.75	$[2,5]$	
$\{C,D\}$	0.75	$[2,5]$				

值得注意的是,项集 $\{A,C\}$ 的生命周期不是项集 $\{A,C\}$ 首次出现的时间和末次出现的时间之间的时间段 $[1,4]$,而是项集 A 的生命周期 $[1,6]$ 与项集 C 的生命周期 $[1,5]$ 的相交部分 $[1,5]$。

5.4 负时态关联规则挖掘模型

CTP(Customized Time-based PNARC)模型是以定制时间为时态模式,与 PNARC 模型相结合的一种能够挖掘正负时态关联规则的模型,包括一组定义、一个基于定制时间的时态频繁项集的挖掘算法 CTFS 和一个从相应的时态频繁项集中挖掘正负关联规则的算法 CTP。

5.4.1 相关定义

设 $T=\{t_1,t_2,\cdots,t_i,t_j,\cdots,t_m\}$ 是一个有限可数的时间集合且递增有序,即对于任意的 $1\leqslant i<j\leqslant m$,有 $t_i<t_j$,说明 t_i 在 t_j 之前发生。设 $I=\{i_1,i_2,\cdots,i_n\}$ 是项的集合,其中的元素称为项,设任务相关的数据 D 为数据库事务的集合,其事务数记作 $|D|$,D 中每个事务 A 是项的集合,$A\subseteq I$,每一个事务 A 都有一个时间戳 t_s,表示该事务的发生时间。每一项 $i_p(1\leqslant p\leqslant n)$ 都有一个相应的定制时间 $[i_p.t_1,i_p.t_2](i_p.t_1<i_p.t_2)$,没有歧义的情况下简记为 $[t_1,t_2]$。

定义 5.1 设 $X\subseteq I$ 是一个项集,若 $X\subseteq A$,则称 **A 包含 X**。D 中包含 X 的事务集合记作 d_X,则 $d_X=\{A|A\in D\wedge X\subseteq A\}$,其事务数记作 $|d_X|$,若 X 的基数为 k,则称 X 为 **k-项集**。

定义 5.2 在定制时间 $[t_1,t_2]$ 内 D 中的事务集合记作 $d_{[t_1,t_2]}$,则 $d_{[t_1,t_2]}=\{A|A\in D,A.t_s\subseteq[t_1,t_2]\}$,其事务数记作 $|d_{[t_1,t_2]}|$,$X\subseteq I$ 是一个项集,在定制时间 $[t_1,t_2]$ 内 D 中包含项集 X 的事务集合记作 $d_{X[t_1,t_2]}$,则 $d_{X[t_1,t_2]}=\{A|A\in d_{[t_1,t_2]}\wedge X\subseteq A\}$,其事务数记作 $|d_{X[t_1,t_2]}|$。

对于 k-项集 $X(k>1)$,其定制时间 $[X.t_1,X.t_2]=\bigcap[i_p.t_1,i_p.t_2]$,其中,$[i_p.t_1,i_p.t_2]$ 是 X 中项集 i_p 的定制时间。具有定制时间的项集的连接操作可以这样进行:如果 k-项集 X 是由 $(k-1)$ 项集 V 和 W 连接而成,则 X 的定制时间为 $[X.t_1,X.t_2]=[V.t_1,V.t_2]\bigcap[W.t_1,W.t_2]$,$[V.t_1,V.t_2]$ 和 $[W.t_1,W.t_2]$ 分

别是项集 V 和 W 的定制时间。

定义 5.3 设 $X \subseteq I$ 是任一项集,在定制时间 $[t_1, t_2]$ 内项集 **X** 的时态支持度,记作 $s(X[t_1, t_2])$,定义为 $[t_1, t_2]$ 内包含项集 X 的事务数与 $[t_1, t_2]$ 内的所有事务数的比值,即:$s(X[t_1, t_2]) = |d_{X[t_1, t_2]}| / |d_{[t_1, t_2]}|$。

如果 $s(X[t_1, t_2]) \geqslant \mathrm{ms}$,则称 $X[t_1, t_2]$ 为**时态频繁项集**。

定义 5.4 设 $X, Y \subseteq I$ 且 $X \cap Y = \varnothing$,在定制时间 $[t_1, t_2]$ 内 X、Y 的**时态关联规则**是一个 $X \Rightarrow Y[t_1, t_2]$ 的形式,其支持度也相应称为**时态支持度**,定义为 $[t_1, t_2]$ 内包含项集 X、Y 的事务数与 $[t_1, t_2]$ 内的所有事务数的比值,即:$s(X \Rightarrow Y[t_1, t_2]) = |d_{X \cup Y[t_1, t_2]}| / |d_{[t_1, t_2]}|$。

定义 5.5 时态关联规则 $X \Rightarrow Y[t_1, t_2]$ 的**时态置信度**记作 $c(X \Rightarrow Y[t_1, t_2])$,定义为 $[t_1, t_2]$ 内包含 X、Y 的事务数与 $[t_1, t_2]$ 内包含 X 的事务数之比,即:$c(X \Rightarrow Y[t_1, t_2]) = |d_{X \cup Y[t_1, t_2]}| / |d_{X[t_1, t_2]}|$。

同样,时态关联规则中也包含负关联规则,PNARC 模型稍加修改,也可适用于正负时态关联规则的挖掘。

定义 5.6 设 $X, Y \subseteq I$ 且 $X \cap Y = \varnothing$,$\mathrm{ms} > 0$,$\mathrm{mc} > 0$,定制时间为 $[t_1, t_2]$ 内 X、Y 的相关性用 $\mathrm{corr}_{X,Y}[t_1, t_2]$ 表示,若 $\mathrm{corr}_{X,Y}[t_1, t_2] = 1$,$X$、$Y$ 相互独立,否则,X、Y 相关,且:

(1) 若 $\mathrm{corr}_{X,Y}[t_1, t_2] > 1$,$s(X \Rightarrow Y[t_1, t_2]) \geqslant \mathrm{ms}$ 且 $c(X \Rightarrow Y[t_1, t_2]) \geqslant \mathrm{mc}$,那么 $X \Rightarrow Y[t_1, t_2]$ 是一条**正时态关联规则**。

(2) 若 $\mathrm{corr}_{X,Y}[t_1, t_2] < 1$,$s(X \Rightarrow Y[t_1, t_2]) \geqslant \mathrm{ms}$ 且 $c(\neg X \Rightarrow Y[t_1, t_2]) \geqslant \mathrm{mc}$,那么 $\neg X \Rightarrow Y[t_1, t_2]$ 是一条**负时态关联规则**。

(3) 若 $\mathrm{corr}_{X,Y}[t_1, t_2] < 1$,$s(X \Rightarrow Y[t_1, t_2]) \geqslant \mathrm{ms}$ 且 $(X \Rightarrow \neg Y[t_1, t_2]) \geqslant \mathrm{mc}$,那么 $X \Rightarrow \neg Y[t_1, t_2]$ 是一条**负时态关联规则**。

(4) 若 $\mathrm{corr}_{X,Y}[t_1, t_2] > 1$,$s(X \Rightarrow Y[t_1, t_2]) \geqslant \mathrm{ms}$ 且 $c(\neg X \Rightarrow \neg Y[t_1, t_2]) \geqslant \mathrm{mc}$,那么 $\neg X \Rightarrow \neg Y[t_1, t_2]$ 是一条**负时态关联规则**。

需要说明的是,实际应用中应保证 $c(*)$ 算式的分母不能为零。

与传统的关联规则挖掘方法相似,挖掘基于定制时间的正、负关联规则也分为两步:①求时态频繁项集 $X[t_1, t_2]$,使 $s(X[t_1, t_2]) \geqslant \mathrm{ms}$;②根据定义 5.6 挖掘正、负时态关联规则。下面分别进行算法设计。

5.4.2 CTFS 算法设计及 CTP 算法设计

CTFS(Customiesd Time-based Frequent itemSet)算法用于挖掘定制时间内的时态频繁项集。从算法角度来讲,只要把 GTFS 算法中的时间特征改换成定制时间即可得到算法 CTFS,但是在程序实现时有很大区别,限于篇幅,算法从略。

由 CTFS 算法求出时态频繁项集后,就可以用 CTP 算法挖掘用户定制时间内的正、负时态关联规则了。

算法 5.3 CTP 算法

输入:L:时态频繁项集;mc:最小置信度。

输出:PAR:正时态关联规则集合;NAR:负时态关联规则集合。

(1) PAR=$\varnothing$;NAR=$\varnothing$;

(2) //产生 L 中的正负时态关联规则

for any itemset S in L **do begin**

    for any itemset $X \cup Y = S$ and $X \cap Y = \varnothing$ **do begin**

        corr=$s(X \Rightarrow Y[t_1, t_2])/(s(X[t_1, t_2])s(Y[t_1, t_2]))$;

        if corr>1 **then begin**

            (2.1)//产生形如 $X \Rightarrow Y$ 和 $\neg X \Rightarrow \neg Y$ 的规则

            if $c(X \Rightarrow Y[t_1, t_2]) \geqslant$ mc   **then**

                PAR=PAR$\cup \{X \Rightarrow Y[t_1, t_2]\}$;

            if $c(\neg X \Rightarrow \neg Y[t_1, t_2]) \geqslant$ mc **then**

                NAR=NAR$\cup \{\neg X \Rightarrow \neg Y[t_1, t_2]\}$;

        end;

        if corr<1 **then begin**

            (2.2)//产生形如 $X \Rightarrow \neg Y$ 和 $\neg X \Rightarrow Y$ 的规则

            if $c(X \Rightarrow \neg Y[t_1, t_2]) \geqslant$ mc **then**

                NAR=NAR$\cup \{X \Rightarrow \neg Y[t_1, t_2]\}$;

            if $c(\neg X \Rightarrow Y[t_1, t_2]) \geqslant$ mc **then**

                NAR=NAR$\cup \{\neg X \Rightarrow Y[t_1, t_2]\}$;

        end;

    end;

end;

（3）**return** PAR 和 NAR；

CTP 算法与 PNARC 算法的区别在于置信度的计算需要考虑定制时间约束。

5.4.3　CTP 模型举例

下面用实例进一步说明算法 CTFS 和算法 CTP 的执行过程。设用于分析的示例数据库 D 如表 5.3 所示。

表 5.3　示例数据库

时　间　戳	事　务　号	项　　集
1	10	ACDF
2	20	BD
3	30	ABCE
4	40	ABCF
5	50	ABCD
6	60	ACF
7	70	BC
8	80	ACD
9	90	BDE
10	99	BCDF

设 ms＝0.35，mc＝0.5，用户给出的每个项集的定制时间 $[t_1, t_2]$ 见表 5.4(a)，列 $[t_1, t_2]$ 中的值与表 5.3 中的时间戳相对应。1-候选项集见表 5.4(a)，则 1-时态频繁项集有 $A[1,9]$，$B[2,10]$，$C[2,9]$，$D[2,9]$，由 CTFS 算法得到具有时态约束的 2-候选项集见表 5.4(b)，同样还可以得到 2-时态频繁项集、3-候选项集等。

表 5.4 （1－2）-候选项集（ms＝0.35）

(a)1-候选项集			(b)2-候选项集		
项集	支持度	$[t_1,t_2]$	项集	支持度	$[t_1,t_2]$
A	0.67	$[1,9]$	$\{A,B\}$	0.375	$[2,9]$
B	0.78	$[2,10]$	$\{A,C\}$	0.625	$[2,9]$
C	0.75	$[2,9]$	$\{A,D\}$	0.25	$[2,9]$
D	0.5	$[2,9]$	$\{B,C\}$	0.5	$[2,9]$
E	0.25	$[3,10]$	$\{B,D\}$	0.375	$[2,9]$
F	0.25	$[3,9]$	$\{C,D\}$	0.25	$[2,9]$

有了时态频繁项集后,就可以用 CTP 算法求时态关联规则了。

（1）时态频繁项集 AB[2,9]的情况:因 $\mathrm{corr}_{A,B[2,9]}=s(A\cup B[2,9])/(s(A[2,9]\times s(B[2,9])=0.375/(0.625\times0.75)=0.8<1$,说明项集 AB 负相关,只能挖掘规则 $A\Rightarrow\neg B$ 和 $\neg A\Rightarrow B$,而 $c(A\Rightarrow\neg B[2,9])=0.4<\mathrm{mc}$, $c(\neg A\Rightarrow B[2,9])=1>\mathrm{mc}$,因此,$\neg A\Rightarrow B[2,9]$是一条有效的负时态关联规则。

（2）时态频繁项集 AC[2,9]的情况:因 $\mathrm{corr}_{A,C[2,9]}=s(A\cup C[2,9])/(s(A[2,9]\times s(C[2,9])=0.625/(0.625\times0.75)=1.33>1$,说明项集 AC 正相关,只能挖掘规则 $A\Rightarrow C$ 和 $\neg A\Rightarrow\neg C$,而 $c(A\Rightarrow C[2,9])=1$, $c(\neg A\Rightarrow\neg C[2,9])=0.67$,因此 $A\Rightarrow C[2,9]$和 $\neg A\Rightarrow\neg C[2,9]$都是有效的时态关联规则。

（3）时态频繁项集 BD[2,9]的情况:因 $\mathrm{corr}_{B,D[2,9]}=s(B\cup D[2,9])/(s(B[2,9]\times s(D[2,9])=0.375/(0.75\times0.5)=1$,说明项集 BD 相互独立,不产生规则。

但是如果不考虑定制时间而考虑全部时间的话,因 $s(A\cup B)=0.3<\mathrm{ms}$,就不会得到项集 AB 的任何规则了。

其他项集的情况可用类似的方法讨论,该实例充分说明了 CTP 模型的有效性。

小　结

　　本章首先对时态关联规则进行了概述,分析了几种典型的时态关联规则挖掘模型,在此基础上提出了一个挖掘时态关联规则的泛化算法——GTFS算法。通过对已经存在的时态模型分析后,提出了一种基于新的时态模式——定制时间模式的时态关联规则挖掘模型——CTP模型,实例表明该模型是非常有效的。

第 6 章   非频繁项集挖掘技术

当研究负关联规则后,非频繁项集变得非常重要,因为其中含有大量负关联规则。但非频繁项集过于庞大,在实际挖掘中总是施加一些约束。本章讨论挖掘非频繁项集的多个模型,6.1 节介绍比例比率 PR 模型,6.2 节讨论两级支持度 2LSP 模型,6.3 节介绍多级最小支持度 MLMS 模型,6.4 节介绍 MLMS 的兴趣度模型 IMLMS,6.5 节介绍多项支持度 MIS 模型,6.6 节介绍利用基本 Apriori 算法实现 MIS 模型的 MSB_apriori 算法,6.7 节介绍扩展的 MIS 模型,最后是本章小结。

6.1   比例比率模型

当考虑负关联规则后,原来不感兴趣的非频繁项集变得非常重要,因为其中含有大量的负关联规则,先看一个例子。

例 6.1   假设某购物篮数据中有 10 000 个事务,其中,茶叶(记作 t)和咖啡(记作 c)的销售情况为:4000 个事务包含茶叶,6000 个事务包含咖啡,500 个事务同时包含咖啡和茶叶。假定最小支持度 ms=0.2,最小置信度 mc=0.5,因支持度 $s(t \cup c)=0.05 <$ ms,说明 $t \cup c$ 不是频繁项集,$t \cup c$ 将不会被考虑。但对于 $t \cup \neg c$,因 $s(t \cup \neg c)=s(t)-s(t \cup c)=0.4-0.05=0.35 >$ ms,并且 $c(t \cup \neg c)=0.35/0.4=0.875>$ mc,因此 $t \Rightarrow \neg c$ 可能是一条有效的负关联规则。

该例说明要挖掘有价值的负关联规则,还必须考虑非频繁项集。从理论上讲,非频繁项集(inFrequent itemSet,inFIS)是频繁项集(Frequent itemSet,FIS)

的补集,全部挖掘出来的代价太高,也没有必要全部挖掘出来。于是,如何挖掘合适数量的非频繁项集就摆在了人们面前:如果非频繁项集挖掘的过少,就可能会失去一些重要的负关联规则,如果非频繁项集挖掘的过多,就可能会得到太多的负关联规则,进而增加用户选择有价值规则的难度,因此挖掘非频繁项集的难点就在于如何施加适当的约束从而保证得到适中的项集数量。

Wu Xindong 等给出了一个比例比率(Proportional Ratio,PR)模型,是挖掘非频繁项集最早的文章之一,它用条件概率与先验概率的比率来描述 $p(Y|X)$ 相对于 $p(Y)$(或者 $s(Y)$)的递增程度,其后在改进的文章中改为 CPIR (Conditional-Probability Increment Ratio)模型,并做了其他一些相应的修改,但对非频繁项集的约束条件没有改,因此本章中仍以 PR 模型为例进行说明。PR 模型可以用来挖掘非频繁项集和频繁项集:对于项集 A、B,$A \cap B = \varnothing$,$s(A) \geqslant \mathrm{ms}$,$s(B) \geqslant \mathrm{ms}$,如果 $s(AB) \geqslant \mathrm{ms}$,那么 AB 是频繁项集;如果 $s(AB) < \mathrm{ms}$,那么 AB 是非频繁项集。下面具体看一下 PR 模型中的频繁项集与非频繁项集的挖掘算法。

算法 6.1 PR 模型中的频繁项集与非频繁项集的挖掘算法

输入:D:数据集;ms:最小支持度;mi:最小兴趣度。

输出:PL:有兴趣频繁项集;NL:有兴趣非频繁项集。

(1) PL=$\varnothing$;NL=$\varnothing$;

(2) Frequent$_1$ = {frequent 1-itemsets};

   PL=PL$\bigcup$Frequent$_1$;

   L_1=Frequent$_1$;S_1=$\varnothing$;

(3) **for** $(k=2;L_{k-1} \neq \varnothing;k++)$ **do begin**

   //Generate all possible positive and negative k-itemsets of interest in D.

   (3.1)Tem$_k$ = the k-itemsets constructed from Frequent$_{k-1}$;

   (3.2)**for** any transaction t in D **do begin**

      //Check which k-itemsets are included in transaction t.

      Tem$_t$ = the k-itemsets in t and are also contained by Tem$_k$;

      for any itemset A in Tem$_t$ **do**

         A.count=A.count+1;

      end;

(3.3) C_k = the k-itemsets in Tem_k that each k-itemset contains at least a subset in L_{k-1};

$\text{Frequent}_k = \{c \mid c \in C_K \wedge (s(c) = (c.\text{count}/|D|) \geqslant \text{ms})\}$;

$L_k = \text{Frequent}_k$;

$S_k = \text{Tem}_k - \text{Frequent}_k$;

(3.4)//Prune all uninteresting k-itemsets in L_k

for any itemset i in L_k **do**

if an itemset i is uninteresting **then**

$L_k \leftarrow L_k - \{i\}$;

$\text{PL} \leftarrow \text{PL} \cup L_k$;

(3.5)//Prune all uninteresting k-itemsets in S_k

for any itemset i in S_k **do**

if an itemset i is uninteresting **then**

$S_k \leftarrow S_k - \{i\}$;

$\text{NL} \leftarrow \text{NL} \cup S_k$;

end;

（4）**return** PL and NL；

上述算法中的步骤(3.4)和(3.5)用于剪枝无兴趣的项集。如果不考虑这两步，那么，该算法中频繁项集的求法与传统 Apriori 一致，非频繁 k-项集就是 S_k，即 $S_k = \text{Tem}_k - \text{Frequent}_k$，$\text{Tem}_k$ 是频繁 $(k-1)$-项集 Frequent_{k-1} 自连接后得到的 k-项集(步骤 3.1)，Frequent_k 是频繁 k-项集，因此 PR 模型中的非频繁项集是频繁 $(k-1)$-项集自连接后得到的 k-项集去掉频繁项集后的剩余部分。显然，这样做的缺点是非频繁项集过小，将漏掉许多负关联规则，在下面的例子中会看到这种不足。于是在其扩展论文中做了改进，其区别在于算法中的(3.1)步，改为 Tem_k = the k-itemsets constructed from $\text{Frequent}_i (1 \leqslant i \leqslant k-1)$，即 Tem_k 的范围扩大了，由原来单一的 Frequent_{k-1} 扩大到了各阶频繁项集 $\text{Frequent}_i (1 \leqslant i \leqslant k-1)$ 构造而成。

也就是说，PR 模型中的非频繁 k-项集只能从频繁 $(k-1)$-项集中得出，或者说 PR 模型中的非频繁项集其子集都是频繁项集，但这种限制过于苛刻，本章放宽这种约束，从非频繁项集与频繁项集连接、非频繁项集自连接中挖掘非频繁项集。

103

以表 1.1 中的数据为例,假定 ms＝0.3,表 6.1 列出了 PR 模型的频繁 1-项集,频繁 2-项集和非频繁 2-项集。表中具有灰色背景的是非频繁项集。

更明显地,如果设 ms＝0.4,因为 $s(E)＝0.3＜ms$,所以项集 E 不会出现在频繁 1-项集中,那么项集{AE,BE,CE,DE,EF}就不会不再是非频繁 2-项集。

表 6.1   PR 模型在示例数据上的频繁项集和非频繁项集

1-项集		2-项集			
项集	$s(*)$	项集	$s(*)$	项集	$s(*)$
A	0.5	BD	0.6	AE	0.2
B	0.7	BC	0.4	AF	0.2
C	0.6	AB	0.3	CE	0.2
D	0.6	AC	0.3	DF	0.2
E	0.3	AD	0.3	BE	0.1
F	0.5	BF	0.3	DE	0.1
		CD	0.3	EF	0.1
		CF	0.3		

6.2   两级支持度模型

2LSP(2-Level Support-based PNARC,两级支持度)模型是以一个基于两级支持度的频繁项集与非频繁项集的挖掘算法 2LS 算法为基础,与 PNARC 模型相结合,能够同时挖掘频繁项集中的正、负关联规则和非频繁项集中的负关联规则的一种模型。

6.2.1   2LS 算法设计

从理论上讲,inFIS 可以看作 FIS 的补集,但在实际应用(如购物篮分析)中,inFIS 太大了,并且会存在大量的形如 $\neg A \Rightarrow \neg B$ 的规则,这些规则并不总是有兴趣的,因此必须对 inFIS 进行约束,而两级支持度(2-Level Support)是一个灵活的解决方案,即用一级支持度(记作 ms_FIS)约束 FIS,用另一级支持度(记作

ms_inFIS)约束 inFIS,即对于任意项集 A:

（1）如果 $s(A) \geqslant$ ms_FIS,那么 A 是 FIS。

（2）如果 $s(A) <$ ms_FIS 且 $s(A) \geqslant$ ms_inFIS,那么 A 是 inFIS。

（3）ms_FIS$\geqslant$ms_inFIS>0。

2LS 算法是在 Apriori 算法的基础上改进而成的,下面的算法用于挖掘数据集 D 中的频繁项集 FIS 和非频繁项集 inFIS,两级最小支持度 ms_FIS 和 ms_inFIS 由用户或专家给出。

算法 6.2　2LS 算法,基于两级支持度的频繁项集与非频繁项集挖掘算法

输入:D:数据集;ms_FIS,ms_inFIS:最小支持度。

输出:FIS:频繁项集;inFIS:非频繁项集。

（1）FIS$=\varnothing$;inFIS$=\varnothing$;

（2）$temp_1 = \{ A | A \in 1-itemsets, s(A) \geqslant$ ms_inFIS $\}$;

　　$FIS_1 = \{A | A \in temp_1 \wedge s(A) \geqslant$ ms_FIS $\}$;

　　$inFIS_1 = temp_1 - FIS_1$;

（3）**for** $(k = 2; temp_{k-1} \neq \varnothing; k++)$ **do begin**

　　（3.1）$C_k =$ apriori_gen$(temp_{k-1},$ms_inFIS$)$;

　　（3.2）**For** each transaction $t \in D$ **do begin**　　//扫描 D 并计数

　　　　　$C_t =$ subset(C_k, t);

　　　　　for each candidate $c \in C_t$

　　　　　　$c.count++$;

　　　　end;

　　（3.3）$temp_k = \{c | c \in C_k \wedge (c.count / |D|) \geqslant$ ms_inFIS $\}$;

　　　　　$FIS_k = \{A | A \in temp_k \wedge (A.count/|D| \geqslant$ ms_FIS$\}$;

　　　　　$inFIS_k = temp_k - FIS_k$;

　　　　end;

（4）FIS $= \bigcup_k FIS_k$;inFIS $= \bigcup_k inFIS_k$;

（5）**return** FIS and inFIS;

算法的核心思想是先以 ms_inFIS 为约束条件得到满足条件的项集 $temp_k$,然后根据 ms_FIS 将 $temp_k$ 划分成 FIS_k 和 inFIS 两个集合,算法中用到的函数 apriori_gen 与传统 Apriori 算法相同。

6.2.2　2LS 算法实验结果

下面用表 1.1 的数据来说明 2LS 算法的实验结果。假定 ms_FIS＝0.35,ms _inFIS＝0.2,根据算法 2LS 得到的频繁项集与非频繁项集如表 6.2 所示,其中,有灰色背景的项集是非频繁项集。算法执行过程中,因 $C_5=\varnothing$,算法结束。

表 6.2　算法 2LS 得到的频繁项集与非频繁项集

1-项集		2-项集		3-项集		4-项集	
项集	s	项集	s	项集	s	项集	s
A	0.5	BD	0.6	ABD	0.3	ABCD	0.2
B	0.7	BC	0.4	BCD	0.3		
C	0.6	AB	0.3	ABC	0.2		
D	0.6	AC	0.3	ACD	0.2		
E	0.3	AD	0.3	BCF	0.2		
F	0.5	BF	0.3	BDF	0.2		
		CD	0.3			5-项集	
		CF	0.3			项集	s
		AE	0.2			Φ	—
		AF	0.2				
		CE	0.2				
		DF	0.2				

如果想减少非频繁项集的数据量,就可以提高 ms_inFIS(例如,从 0.1 提高到 0.2),如果想增加或减少频繁项集的数量,可以调整 ms_FIS,而不用修改算法,也不用重新执行算法,因此两级支持度可以非常灵活地控制频繁项集与非频繁项集的数量。

6.2.3　2LSP 算法设计

2LSP 算法是以 2LS 算法为基础,与 PNARC 算法相结合得到的一种算法,即在频繁项集中挖掘 4 种形式的正负关联规则,在非频繁项集中只挖掘负关联规则。算法如下。

算法 6.3 2LSP 算法

输入：FIS：频繁项集；inFIS：非频繁项集；mc：最小置信度。

输出：PAR：正关联规则集合；NAR：负关联规则集合。

(1) PAR=∅；NAR=∅；

(2) //产生频繁项集 L 中的正负关联规则

for any itemset X in FIS∪inFIS   **do**   **begin**

    for any itemset $A \cup B = X$ and $A \cap B = \varnothing$ **do begin**

        corr$=s(A \cup B)/(s(A)s(B))$；

        if corr$>$1 **then begin**

            (2.1)//产生形如 $A \Rightarrow B$ 和 $\neg A \Rightarrow \neg B$ 的规则

            if X *in* FIS and $c(A \Rightarrow B) \geqslant$ mc **then**

                PAR=PAR∪$\{A \Rightarrow B\}$；

            if $c(\neg A \Rightarrow \neg B) \neg$ mc   **then**

                NAR=NAR∪$\{\neg A \Rightarrow \neg B\}$；

        end；

        if   corr$<$1 **then**   **begin**

            (2.2)//产生形如 $A \Rightarrow \neg B$ 和 $\neg A \Rightarrow B$ 的规则

            if $c(A \Rightarrow \neg B) \geqslant$ mc   **then**

                NAR=NAR∪$\{A \Rightarrow \neg B\}$；

            if $c(\neg A \Rightarrow B) \geqslant mc$ **then**

                NAR= NAR∪$\{\neg A \Rightarrow B\}$；

        end；

    end；

end；

(3) **return** PAR and NAR ；

2LSP 算法与 PNARC 算法的主要不同之处在于步骤(2.1)中挖掘正关联规则时的条件变成了 X in FIS and $c(A \Rightarrow B) \geqslant$ mc，即只有频繁项集中才可以挖掘正关联规则。

6.2.4 2LSP 模型实验结果

这里仍然使用表 1.1 中的数据。设 ms_FIS$=0.2$，ms_inFIS$=0.1$，mc$=$

0.40,表 6.3 列出了不同置信度时的实验结果,表 6.4 列出了 2LSP 模型在 DS5 上的实验结果,图 6.1 和图 6.2 列出了 2LSP 模型在 DS1～DS4 上的实验结果。从中可以看出,2LSP 模型可以挖掘出频繁项集中的正、负关联规则以及非频繁项集中的负关联规则,且能够检测并修剪独立项集产生的规则,这充分说明了 2LSP 模型的有效性。

表 6.3　2LSP 模型在示例数据上的实验结果

| | | 关联规则数(ms_FIS=0.2,ms_inFIS=0.1) | | | | | | | | | |
| | | 0.4 | | 0.6 | | 0.7 | | 0.8 | | 0.85 | |
mc		FIS	inFIS	FIS	inFIS	FIS	inFIS	FIS	inFIS	FIS	inFIS
2LSP	$A \Rightarrow B$ 型	31	—	23	—	9	—	8	—	8	—
	$A \Rightarrow \neg B$ 型	17	52	8	41	2	26	4	25	0	3
	$\neg A \Rightarrow B$ 型	18	40	18	17	13	7	0	1	0	1
	$\neg A \Rightarrow \neg B$ 型	40	43	24	36	24	33	13	17	9	15
	修剪	12	5	4	0	0	0	0	0	0	0
	小计	118	140	77	94	48	66	25	43	17	19

表 6.4　2LSP 模型在 DS5 上的实验结果

| | | 关联规则数(min_FIS=0.015,min_inFIS=0.01) | | | | | | | | | |
| | | 0.3 | | 0.4 | | 0.6 | | 0.8 | | 0.9 | |
mc		FIS	inFIS	FIS	inFIS	FIS	inFIS	FIS	inFIS	FIS	inFIS
2LSP	$A \Rightarrow B$ 型	139	—	101	—	37	—	11	—	3	—
	$A \Rightarrow \neg B$ 型	30	20	30	20	30	20	20	14	10	10
	$\neg A \Rightarrow B$ 型	7	2	0	0	0	0	0	0	0	0
	$\neg A \Rightarrow \neg B$ 型	287	265	287	265	287	265	236	236	153	178
	修剪	3	2	0	0	0	0	0	0	0	0
	小计	466	289	418	285	354	285	267	250	166	188

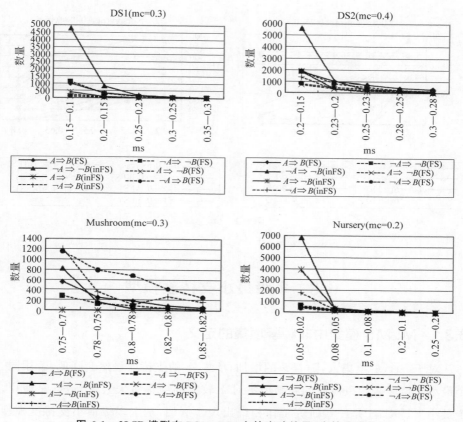

图 6.1　2LSP 模型在 DS1～DS4 上的实验结果（支持度变化）

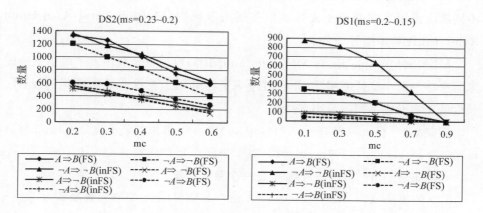

图 6.2　2LSP 模型在 DS1～DS4 上的实验结果（置信度变化）

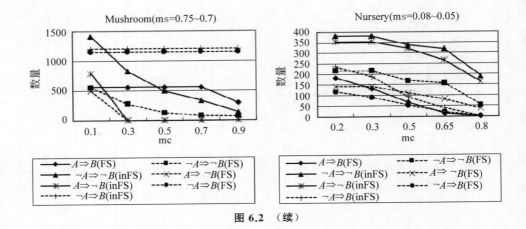

图 6.2 （续）

6.3 多级最小支持度模型

6.3.1 MLMS 模型中非频繁项集的定义

对于一个 k-项集 A，随着 k 的增加，项集 A 的支持度显然会降低，若用同一个最小支持度来约束所有的频繁项集对 k 较大的项集有失公平，最好是使用多个最小支持度，于是一些研究工作相继出现。例如，基于多级最小支持度模型，用最大约束的多级最小支持度挖掘关联规则的方法，将项集进行分类，然后类的不同层次采用不同的最小支持度的多层关联规则（Multiple-Level Association Rules，MLAR）模型等。

MLMS(Multiple Level Minimum Supports)模型也是利用多个最小支持度来解决单一最小支持度问题，并同时考虑了能够用于挖掘非频繁项集：为不同长度的项集设置不同的最小支持度。

定义 6.1 设 $\mathrm{ms}(k)(k=0,1,2,\cdots,m)$ 表示 k-项集的最小支持度，$\mathrm{ms}(1) \geqslant \mathrm{ms}(2) \geqslant,\cdots,\geqslant \mathrm{ms}(m) \geqslant \mathrm{ms}(0) > 0$，对于任意一个 k-项集 A，$A \subseteq I$，

(1) 如果 $s(A) \geqslant \mathrm{ms}(k)$，则 A 是一个**频繁项集**。

(2) 如果 $s(A) < \mathrm{ms}(k)$ 且 $s(A) \geqslant \mathrm{ms}(0)$，则 A 是一个**非频繁项集**。

其中，$\mathrm{ms}(0)$ 是从上述定义可知，通过设置各级最小支持度 $\mathrm{ms}(k)$，就可以

实现对频繁项集与非频繁项集数量的灵活控制。在实际应用中，ms(k)的值由专家或用户给出，但要避免项集爆炸问题。

6.3.2　MLMS 算法设计

算法 6.4　Apriori_MLMS

输入：D：事务数据库；ms$(k)(k=0,1,2,\cdots,m)$：最小支持度。

输出：FIS：频繁项集；inFIS：非频繁项集。

(1) FIS$=\varnothing$；inFIS$=\varnothing$；

(2) temp$_1=\{A\,|\,A\in 1-$itemsets$,s(A)\geqslant$ms$(0)\}$；

　　FIS$_1=\{A\,|\,A\in$temp$_1$ **and** $s(A)\geqslant$ms$(1)\}$；

　　inFIS$_1=$temp$_1-$FIS$_1$；

(3) **for** $(k=2;$temp$_{k-1}\neq\varnothing;k++)$ **do begin**

　　(3.1)$C_k=$apriori_gen$($temp$_{k-1},$ms$(0))$；

　　(3.2)　　**for** each transaction $t\in D$ **do begin**

　　　　　　/ * scan transaction database D * /

　　　　　　$C_t=$subset(C_k,t)；

　　　　　　for each candidate $c\in C_t$

　　　　　　　　c.count++；

　　　　　　end；

　　(3.3)temp$_k=\{c\,|\,c\in C_k$ **and** $($c.count$/\,|\,D\,|\,)\geqslant$ms$(0)\}$；

　　　　FIS$_k=\{A\,|\,A\in$temp$_k$ **and** A.count$/\,|\,D\,|\,\geqslant$ms$(k)\}$；

　　　　inFIS$_k=$temp$_k-$FIS$_k$；

　　　　end；

(4) FIS$=\bigcup_k$FIS$_k$；inFIS$=\bigcup_k$inFIS$_k$；

(5) **return** FIS and inFIS；

算法 6.4 可以从数据库 D 中生成非频繁项集与频繁项集，分别存放在 inFIS 和 FIS 中。算法中用到了 4 个集合：FIS$_k$、inFIS$_k$、temp$_k$ 和 C_k。temp$_k$ 存放那些最小支持度满足 ms(0) 的 k-项集，C_k 存放由算法 apriori_gen 产生的 k-项集，算法 apriori_gen 与传统 Apriori 算法中的相同；FIS$_k$ 和 inFIS$_k$ 存放频繁 k-项集和非频繁 k-项集。下面对算法进行详细解释。

第(1)步完成初始化工作。第(2)步生成数据库 D 中满足支持度 ms 的 1-项集并存放在 $temp_1$ 中,然后根据 ms(1)和 ms 将 $temp_1$ 划分成两个集合:FIS_1 中的项集满足 $s(*) \geqslant ms(1)$,$inFIS_1$ 中的项集满足 $ms(1) > s(*) \geqslant ms$。第(3)步通过一个循环生成 FIS_k 和 $inFIS_k(k \geqslant 2)$,循环结束条件是 $temp_{k-1} = \varnothing$。第(3.1)步由 apriori_gen 生成 C_k,(3.2)步对 C_k 中的项集进行计数,(3.3)步根据 C_k 和 ms(0)生成 $temp_k$,然后根据 ms(k)生成 FIS_k 和 $inFIS_k$;需要强调的是,生成 FIS_k 和 $inFIS_k$ 的条件是是否满足约束值 ms(k),而不是传统 Apriori 算法中的单一支持度,这是两者的本质不同。第(4)步将 FIS_k 和 $inFIS_k$ 合并得到 FIS 和 inFIS。第(5)步返回 FIS 和 inFIS 并结束整个算法。

特别地,如果设 ms(1)=ms(2)=,…,=ms(m)=ms(0),那么 Apriori_MLMS 算法就是传统的 Apriori 算法,此时 inFIS=$\varnothing$,因此传统的 Apriori 算法可以看作 Apriori_MLMS 算法的一种特殊情况。

6.3.3 实验结果

下面用表 1.1 中的示例数据对算法进行说明。假定取 ms(1)=0.5,ms(2)=0.4,ms(3)=0.3,ms(4)=0.2,ms(0)=0.15,结果如表 6.5 所示,其中,有灰色背景的表示非频繁项集,没有灰色背景的表示频繁项集。由表 6.5 可知,支持度相同,而项集的长度不同,则可能是频繁项集,也可能是非频繁项集,例如,$s(AB) = s(ABD) = 0.3$,AB 就是非频繁 2-项集,而 ABD 就是频繁 3-项集。

表 6.5　MLMS 模型在示例数据上的 FIS_k 和 $inFIS_k$

1-项集		2-项集				3-项集	
项集	$s(*)$	项集	$s(*)$	项集	$s(*)$	项集	$s(*)$
A	0.5	BD	0.6	CD	0.3	ABD	0.3
B	0.7	BC	0.4	CF	0.3	BCD	0.3
C	0.6	AB	0.3	AE	0.2	ABC	0.2
D	0.6	AC	0.3	AF	0.2	ACD	0.2
E	0.3	AD	0.3	CE	0.2	BCF	0.2
F	0.5	BF	0.3	DF	0.2	BDF	0.2
						4-项集	
						ABCD	0.2

表 6.6 列出了 MLMS 模型在实际数据上的实验结果。为了比较,表中列出了单级支持度的数据,这里用 ms(∗)代表 ms(1)、ms(2)、ms(3)、ms(4)、ms(0),即表示 ms(1)=ms(2)=ms(3)=ms(4)=ms(0)。当 ms(∗)分别是 0.025、0.02、0.017、0.013、0.01 时,相应的频繁项集总数分别是 62、81、101、140、197,如果说 62 太少,197 太多的话,就需要一种这样的方法,即采用 MLMS 模型,当 ms(1)=0.025、ms(2)=0.02、ms(3)=0.017、ms(4)=0.013、ms(0)=0.01 时,频繁项集的总数是 85,分别取了 $k=1$、2、3、4 时的频繁项集数量,表中的灰色背景数据说明了这一点,同时还得到了 112 个非频繁项集。这些数据表明 MLMS 模型不仅可以得到合适数量的频繁项集,同时可以得到适量的非频繁项集。图 6.3 是 MLMS 模型在 DS1~DS4 上的实验结果。这些数据表明,MLMS 模型非常灵活,只要控制好 ms(k),就能得到合适的项集。

表 6.6　MLMS 模型在 DS5 上的 FIS_k 和 $inFIS_k$

ms(∗)	FIS 和 inFIS	$k=1$	$k=2$	$k=3$	$k=4$	Total
ms(∗)=0.025	FIS	21	34	7	0	62
ms(∗)=0.02	FIS	28	37	15	1	81
ms(∗)=0.017	FIS	33	43	24	1	101
ms(∗)=0.013	FIS	38	57	42	3	140
ms(∗)=0.01	FIS	47	80	64	6	197
ms(1)=0.025,ms(2)=0.02 ms(3)=0.017,ms(4)=0.013 ms(0)=0.01	FIS	21	37	24	3	85
	inFIS	26	43	40	3	112

注: ms(∗)代表 ms(1),ms(2),ms(3),ms(4)和 ms(0)。

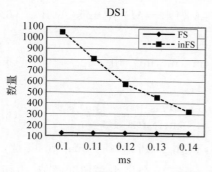
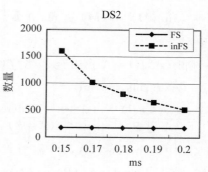

图 6.3　MLMS 模型在 DS1~DS4 上的实验结果

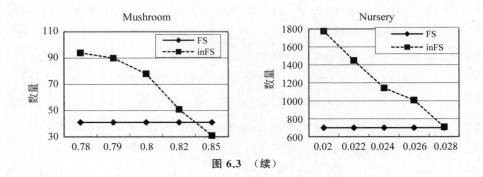

图 6.3 （续）

6.4　MLMS 的兴趣度模型——IMLMS 模型

6.4.1　项集的修剪方法

前面讨论了由相互独立的项集产生的规则是没有兴趣的,因此应该把那些没有兴趣的项集修剪掉。Wu Xindong 等在 PR 模型提出了一种用于修剪频繁项集和非频繁项集中兴趣度不高的项集的策略,为方便起见,本书称为吴氏修剪策略,并对其进行修改,使其能适用于 MLMS 模型。

吴氏修剪策略对频繁项集和非频繁项集中的没有兴趣的项集采用了不同的修剪方法,式(6.1)~式(6.3)用于修剪频繁项集中没有兴趣的项集,方法如下。

如果项集 M 满足式式(6.1)~式(6.3),那么它是一个有潜在兴趣的频繁项集(fipi)。

$$\text{fipi}(M) = s(M) \geqslant \text{ms} \land (\exists A, B : A \cup B = M) \land \text{fipis}(A, B) \quad (6.1)$$

其中,

$$\text{fipis}(A, B) = A \cap B = \varnothing \land f(A, B, \text{ms}, \text{mc}, \text{mi}) = 1 \quad (6.2)$$

$$f(A, B, \text{ms}, \text{mc}, \text{mi}) =$$

$$\frac{s(A \cup B) + c(A \Rightarrow B) + \text{interest}(A, B) - (\text{ms} + \text{mc} + \text{mi}) + 1}{\mid s(A \cup B) - \text{ms} \mid + \mid c(A \Rightarrow B) - \text{mc} \mid + \mid \text{interest}(A, B) - \text{mi} \mid + 1} \quad (6.3)$$

式 6.3 中的 interest(A, B) 称为兴趣度,采用了 Piatetsky-Shapiro 度量,即 interest$(A, B) = \mid s(A \cup B) - s(A)s(B) \mid$,mi 是一个最小兴趣度阈值,由用户

或专家给出,函数 $f(A,B,\text{ms},\text{mc},\text{mi})$ 包含支持度、置信度和兴趣度,但由于 $c(A \Rightarrow B)$ 主要用于挖掘关联规则,是在得到频繁项集之后才用到的,因此本章也采用吴氏修剪策略中的做法,用 $f(A,B,\text{ms},\text{mi})$ 来代替 $f(A,B,\text{ms},\text{mc},\text{mi})$。

从式(6.1)~式(6.3)可以看出,吴氏修剪策略仅考虑了单一支持度,由于 MLMS 模型采用多级支持度,因此必须加以修正,方法是将式(6.1)~式(6.3)中的 ms 替换为 $\text{ms}(k)$,如果用 length(M) 表示项集 M 包含项的个数,那么式(6.1)~式(6.3)就相应改为式(6.4)~式(6.6)。

如果项集 M 满足式(6.4)~式(6.6),那么它是 MLMS 模型中的一个有潜在兴趣的频繁项集。

$$\text{fipi}(M) = s(M) \geqslant \text{ms}(\text{length}(M)) \wedge (\exists A,B:A \cup B = M) \wedge \text{fipis}(A,B) \tag{6.4}$$

其中,

$$\text{fipis}(A,B) = A \cap B = \varnothing \wedge f(A,B,\text{ms}(\text{length}(A \cup B)),\text{mi}) = 1 \tag{6.5}$$

$$f(A,B,\text{ms}(\text{length}(A \cup B)),\text{mi}) =$$
$$\frac{s(A \cup B) + \text{interest}(A,B) - (\text{ms}(\text{length}(A \cup B)) + \text{mi}) + 1}{\mid s(A \cup B) - \text{ms}(\text{length}(A \cup B)) \mid + \mid \text{interest}(A,B) - \text{mi} \mid + 1} \tag{6.6}$$

由于 MLMS 模型和 PR 模型中对非频繁项集约束条件的不同,不能直接使用吴氏修剪策略中对非频繁项集中无兴趣项集的修剪方法,但考虑到 MLMS 模型中对非频繁项集 A 的约束条件下限是 $s(A) \geqslant \text{ms}(0)$,因此可以直接对式(6.1)~式(6.3)进行改写,得到式(6.7)~式(6.9)。

如果项集 N 满足式(6.7)~式(6.9),那么它是 MLMS 模型中的一个有潜在兴趣的非频繁项集。

$$\text{iipi}(N) = s(N) < \text{ms}(\text{length}(N)) \wedge s(N)$$
$$\geqslant \text{ms}(0) \wedge (\exists A,B:A \cup B = N) \wedge \text{iipis}(A,B) \tag{6.7}$$

其中,

$$\text{iipis}(A,B) = A \cap B = \varnothing \wedge f(A,B,\text{ms}(0),\text{mi}) = 1 \tag{6.8}$$

$$f(A,B,\text{ms}(0),\text{mi}) =$$
$$\frac{s(A \cup B) + \text{interest}(A,B) - (\text{ms}(0) + \text{mi}) + 1}{\mid s(A \cup B) - \text{ms}(0) \mid + \mid \text{interest}(A,B) - \text{mi} \mid + 1} \tag{6.9}$$

用式(6.4)～式(6.6)对 MLMS 模型中的频繁项集中无兴趣的项集进行修剪,用式(6.7)～式(6.9)对 MLMS 模型中的非频繁项集中无兴趣的项集进行修剪,得到的项集集合中仅包含有兴趣的项集,为区别 MLMS 模型,我们把改进后的模型称为 Interesting MLMS 模型,简记为 IMLMS 模型。

6.4.2 IMLMS 算法设计

算法 6.5 Apriori_IMLMS

输入:D:事务数据库;$ms(k)(k=0,1,\cdots,n)$:最小支持度。

输出:FIS:有兴趣的频繁项集集合。

　　　inFIS:有兴趣的非频繁项集集合。

(1) $FIS=\varnothing$;$inFIS=\varnothing$;

(2) $temp_1=\{A\,|\,A\in 1-items\,ets,s(A)\geqslant ms(0)\}$;

　　$FIS_1=\{A\,|\,A\in temp_1 \wedge s(A)\geqslant ms(1)\}$;

　　$inFIS_1=temp_1-FIS_1$;

(3) **for** $(k=2;temp_{k-1}\neq\varnothing;k++)$ **do begin**

　　(3.1)$C_k=apriori\_gen(temp_{k-1},ms(0))$;

　　(3.2)**for** each transaction $t\in D$ **do begin**

　　　　/ $*$ scan transaction database D $*$ /

　　　　$C_t=subset(C_k,t)$;

　　　　for each candidate $c\in C_t$

　　　　　c.count$++$;

　　　　end;

　　(3.3) $temp_k=\{c\,|\,c\in C_k,(c.count/|D|)\geqslant ms(0)\}$;

　　　　$FIS_k=\{A\,|\,A\in temp_k,A.count/|D|\geqslant ms(k)\}$;

　　　　$inFIS_k=temp_k-FIS_k$;

　　(3.4) / $*$ prune all uninteresting k-itemsets in FIS_k $*$ /

　　for each itemset M in FIS_k **do**

　　　if NOT $(fipi(M))$ **then**

　　　$FIS_k=FIS_k-\{M\}$

　　(3.5)/ $*$ prune all uninteresting k-itemsets in $inFIS_k$ $*$ /

　　for each itemset N in $inFIS_k$ **do**

if **NOT** (iipi(N)) then

    inFIS$_k$ = inFIS$_k$ − ｛ N ｝

end；

(4) FIS = $\bigcup$ FIS$_k$；inFIS = $\bigcup$ inFIS$_k$；

(5) **return** FIS and inFIS；

与 Apriori_MLMS 算法不同之处在于 Apriori_IMLMS 增加了步骤(3.4)和(3.5)，分别用于从频繁项集和非频繁项集中修剪无兴趣的项集，步骤(3.4)中，如果频繁项集 M 不符合 fipi(M)，则被剪掉；步骤(3.5)中，如果频繁项集 N 不符合 iipi(N)，则被剪掉。

下面用表 1.2 的 2-项集进行说明，假定 mi＝0.05。

对于频繁 2-项集 FIS$_2$ ＝{BD,BC}。

$$f(B,D,\text{ms}(\text{length}(B\bigcup D)),\text{mi}) = \frac{0.6+0.18-(0.4+0.05)+1}{|\ 0.6-0.4\ |+|\ (0.18-0.05\ |+1} = 1$$

$$f(B,C,\text{ms}(\text{length}(B\bigcup C)),\text{mi}) = \frac{0.4+0.02-(0.4+0.05)+1}{|\ 0.4-0.4\ |+|\ 0.02-0.05\ |+1} < 1$$

所以项集 BC 是无兴趣的，被修剪掉。

对于非频繁 2-项集 inFIS$_2$ ＝{AB,AC,AD,BF,CD,CF,AE,AF,CE,DF}。

$$f(A,B,\text{ms}(0),\text{mi}) = \frac{0.3+0.05-(0.2+0.05)+1}{|\ 0.3-0.2\ |+|\ 0.05-0.05\ |+1} = 1$$

$$f(A,C,\text{ms}(0),\text{mi}) = \frac{0.3+0-(0.2+0.05)+1}{|\ 0.3-0.2\ |+|\ 0-0.05\ |+1} < 1$$

$$f(A,D,\text{ms}(0),\text{mi}) = \frac{0.3+0-(0.2+0.05)+1}{|\ 0.3-0.2\ |+|\ 0-0.05\ |+1} < 1$$

$$f(B,F,\text{ms}(0),\text{mi}) = \frac{0.3+0.05-(0.2+0.05)+1}{|\ 0.3-0.2\ |+|\ 0.05-0.05\ |+1} = 1$$

$$f(C,D,\text{ms}(0),\text{mi}) = \frac{0.3+0.06-(0.2+0.05)+1}{|\ 0.3-0.2\ |+|\ 0.06-0.05\ |+1} = 1$$

$$f(C,F,\text{ms}(0),\text{mi}) = \frac{0.3+0-(0.2+0.05)+1}{|\ 0.3-0.2\ |+|\ 0-0.05\ |+1} < 1$$

$$f(A,E,\text{ms}(0),\text{mi}) = \frac{0.2+0.05-(0.2+0.05)+1}{|\ 0.2-0.2\ |+|\ 0.05-0.05\ |+1} = 1$$

$$f(A,F,\text{ms}(0),\text{mi}) = \frac{0.2 + 0.05 - (0.2 + 0.05) + 1}{|\ 0.2 - 0.2\ | + |\ 0.05 - 0.05\ | + 1} = 1$$

$$f(C,E,\text{ms}(0),\text{mi}) = \frac{0.2 + 0.02 - (0.2 + 0.05) + 1}{|\ 0.2 - 0.2\ | + |\ 0.02 - 0.05\ | + 1} < 1$$

$$f(D,F,\text{ms}(0),\text{mi}) = \frac{0.2 + 0.1 - (0.2 + 0.05) + 1}{|\ 0.2 - 0.2\ | + |\ 0.1 - 0.05\ | + 1} = 1$$

所以 AC,AD,CF,CE 是没有兴趣的,被修剪掉。

对于其他项集的情况可以用相同的方法分析。

6.4.3　实验结果

实验是在 DS5 上进行的,表 6.7 列出了 IMLMS 模型中的非频繁 k-项集和频繁 k-项集在不同 mi 时的变化情况。当 mi=0、0.005、0.01、0.015 时,非频繁项集的数量分别是 86、62、16、0,频繁项集的数量分别是 64、57、47、34,也就是说,随着最小兴趣度 mi 的提高,项集的数量明显减少,这说明 IMLMS 模型能够有效地对无兴趣的项集进行修剪。图 6.4 列出了 IMLMS 模型在 DS1~DS4 上的实验结果,这些数据更明显地说明了这一结论。

表 6.7　IMLMS 模型中的非频繁项集和频繁项集在不同 mi 时的变化情况

$(\text{ms}(1)=0.025,\text{ms}(2)=0.02,\text{ms}(3)=0.017,\text{ms}(4)=0.013,\text{ms}(0)=0.01)$

mi		$k=1$	$k=2$	$k=3$	$k=4$	Total	
0	FIS	—	37	24	3	64	150
	inFIS		43	40	3	86	
0.005	FIS	—	30	24	3	57	119
	inFIS	—	21	38	3	62	
0.01	FIS		23	21	3	47	63
	inFIS	—	7	8	1	16	
0.015	FIS		20	13	1	34	34
	inFIS		0	0	0	0	

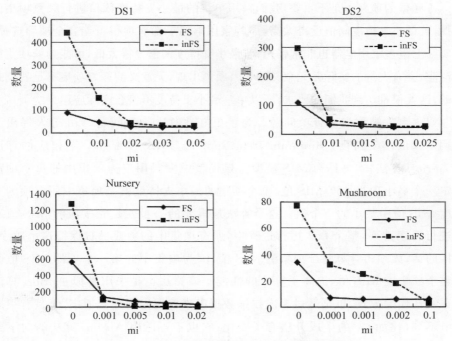

图 6.4 IMLMS 模型在 DS1～DS4 上的实验结果

6.5 多项支持度模型

目前国内外关于频繁项集挖掘技术的研究大多数是在单一的最小支持度的限定条件下进行的,这就意味着所有的项在数据库中拥有相同的发生频率,即所有的产品都拥有相同的购买频率,所有事物拥有相同的重要性,但是这个假设在现实生活中是不可能成立的。超市中的每件商品被购买的频率是不一样的,一些产品被购买的非常频繁,而另一些产品被购买的却非常稀疏,如家用电器和生活用品这两类产品。生活用品在数据库中肯定是频繁出现的,而家用电器,如电视、电冰箱、洗衣机这类商品因为本身的使用寿命长,而且价格高,被购买的频率就会非常低,不会频繁地出现在事务数据库中,我们称这些不频繁出现的项为稀有项。

不频繁的项并不是不重要,我们采用单一的最小支持度阈值进行频繁项集的挖掘,若最小支持度阈值设得太高,那些家用电器等稀有项很可能会全被筛选掉,但实际上很多家用电器也非常畅销;若最小支持度阈值设得太低,可能频繁项集就会泛滥,会有大量的实际并无意义的频繁项集出现,无意义的频繁项集不是我们想要的,这就很难达到我们的要求,所以单一最小支持度不符合实际应用。

以上事件被称为稀有项问题。为了更好地解决这一问题,Liu 等人提出了采用多项最小支持度(Minimum Item Support,MIS)模型和一个相应的算法 MSapriori 算法,本书称为 MIS 模型。该模型中需要用户为项集中的每个项都设定一个最小项支持度 MIS 值,整个项集的最小支持度就是项集中所有项的支持度 MIS 值中最小的一个值。这个算法最重要的一步就是先按项的 MIS 值对项进行升序排列,整个算法运行过程中,所有项集中的项要一直保持这个顺序,这样的话,无须再计算每个项集的 MIS 值,因为项集中的第一个项的 MIS 值就是整个项集的 MIS 值,提高了算法的性能。该算法也是采用类似 Apriori 算法的逐级迭代的方式,也是通过多次扫描数据库来挖掘得到频繁项集,但是有很多细节不同,比如 C_2 的生成方法有了变化;它也不再适用 Apriori 算法的向下封闭性质,因为对多支持度而言,频繁项集的子集不一定是频繁的,因为每个项集所要满足的最小支持度是不一样的。

具体地,MSapriori 算法允许为项集 $\{i_1, i_2, \cdots, i_m\}$ 中的每一个数据项都设定不同的最小支持度,称为最小项支持度,记作 $\mathrm{MIS}(i)$,其频繁项集的定义如下:对于任意 k-项集 $C(C=\{c_1, c_2, \cdots, c_k\}) \subseteq I$,$C$ 中的每一项 $c_i (i=1, 2, \cdots, k)$ 都有各自的最小支持度 $\mathrm{MIS}(c_i)$,如果 $s(C)$ 大于或等于 $\mathrm{MIS}(c_i)$ 的最小值,即

$$s(C) \geqslant \min(\mathrm{MIS}(c_1), \mathrm{MIS}(c_2), \cdots, \mathrm{MIS}(c_k))$$

则 C 是频繁项集。

设 L_k 表示频繁 k-项集,每一个 k-项集 $C(C=\{c_1, c_2, \cdots, c_k\})$ 满足 $\mathrm{MIS}(c_1) \leqslant \mathrm{MIS}(c_2) \leqslant \cdots \leqslant \mathrm{MIS}(c_k)$,MSapriori 算法如下。

算法 6.6　MSapriori

输入：T：事物数据库；$\mathrm{MIS}(i)$：最小支持度。

输出：频繁数据集 L。

(1)　　M ← sort(I, MS)；

(2)　　F ← init-pass(M, T)；

(3)　　L_1 ← {{f} | $f \in F$, f.support ≥ MIS(f)}；

(4)　　**for** ($k = 2$; $L_{k-1} \neq \varnothing$; $k++$) **do begin**

(5)　　　**if** $k = 2$ **then**

(6)　　　　C_2 ← level2-candidate-gen(F)；　　　　//$k = 2$

(7)　　　　**else** C_k ← candidate-gen(L_{k-1})；

(8)　　　**end**；；

(9)　　　**for** each transaction $t \in T$ **do begin**

(10)　　　　**for** each candidate $c \in C_k$ **do begin**

(11)　　　　　**if** c is contained in t **then**　　　　//c 是 t 的一个子集

(12)　　　　　　c.count++；

(13)　　　　**end**；

(14)　　　**end**；

(15)　　L_k ← {$c \in C_k$ | c.support ≥ MIS($c[1]$)}

(16)　　**end**；

(17) **return**L ← $\bigcup_k L_k$；

算法的第 1~3 行,依照每个项的 MIS 值对项进行升序排列,扫描一遍数据库,得到每个项的实际支持度,跟 MIS(i) 进行比较,满足条件的加入到 L_1 中。第 4~8 行,从 L_{k-1} 生成 C_k 候选集,然后对生成的候选集进行支持度计算(第 9~14 行),将满足支持度的项集加入到 L_k 中。返回所有的频繁项集 L(第 17 行)。

Function level2-candidate-gen(F)

(1)　　C_2 ← $\varnothing$；　　　　　　　　　　//初始化候选集

(2)　　**for** each item f in F in the same order **do**

(3)　　　**if** f.support ≥ MIS(f) **then**

(4)　　　　**for** each item h in F that is after f **do**

(5)　　　　　**if** h.support ≥ MIS(f) **then**

(6)　　　　　　C_2 ← $C_2 \bigcup$ {{f, h}}；　　　　//将候选集{f, h}插入到 C_2

以上是由 F 生成 C_2 的详细过程。当 $k > 2$ 时,方法 candidate-gen 具体如下。

Function candidate-gen(L_{k-1})

(1)　　$C_k \leftarrow \varnothing$;

(2)　　**for** all l_1, $l_2 \in L_{k-1}$

(3)　　　　with $l_1 = \{i_1, \cdots, i_{k-2}, i_{k-1}\}$

(4)　　　　and $l_2 = \{i_1, \cdots, i_{k-2}, i'_{k-1}\}$

(5)　　　　and $i_{k-1} < i'_{k-1}$ **do begin**

(6)　　　　　　$c \leftarrow \{i_1, \cdots, i_{k-1}, i'_{k-1}\}$;

(7)　　　　　　**for** each $(k-1)-$subset s of c **do begin**

(8)　　　　　　　　**if** $(c[1] \in s)$ or $(\mathrm{MIS}(c[2]) = \mathrm{MIS}(c[1]))$ **then**

(9)　　　　　　　　　　**if** $(s \notin L_{k-1})$ **then**

(10)　　　　　　　　　　　　delete c;

(11)　　　　　　　　**else** $C_k \leftarrow C_k \bigcup \{c\}$;

(12)　　　　　　**end**;

(13) **end**;

(14) **return** C_k;

此方法和 Apriori 的非常相似,不同之处就在于 MSapriori 算法在剪枝的时候多加了一步(第 8 行),这是因为对于一个项集来说,每个项集的最小 MIS 值就是该项集中的第一个项的 MIS 值。如果$(k-1)$-子集 s 中不包含 $c[1]$,即使 s 不在 L_{k-1} 中,也不能删除 c,因为不确定 s 是不满足 $c[1]$ 的。

下面结合示例来对算法进行说明。表 6.8 是一个示例数据库。TID 是事物数据库标志,itemsets 是数据集,假定各数据项的最小支持度计数 $\mathrm{MIS}(i)$ 分别为:$\mathrm{MIS}(A) = \mathrm{MIS}(B) = 0.4$,$\mathrm{MIS}(C) = \mathrm{MIS}(D) = \mathrm{MIS}(F) = 0.3$,$\mathrm{MIS}(E) = 0.2$,下面具体解释各步骤。

步骤(1):把数据项按照 $\mathrm{MIS}(i)$ 值大小排序得到 $M = \{E, C, D, F, A, B\}$。

步骤(2):按照 M 的顺序扫描数据库,计算各个数据项的支持计数,查找满足最小项支持度的数据项 i(此时是 E),对 i 后面的项 j 当满足 $j.\mathrm{count}/|D| \geqslant \mathrm{MIS}(i)$ 时则加入到 N 中;将 N 中满足 $\mathrm{MIS}(i)$ 的项集放到 L_1 中,得到频繁 1-项集 $L_1 = \{E, C, D, A, B\}$。由于 $s(F) = 0.2 < \mathrm{MIS}(F) = 0.3$,因此 F 不在 L_1 中。

表 6.8 示例数据库

TID	项　集	TID	项　集
T_1	A，B，C，E	T_6	A，C，D
T_2	B，D，E	T_7	A，D，E
T_3	B，C	T_8	A，B，E
T_4	A，B，D，F	T_9	A，C，D，E
T_5	A，C，F	T_{10}	B，C，D

步骤(3)：用于求频繁 k-项集，其中步骤(1)是候选集 C_k 的产生过程，与传统的 Apriori 算法不同的是长度为 2 的候选集剪枝，对于 C_2 中的每一项集 c，若包含 $c[1]$ 的 $k-1$ 子集不在 L_{k-1} 中，则把 c 从 C_k 中删除；步骤(2)计算候选集的支持计数，步骤(3)确定频繁项集 L_k。

步骤(4)：合并频繁 k-项集 L_k 得到频繁项集集合 L。

步骤(5)：返回结果，结束算法。

MIS 模型得到的结果如表 6.9 所示，其中，无背景色的频繁项集，有灰色背景色的是非频繁项集，列出非频繁项集的目的是为了便与其他模型比较。

表 6.9 MIS 模型对表 1.1 中的数据求得的结果

$(\mathrm{MIS}(A)=\mathrm{MIS}(B)=0.4,\mathrm{MIS}(C)=\mathrm{MIS}(D)=\mathrm{MIS}(F)=0.3,\mathrm{MIS}(E)=0.2)$

1-项集		2-项集				3-项集			
C_1	$s(*)$	C_2	$s(*)$	C_2	$s(*)$	C_3	$s(*)$	C_3	$s(*)$
A	0.7	AB	0.3	BE	0.3	ABC	0.1	BCD	0.1
B	0.6	AC	0.4	CD	0.3	ABD	0.1	BCE	0.1
C	0.6	AD	0.4	CE	0.2	ABE	0.2	BDE	0.1
D	0.6	AE	0.4	DE	0.3	ACD	0.2	CDE	0.1
E	0.5	BC	0.3			ACE	0.2		
F	0.2	BD	0.3			ADE	0.2		

6.6 用基本 Apriori 算法实现 MIS 模型

6.5 节介绍了 MSapriori 算法,该算法比 Apriori 算法时间效率高,但在教学过程中发现其改动的地方不太容易理解,于是本书作者提出了一个算法 MSB_apriori,即用 Apriori 算法实现了 MSapriori 的功能,然后对 MSB_apriori 进行了优化,得到了 MSB_apriori+算法,这两个算法的时间效率低于 MSapriori,但能够实现 MSB_apriori 的功能,且容易理解,下面详细介绍。

6.6.1 MSB_apriori 算法

该方法的主要设计思想如下。

(1) 从用户给定的所有项的最小支持度阈值 MIS(i)中选出最小的 MIS 值,记作 ms。

(2) 再用经典的挖掘算法 Apriori 根据 ms 阈值挖掘得到基于单最小支持度下的频繁项集 L。

(3) 再对这些频繁项集 L 进行筛选,将满足其自身最小支持度的频繁项集加入到多支持度的频繁项集的集合 msL 中。

下面是 MSB_apriori 算法的详细步骤。

算法 6.7 MSB_apriori

输入:D:基于字母顺序的事务数据库;MIS(i):每个项的 MIS 值。

输出:msL:基于多支持度的频繁项集。

(1) Use Apriori algorithm and the minimum MIS value of all items to get Frequent Patterns L;

(2) msL$=\varnothing$;

(3) msL$_1=\{<l>|l\in L_1,s(l)\geqslant$MIS($l$)\};

(4) **for**($k=2$;$L_k\neq\varnothing$;$k++$) **do begin**

(5)   **for** each itemset l in L_k **do begin**

(6)   ms(l)$=$min(MIS($l[1]$),$\cdots$,MIS($l[k]$));

(7)   **if**($s(l)\geqslant$ms(l)) **then**

(8)   msL$_k=$ msL$_k\bigcup l$;

（9）　　**end**;

（10）**end**;

（11）　msL $= \bigcup_k$ msL$_k$;

算法详细解释如下。

在此算法中,用所有项的 MIS 值中最小的一个 MIS 值和 Apriori 算法来挖掘得到基于单支持度的频繁项集 L（第 1 行）;对于 L_1 中只包含一个项的项集 l,把 L_1 中满足 $s(l) \geqslant$ MIS(l) 的项集 l 加入到 msL$_1$ 集合中（第 3 行）。从第 4 行到第 10 行,从剩余的 L_k 中挖掘出频繁项集 msL$_k$。分为两步:首先,计算出项集 l 的最小支持度阈值 ms(l)（第 6 行）;然后,对于每个项集 l 满足 $s(l) \geqslant$ ms(l) 的可以加入到 msL$_k$ 的集合中（第 7,8 行）。

显然,MSB_apriori 算法挖掘得到的结果和 MSapriori 相同。

6.6.2　实验结果

我们用与 MSapriori 相同的方法来分配每个项的 MIS 值,用项在数据库中的实际发生频率作为 MIS 分配的基础。公式描述如下。

$$\text{MIS}(i) = \begin{cases} M(i), & M(i) > LS \\ LS, & \text{其他} \end{cases} \tag{6.10}$$

$$M(i) = \beta f(i) \tag{6.11}$$

$M(i)$ 是项在数据库中的实际发生频率。$f(i)$ 是数据库中项 i 的实际支持度或支持度百分比。LS 表示所有项的最小 MIS 值。$\beta(0 \leqslant \beta \leqslant 1)$ 是一个参数,控制项的 MIS 值应该如何和它们的频率相关。如果 $\beta = 0$,即只有一个最小支持度值 LS,那么该算法就和传统的单支持度的频繁项集挖掘一样了。

在这个实验中,通过比较 MSB_apriori 和 MSapriori 算法的运行时间和内存空间来分析出算法的性能。运行时间是以 s 为单位,占用内存空间是指频繁项集的个数。我们设置 $\beta = 0.6$ 和不同的 LS 值来反映这 4 个数据集的不同。实验结果如图 6.5 和图 6.6 所示。

从图 6.5 和图 6.6 可以看出,在这 4 个数据集中 MSB_apriori 和 MSapriori 算法无论在运行时间还是内存空间方面,随着支持度的增加,它们之间的间距变得越来越小,原因在于候选集和大项集的总数在减少。MSB_apriori 算法不如

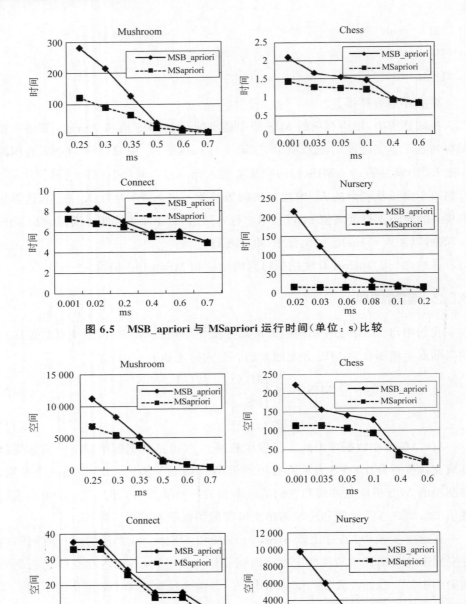

图 6.5　MSB_apriori 与 MSapriori 运行时间（单位：s）比较

图 6.6　MSB_apriori 与 MSapriori 内存空间（频繁项集个数）比较

MSapriori 高效的原因在于两个方面：其一是 MSB_apriori 算法的候选项集数量比 MSapriori 算法多；另一个原因是在 MSB_apriori 算法中，它花了很长时间去获得基于单支持度的频繁项集 L。基于这两个原因，笔者提出了 MSB_apriori 优化算法 MSB_apriori＋来减少运行时间和内存空间。

6.6.3 MSB_apriori+ 算法

MSB_apriori＋与 MSB_apriori 的不同之处如下。

（1）首先依据用户给定的单个项的 MIS 值对项进行升序排列，并从中选出最小阈值 ms，以后在算法运行过程中，所有项集中的项都保持这种顺序。它可以减少候选项集的数量，因为项的顺序不同，产生候选项集的数量也不同。候选项集越少，算法执行花的时间越少。

（2）为了获得候选项集的实际支持度，在扫描数据库之前，对候选项集按字母顺序进行了重新排序，为了使候选项集中项的顺序和数据库的事务中项的顺序保持一致，减少数据库的扫描时间和次数。

下面是 MSB_apriori＋算法的详细步骤。

算法 6.8 MSB_apriori＋

输入：D：基于字母顺序的事务数据库；MIS(i)：每个项的最小支持度。

输出：msL：基于多支持度的频繁项集。

(1)　　msL＝$\varnothing$；

(2)　　ms＝min(MIS(i_1),…,MIS(i_m))；　　//ms 是 MIS(i_k)中最小的值

(3)　　M＝sort(I,MS)；　　　　　　　　　　//依据 MIS(i) 值对项进行升序排序并存储
　　　　　　　　　　　　　　　　　　　　　　　//在 M 中

(4)　　C_1＝init-pass(M, D)；　　　　　　　//第一次遍历数据库 D

(5)　　L_1＝{c∈C_1|c.count≥ ms}；　　　　　//所有项集中的项都保持 M 中的顺序

(6)　　**for** (k＝2;L_{k-1}≠Φ;k＋＋) **do begin**

(7)　　　　C_k＝apriori_gen(L_{k-1})；　　　//生成新候选

(8)　　　　C'_k＝ Sort all candidates c∈C_k in lexicographic order

(9)　　　　**for** all transactions t∈D **do begin**

(10)　　　　　C_t＝subset(C'_k,t)；　　　　//候选包含于 t

(11)   **for** all candidates c of $C_k' \in C_t$ **do**

(12)   c.count ＋＋；

(13)   **end**；

(14) $L_k = \{c \in C_k \,|\, c.\text{count} \geqslant ms\}$；

(15) **end**；

(16) $\text{msL}_1 = \{<l> \,|\, l \in L_1, s(l) \geqslant \text{MIS}(l)\}$；

(17) **for** $(k = 2; L_k \neq \varnothing; k++)$ **do begin**

(18)   **for** each itemset l in L_k **do begin**

(19) $\text{mins}(l) = \min(\text{MIS}(l[1]), \cdots, \text{MIS}(l[k]))$；

(20)   **if**$(s(l) \geqslant \text{mins}(l))$ **then**

(21) $\text{msL}_k = \text{msL}_k \bigcup l$；

(22)   **end**；

(23) **end**；

(24) $\text{msL} = \bigcup_k \text{msL}_k$；

6.6.4　实验结果

　　本节通过扩展实验来比较三个算法的性能。这三个算法分别是 MSB_apriori 算法,优化算法 MSB_apriori＋算法以及 MSapriori 算法。实验结果如图 6.7 和图 6.8 所示。

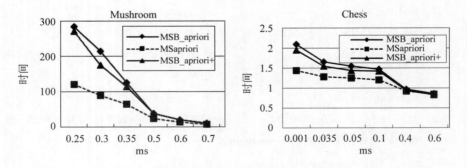

图 6.7　**MSB_apriori＋运行时间比较**（单位：s）

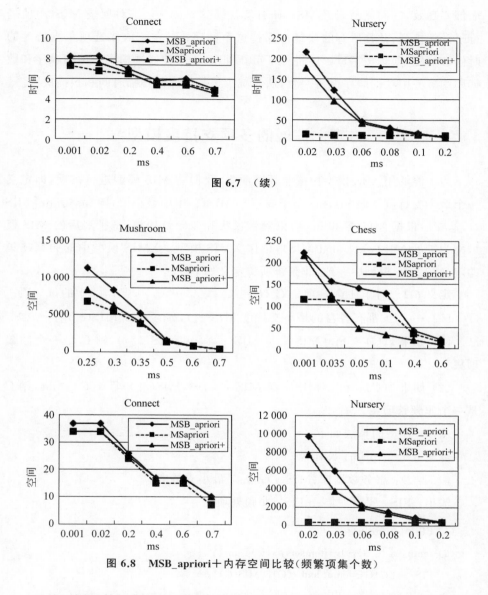

图 6.7 （续）

图 6.8 MSB_apriori＋内存空间比较（频繁项集个数）

　　虽然不同的数据集包含的项的数量不同,但从图 6.7 和图 6.8 中可以看出,随着最小支持度的增加,这三个算法无论在运行时间还是内存空间方面都变得越来越接近。MSB_apriori＋算法比 MSB_apriori 算法无论在时间还是空间方面都要高效,它们逐渐逼近 MSapriori 算法。这是因为:①对项按 MIS(i)值进行了升序排列,并且所有的项集都保持这个顺序;②在获取候选项集支持度的时候,对候选项集按字母顺序进行了重新排序,为了使候选项集中项的顺序和数据库的事务中项的顺序保持一致,从而减少了数据库的扫描时间和扫描次数。

6.7　扩展的多项支持度模型

为了能够用 MIS 模型挖掘非频繁项集,我们将 MIS 模型进行扩展,即定义一个最小支持度下限 ms,ms 小于或等于 MIS(i)中的最小值,即 $ms \leqslant \min[\text{MIS}(i)]$,然后根据 MIS($i$)和 ms 约束频繁项集和非频繁项集,把扩展后的 MIS 模型称为扩展 MIS(eXtended MIS),记作 XMIS 模型。XMIS 模型中的频繁项集的定义与 MIS 模型中一致,非频繁项集定义如下。

定义 6.2　对于任意 k-项集 C($C = \{c_1, c_2, \cdots, c_k\}$)$\subseteq I$,$C$ 中的每一项 c_i($i = 1, 2, \cdots, k$)都有各自的最小支持度 $\text{MIS}(c_i)$,$ms \leqslant \min[\text{MIS}(c_i)]$:

(1) 如果 $s(C) \geqslant \min(\text{MIS}(c_1), \text{MIS}(c_2), \cdots, \text{MIS}(c_k))$,则 C 是一个**频繁项集**。

(2) 如果 $s(C) < \min(\text{MIS}(c_1), \text{MIS}(c_2), \cdots, \text{MIS}(c_k))$ 且 $s(C) \geqslant ms$,则 C 是一个**非频繁项集**。

XMIS 模型的算法如下。

算法 6.9　Apriori_XMIS

输入:D:事务数据库;MIS(i),ms:最小支持度。

输出:FIS:频繁项集;inFIS:非频繁项集。

(1) FIS$= \varnothing$;inFIS$= \varnothing$;

(2) temp$_1 = \{C | C \in 1 - \text{itemsets}, s(C) \geqslant ms\}$;

　　FIS$_1 = \{C | C \in \text{temp}_1 \text{ and } s(C) \geqslant \text{MIS}(C)\}$;

　　inFIS$_1 = \text{temp}_1 - \text{FIS}_1$;

(3) **for** ($k = 2$;temp$_{k-1} \neq \varnothing$;$k++$)　**do begin**

　　(3.1) $C_k = \text{apriori\_gen}(\text{temp}_{k-1}, ms)$;

　　(3.2) for each transaction $t \in D$　**do begin**

```
/ * scan transaction database D * /
```

$C_t = \text{subset}(C_k, t)$;

for each candidate $c \in C_t$

      c.count++;

end;

(3.3) $\text{temp}_k = \{c \mid c \in C_k \text{ and } (\text{c.count}/|D|) \geqslant \text{ms}\}$;

$\text{FIS}_k = \{C(C = \{c_1 c_2, \cdots, c_m\}) \mid C \in \text{temp}_k \text{ and } C.\text{count}/|D| \geqslant \min(\text{MIS}(c_1),$
$\text{MIS}(c_2), \cdots, \text{MIS}(c_m))\}$;

$\text{inFIS}_k = \text{temp}_k - \text{FIS}_k$;

end;

(4) $\text{FIS} = \bigcup \text{FIS}_k$; $\text{inFIS} = \bigcup \text{inFIS}_k$;

(5) **return** FIS and inFIS;

    该算法与 Apriori_MIS 的不同之处在于:因为要挖掘 $s(C) \geqslant \text{ms}$ 的项集,所以算法仍然可以使用传统算法 Apriori 的框架,但是在产生频繁项集时仍然要像 Apriori_MIS 算法中的判断标准,即步骤(3.3)中的 $\text{FIS}_k = \{C(C = \{c_1 c_2, \cdots, c_m\}) \mid C \in \text{temp}_k \text{ and } C.\text{count}/|D| \geqslant \min(\text{MIS}(c_1), \cdots, \text{MIS}(c_m))\}$, 算法中用于函数产生 temp_k 的函数 apriori_gen 与传统算法 Apriori 中的一致。

    实验结果如下。

    示例数据库如表 1.1 所示,假定 $\text{MIS}(A) = 0.4$,$\text{MIS}(B) = 0.4$,$\text{MIS}(C) = 0.3$,$\text{MIS}(D) = 0.3$,$\text{MIS}(F) = 0.3$,$\text{MIS}(E) = 0.2$, $\text{ms} = 0.1$,由算法 Apriori_XMIS 得到的结果如表 6.10 所示,表中灰色背景的是非频繁项集,无灰色背景的是频繁项集。例如,项集 AC,因为 $s(AC) = 0.4 > \min(\text{MIS}(A), \text{MIS}(C)) = 0.3$,所以 AC 是一个频繁项集;项集 AB,因为 $s(AB) = 0.3 < \min(\text{MIS}(A), \text{MIS}(B)) = 0.4$,但 $s(AB) > \text{ms}$,所以 AB 是一个非频繁项集。

表 6.10 XMIS 模型产生的频繁项集和非频繁项集

1-项集		2-项集				3-项集				4-项集	
$s(*)$		$s(*)$		$s(*)$		$s(*)$		$s(*)$		$s(*)$	
A	0.7	AB	0.3	BE	0.3	ABC	0.1	ADE	0.2	ABCE	0.1
B	0.6	AC	0.4	BF	0.1	ABD	0.1	ADF	0.1	ABDF	0.1

续表

1-项集		2-项集			3-项集			4-项集	
	$s(*)$		$s(*)$		$s(*)$		$s(*)$		$s(*)$
C	0.6	AD	0.4	CD	0.3	ABE	0.2	BCD	0.1	ACDE	0.1
D	0.6	AE	0.4	CE	0.2	ABF	0.1	BCE	0.1		
E	0.5	AF	0.2	CF	0.1	ACD	0.2	BDE	0.1		
F	0.2	BC	0.3	DE	0.3	ACE	0.2	BDF	0.1		
		BD	0.3	DF	0.1	ACF	0.1	CDE	0.1		

XMIS 模型在 MIS 模型的基础上增加了一个最小支持度 ms 对非频繁项集进行约束,虽然可以挖掘非频繁项集,但对非频繁项集的约束仍然是单一支持度,这样还会带来像挖掘频繁项集时采用单一支持度带来的不足。为了解决这一问题,可以对 XMIS 模型进行改进:对非频繁项集的约束也采用不同的支持度,即对同一项集设两级支持度,一级用于约束频繁项集,另一级用于约束非频繁项集,即两级扩展多支持度模型——2L-XMIS(2-Level XMIS)模型。

2L-XMIS 模型中频繁项集与非频繁项集的定义如下。

定义 6.3 对于任意 k-项集 $C(C=\{c_1,c_2,\cdots,c_k\})\subseteq I,C$ 中的每一项 $c_i(i=1,2,\cdots,k)$ 都有各自的最小支持度 $MIS_{FIS}(c_i)$ 和 $MIS_{inFIS}(c_i),MIS_{FIS}(c_i)\geqslant MIS_{inFIS}(c_i)\geqslant 0$:

(1) 如果 $s(C)\geqslant \min(MIS_{FIS}(c_1),MIS_{FIS}(c_2),\cdots,MIS_{FIS}(c_k))$,则 C 是一个**频繁项集**。

(2) 如果 $s(C)<\min(MIS_{FIS}(c_1),MIS_{FIS}(c_2),\cdots,MIS_{FIS}(c_k))\min(MIS(c_1),MIS(c_2),\cdots,MIS(c_k))$ 且 $s(C)\geqslant \min(MIS_{inFIS}(c_1),MIS_{inFIS}(c_2),\cdots,MIS_{FIS}(c_k))$,则 C 是一个**非频繁项集**。

读者可以参照 Apriori_MIS 和 Apriori_XMIS 自行写出算法。

小　　结

当研究负关联规则后,非频繁项集就变得非常重要,因为其中包含大量的负关联规则,本章就非频繁项集及其中负关联规则的挖掘进行了研究,提出了用于挖掘非频繁项集的多种模型,讨论了多种模型中非频繁项集的约束方法、算法设计、实验等内容,这些模型可以适用于不同的需求。

首先,介绍了 PR 模型中非频繁项集的挖掘方法,在此基础上,提出了一个基于两级支持度的频繁项集与非频繁项集挖掘的 2LS 算法,然后与 PNARC 模型相结合,提出了一个能够同时挖掘频繁项集中的正关联规则和频繁与非频繁项集中的负关联规则的 2LSP 模型。其次,针对同一个最小支持度来约束所有的频繁项集对 k 较大的项集有失公平的问题,提出了多级支持度 MLMS 模型,并将吴氏修剪策略应用到 MLMS 模型中,得到了 IMLMS 模型。再次,研究了为每个项分别制定支持度的 MIS 模型和 MSapriori 算法,并提出了容易理解的用基本的 Apriori 实现 MSapriori 功能的 MSB_apriori 算法和它的优化算法 MSB_apriori+算法。最后,讨论了 MIS 模型的扩展模型,即能够同时挖掘非频繁项集和频繁项集的 XMIS 模型。为便于比较,下面用示意图的方式对这些模型进行总结,如图 6.9 所示,其中,具有灰色背景的表示频繁项集,浅色上斜线背景的是非频繁项集,空白区域不表示项集。

1. 经典支持度-置信度模型

经典支持度-置信度框架比较简单,采用单一支持度约束,没有考虑非频繁项集,如图 6.9(a)所示。

2. 2LS 模型

2LS 模型中对于任意项集 A:

(1) 如果 $s(A) \geqslant$ ms_FIS,那么 A 是 FIS。

(2) 如果 $s(A) <$ ms_FIS 且 $s(A) \geqslant$ ms_inFIS,那么 A 是 inFIS。

(3) ms_FIS $\geqslant$ ms_inFIS > 0。

2LS 模型中频繁项集与非频繁项集的示意图如图 6.9(b)所示。

3. MLMS 模型

设 $ms(k)(k=0,1,2,\cdots,m)$ 表示 k-项集的最小支持度,$ms(1) \geqslant ms(2) \geqslant, \cdots, \geqslant ms(m) \geqslant ms(0) > 0$,对于任意一个 k-项集 $A,A \subseteq I$:

(1) 如果 $s(A) \geqslant ms(k)$,则 A 是一个**频繁项集**。

(2) 如果 $s(A) < ms(k)$ 且 $s(A) \geqslant ms(0)$,则 A 是一个**非频繁项集**。

MLMS 模型中频繁项集与非频繁项集的示意图如图 6.9(c)所示。

4. PR 模型

PR 模型中频繁项集与非频繁项集的约束如下：对于项集 A、$B \subset I$，$A \cap B = \varnothing$，$s(A) \geqslant ms$，$s(B) \geqslant ms$，如果 $s(AB) \geqslant ms$，那么 AB 是频繁项集；如果 $s(AB) < ms$，那么 AB 是非频繁项集。

PR 模型中频繁项集与非频繁项集的示意图如图 6.9(d) 所示。

5. IMLMS 模型

IMLMS 模型是把 MLMS 模型中的某些没有兴趣的项集修剪掉。

IMLMS 模型中频繁项集与非频繁项集的示意图如图 6.9(e) 所示，与图 6.9(d) 相比，图中的空白区域表示修剪掉的没有兴趣的项集。

6. MIS 模型

对于任意 k-项集 $C(C = \{c_1, c_2, \cdots, c_k\}) \subseteq I$，$C$ 中的每一项 $c_i (i = 1, 2, \cdots, k)$ 都有各自的最小支持度 $MIS(c_i)$，如果 $s(C)$ 大于或等于 $MIS(c_i)$ 的最小值，即

$$s(C) \geqslant \min(MIS(c_1), MIS(c_2), \cdots, MIS(c_k))$$

则 C 是频繁项集。

MIS 模型中频繁项集与非频繁项集的示意图如图 6.9(f) 所示，图中说明频繁项集可以具有不同的最小支持度。

7. XMIS 模型

对于任意 k-项集 $C(C = \{c_1, c_2, \cdots, c_k\}) \subseteq I$，$C$ 中的每一项 $c_i (i = 1, 2, \cdots, k)$ 都有各自的最小支持度 $MIS(c_i)$，$ms \leqslant \min[MIS(c_i)]$：

（1）如果 $s(C) \geqslant \min(MIS(c_1), MIS(c_2), \cdots, MIS(c_k))$，则 C 是一个**频繁项集**。

（2）如果 $s(C) < \min(MIS(c_1), MIS(c_2), \cdots, MIS(c_k))$ 且 $s(C) \geqslant ms$，则 C 是一个**非频繁项集**。

XMIS 模型中频繁项集与非频繁项集的示意图如图 6.9(g) 所示。

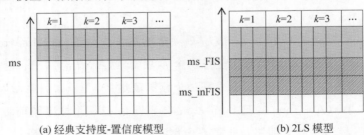

(a) 经典支持度-置信度模型   (b) 2LS 模型

图 6.9　各模型示意图

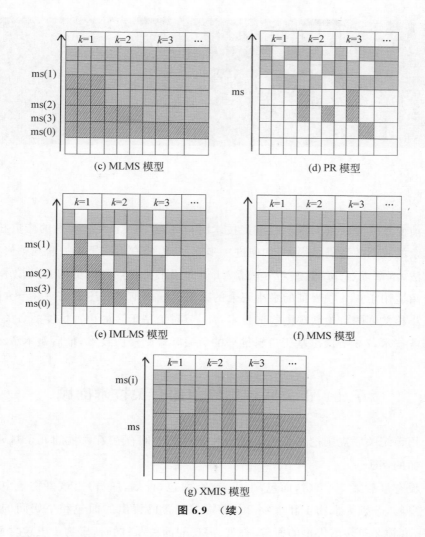

(c) MLMS 模型　　　　　　　(d) PR 模型

(e) IMLMS 模型　　　　　　　(f) MMS 模型

(g) XMIS 模型

图 6.9 （续）

第 7 章　负关联规则修剪技术的研究

前面几章介绍负关联规则挖掘技术时也介绍了一下关联规则的修剪技术，但剩余的规则数量仍然很大，如何进一步修剪，需要有不同于正关联规则修剪的新方法，本章重点介绍这些新方法。7.1 节介绍正关联规则修剪的有关技术，7.2节介绍适用于正关联规则的最小冗余的无损关联规则集表述方法，7.3 节介绍基于最小相关度的负关联规则修剪技术，7.4 节讨论基于多最小置信度的负关联规则修剪技术，7.5 节提出基于逻辑推理的负关联规则修剪技术，最后是本章小结。

7.1　正关联规则修剪的有关技术回顾

用传统关联规则挖掘算法生成的关联规则之间存在着大量的冗余规则，请看下面的例子。

设有事务集 $T=\{(1,$ 面包,牛奶$),(2,$ 面包,香烟,尿裤$)\}$，该事物集中含有两个事物，分别为事物 1 和事物 2。事物 1 包含已售出的面包和牛奶间的相关关系，事物 2 包含已售出的面包、香烟、尿裤间的关系；同时，事物 1 也包含面包、牛奶与香烟、尿裤间的关系，即买了面包、牛奶但没有买香烟、尿裤这种关系。研究发现，Rakesh Agrawal 提出的从频繁项集生成关联规则的 Apriori 生成算法产生的关联规则具有相当大的冗余性。

再看下面这个例子：设有关联规则 $A{\Rightarrow}BC$，表示买面包（A）的人中有 80%的人买了啤酒（B）和香烟（C），则按 Apriori 生成算法，一定会生成如下 4 条关联规则，并计算相应的置信度：① $A{\Rightarrow}B$，买面包（A）的人中有 85%的人买了啤酒

(B)；②$A \Rightarrow C$，买面包(A)的人中有 90％的人买了香烟(C)；③$AB \Rightarrow C$，买面包(A)同时买啤酒(B)的人中有 86％买了香烟(C)；④$AC \Rightarrow B$，买面包(A)同时买香烟(C)的人中有 92％买了啤酒(B)。这几条关联规则从意义上有一些区别，$A \Rightarrow BC$ 实际上已包含以上 4 条规则，也即有 $A \Rightarrow BC$ 关联规则，无须进行任何计算，则可以自动导出以上 4 条关联规则，则仅产生和保留 $A \Rightarrow BC$ 关联规则，显然可以对关联规则进行约减，并减少关联规则数量。

下面简要介绍有一些正关联规则中修剪冗余规则的方法。

1. 递推关系的修剪

在关联分析得到的关系集合中，如果存在如下 3 个关系：$X \Rightarrow Y$、$Y \Rightarrow Z$、$X \Rightarrow Z$，则称关系 $X \Rightarrow Z$ 是由关系 $X \Rightarrow Y$ 和 $Y \Rightarrow Z$ 递推得到的。对于关系 $X \Rightarrow Y$ 和 $Y \Rightarrow Z$ 而言，不妨假设它们在集合 R 上满足 ms 和 mc，可以做出如下的推理。

(1) 大多数 X 属性为真的记录其 Y 属性也为真。

(2) 大多数 Y 属性为真的记录其 Z 属性也为真。

(3) 由(1)和(2)，大多数(大多数 X 属性都是真的记录)Z 属性也为真。

根据以上的推理，得到结论：大多数 X 属性都是真的记录其 Z 属性也为真。这样的结论导致了对递推关系将做出如下的删剪方法：如果关联分析得到的关系集合中存在递推关系 $X \Rightarrow Y$、$Y \Rightarrow Z$、$X \Rightarrow Z$，那么可以把关系 $X \Rightarrow Z$ 从集合中删去。但是，对于上面的推理可能存在如下的问题：某些数据集中属性之间的相互关系可能会存在一些约束条件，如果在任何情况下 $X \Rightarrow Z$ 都是不成立的或无意义的，即使存在 $X \Rightarrow Y$ 和 $Y \Rightarrow Z$，但却得不到 $X \Rightarrow Z$。虽然可能存在上述问题，但是从概率统计的角度而言，以上的推理过程还是比较符合实际的，尤其是置信度比较大、数据分布比较平均的情况，而且上述问题对关系集合的剪裁并没有影响，只是在用户做最终的分析时会产生问题，但用户往往是知道这些属性间的约束条件的。因此，采用这种递推关系的删剪是可行的。

递推关系的删剪方法如下。

(1) 通过关联规则挖掘方法得到原始关系集 PAR，并置 $\Delta = \varnothing$。

(2) 在 PR 中选择$(X \Rightarrow Z) \in$ PAR，使得其置信度最大。

(3) 若存在$(X \Rightarrow Y) \in \Delta$ 以及$(X \Rightarrow Z) \in \Delta$，删除 $X \Rightarrow Z$，否则 $\Delta = \Delta \cup \{X \Rightarrow Z\}$。

(4) PAR＝PAR－$\{X \Rightarrow Z\}$。

(5) 若 PAR 为空,循环结束;否则转(2)。

上面算法中的 Δ 即为所要求的关系集合,选择置信度比较大的关系的原因是希望这条关系足够可信并保证以上的推理足够正确。

2. 互逆关系的修剪

如果一个关系集合中存在关系 $X \Rightarrow Y$ 与 $Y \Rightarrow X$,那么就称它们是互逆的。对于互逆的关系,在关联规则挖掘中可以得到无数这样的例子,而且往往 $X \Rightarrow Y$ 与 $Y \Rightarrow X$ 都拥有比较高的置信度和支持度。

最简单的修剪办法显然是删除互逆关系中的任何一个关系,但这样的做法会导致信息的丢失,因为只知道大多数使 X 属性为真的记录其 Y 属性也为真,但是不知道到底有多少使 Y 属性为真的记录其 X 属性却不为真。因此,比较好的做法是将互逆关系中的任何一个放入一个特殊的关系集合 E 中,对于这个关系集合中的每个关系 $X \Rightarrow Y$ 而言,它除了拥有置信度 c 和支持度 s 以外,可以引用关联度 α 来表示它和它的逆关系之间的联系。

$$\alpha = c(X \Rightarrow Y)/c(Y \Rightarrow X) \tag{7.1}$$

采用这样的表示方法的原因是:首先对 $X \Rightarrow Y$ 与 $Y \Rightarrow X$ 来说,它们的支持度 s 相同而置信度 c 不同,其次是利用这个 α 已经足够表述两个互逆关系间的联系。

下面的过程对修剪进行了描述。

(1) 通过关联规则挖掘方法得到原始关系集 PAR,并置 $\Delta = \varnothing, E = \varnothing$。

(2) 在 PAR 中选择 $(X \Rightarrow Z) \in$ PAR,使得其置信度最大。

(3) 若存在 $(Y \Rightarrow X) \in$ PAR,则 $E = E \bigcup (X \Rightarrow Y)$,PAR = PAR − $\{X \Rightarrow Y\}$ 并计算 α 的值,否则 $\Delta = \Delta \bigcup \{X \Rightarrow Y\}$。

(4) PAR = PAR − $\{X \Rightarrow Y\}$。

(5) 若 PAR 为空,循环结束;否则转(2)。

3. ADRR 算法

ADRR 算法是根据集合具有的性质,在已挖掘的关联规则中存在大量可以删除的冗余关联规则算法得到证明的前提下提出的。设有关联规则 $X \Rightarrow Y$,如果 $|Y| \geqslant 2$,那么一定存在相对 $X \Rightarrow Y$ 的冗余规则。删除冗余关联规则的 ADRR 算法描述如下。

算法 7.1　ADRR

输入：关联规则集合 R。

输出：无冗余关联规则集合 AR。

(1) AR=$\varnothing$;

(2) **for** each rule $(X \Rightarrow Y) \in R$ **do**

(3)　　**if** $|Y| \geqslant 2$ **then**

(4)　　　　AR=AR$\cup \{X \Rightarrow Y\}$;

(5) **for** each rule $(X \Rightarrow Y) \in$ AR **do**

(6)　　**for** each rule $(A \Rightarrow B) \in R$ **do**

(7)　　　　**if** $((A \cup B) \subseteq (X \cup Y)$ **and** $A \supseteq X)$ **then**

(8)　　　　　$R = R - \{A \Rightarrow B\}$;

该算法思想简单,但非常有效,能够迅速删除大量的冗余规则,提高了规则的生成效率。

4. MVNR 算法

MVNR(Mining Valid and non-Redundant Association Rules Algorithm)算法的基本思想是:首先对频繁项集集合 L 进行筛选,删除那些只能生成冗余关联规则的频繁项集,得到新的频繁项集集合 L',这样使得在生成规则的时候不需要考虑那些只能生成冗余关联规则的频繁项集,有效地提高了算法的效率,然后对新的频繁项集集合 L' 中每一个频繁项集求出它的极小子集集合,在求每个频繁项集的极小子集集合的时候,不需建立有向无循环图来求其极小子集合,这样就节省了空间,提高了算法的效率。然后对频繁项集集合 L' 中每一个频繁项集 L_i 进行如下分析:首先删除 L_i 的极小子集集合中属于 L_i 的超集的极小子集集合中的元素,然后对剩余的每一极小子集 Y,生成规则 $Y \Rightarrow L_i - Y$,如果此规则的相关支持度大于1,则将此规则加入到规则集 R 中;如果相关支持度小于1,则生成此规则的反面规则 $L_i - Y \Rightarrow Y$,对这个反面规则计算它的支持度和可信度,如果分别大于用户定义的最小支持度和最小可信度的要求,且相关支持度大于1,则将规则 $L_i - Y \Rightarrow Y$ 加入到规则集 R 中。

算法 7.2　MVNR

输入：频繁项集集合 L,最小支持度 ms,最小置信度 mc,max_sup。

输出：有效且无冗余关联规则集合 R。

$L' = \text{Reduce\_L}(L, \max\_s, mc);$

//删除 L 中只能生成冗余规则的频繁项集

for each $L_i \in L'$ **do**

　　//对 L' 中每一个频繁项集发现它的极小子集合

　　$F(L_i, mc) = \text{Find Minimal Subset}(L_i, mc);$

　　$R = \varnothing;$

for each $L_i \in L'$ **do begin**

　　//对 L' 中每一个频繁项集进行分析，如果满足条件生成关联规则

　　$P(L_i, c) = F(L_i, mc);$

　　　　for each $L_j \in L'$ of L_i 的超集 **do**

　　　　　　$P(L_i, mc) = P(L_i, mc) - F(L_j, mc);$

　　　　　　for each itemset $Y \in P(L_i, mc)$ **do**

　　　　　　　　if $s(L_i)/(s(Y) * s(L_i - Y)) > 1$ **then**

　　　　　　　　　　$R = R \bigcup \{Y \Rightarrow L_i - Y\};$

　　　　　　　　else if $s(L_i/(s(Y) * s(L_i - Y)) < 1$ **then begin**

　　　　　　　　　　//如果相关支持度小于1，检查其反面规则是否满足条件

　　　　　　　　　　求出 $(L_i - Y) \bigcup \neg Y$ 的支持度 $s((L_i - Y) \bigcup \neg Y);$

　　　　　　　　　　求出 $\neg Y$ 的支持度 $s(\neg Y);$

　　　　　　　　　　$c = s((L_i - Y) \bigcup \neg Y)/ s(L_i - Y);$

　　　　　　　　　　$\text{corr} = c/s(\neg Y)$

　　　　　　　　　　if $s((L_i - Y) \bigcup \neg Y) \geqslant ms$ **and** $c \geqslant mc$ **and** $\text{corr} > 1$ **then**

　　　　　　　　　　　　//如果反面规则满足条件，则生成含否定项的关联规则

　　　　　　　　　　　　$R = R \bigcup \{L_i - Y \Rightarrow \neg Y\};$

　　　　　　　　end；

　　end；

该算法在发现每个频繁项集的极小子集合时，是利用了集合的包含关系，节省了空间的开销，提高了生成规则的速度。

5. GNRR 算法

GNRR(Generate-Non-Redundant-Rules)算法是一种通用的由最大频繁项集生成无冗余关联规则的算法，利用规则之间的冗余关系，按一定顺序挖掘不同的规则，消除了规则之间的简单冗余和严格冗余，使发现的规则数目呈指数倍

减少。

下面举例说明规则发现的顺序。对于频繁项集 ABCD,分别计算前件中含有 A、B、C 和 D 的规则。在此仅详细考虑前件中含有 A 的规则。若规则 $A \Rightarrow$ BCD 成立,则其他所有前件中含有 A 的规则都是冗余规则。若 $A \Rightarrow$ BCD 不成立,则前件中包含 A 的规则可分为两类:①由 ABCD 的子集生成的前件为 A 的规则 $A \Rightarrow$ BC,$A \Rightarrow$ BD,$A \Rightarrow$ CD;②由 ABCD 生成的前件包含 A 的规则 AB $\Rightarrow$ CD,AC $\Rightarrow$ BD,AD $\Rightarrow$ BC。两类规则之间不存在冗余,只需考虑每类规则之间是否存在冗余规则。对①类规则,以规则 $A \Rightarrow$ BC 为例,若不成立,则再考虑 $A \Rightarrow$ B,$A \Rightarrow C$ 是否成立。对②类规则,以 AB $\Rightarrow$ CD 为例,若 AB $\Rightarrow$ CD 不成立,则计算前件中包含 AB 的子规则。它同样可分为两类:一类是由 ABCD 的子集 ABC 和 ABD 生成的前件为 AB 的规则 AB $\Rightarrow$ C,AB $\Rightarrow$ D;另一类是由 ABCD 生成的前件包含 AB 的规则 ABC $\Rightarrow$ D,ABD $\Rightarrow$ C,这样就得到了所有前件中含有 A 的无冗余规则。同理可得到前件中含有频繁项集中其他项目的规则。它们之间虽然存在规则重复,但可以通过规则过滤方法消除重复规则。

7.2 最小冗余的无损关联规则集表述

陈茵等人提出了一种规则集表述模型,该模型实现了原始规则集和规则集表述之间的相互推演,实现了规则集的无损表述,保证了信息的完整性,下面详细介绍。

7.2.1 有关定义

原始规则集是指满足支持度和置信度两个度量的所有强规则的集合,表示为 $S_\circ$。$S_\circ$ 有以下三个特征。

(1) 原始规则集以集合的形式存在。

(2) 原始规则集中的任意规则 r 都是满足支持度阈值和置信度阈值的强规则。即 $\forall r \in S_\circ, s(r) \geqslant$ ms 且 $c(r) \geqslant$ mc。

(3) 原始规则集中所有规则之间是平等的、无关系的。原始规则集不描述除了规则的支持度和置信度之外的任何信息。即使规则之间存在某种相关关系,但原始规则集不允许描述这种关系。

规则集表述是指对原始规则集的某种描述或表达,表示为 S_r,该描述利于规则集的理解和管理。

规则集表述的形式具备多样性,它可以是集合,可以是聚类关系,甚至是不规则的形式。根据规则集表述和原始规则集之间的差别关系,规则集表述可以分为以下三类。

1. 无损表述

无损表述是指规则集表述所蕴含的信息能够完全涵盖原始规则集。其重要特征是无损性,即原始规则集中任意规则都可以从该表述中导出。导出的规则还应具备原始规则集中所有规则所具备的支持度和置信度数据。

2. 有损表述

有损表述主要是指规则集表述所包含的规则少于原始规则集中的规则,且不能通过该表述得到这些失去的规则。当前绝大部分研究都属于有损表述。

3. 增益表述

增益表述主要是指规则集表述不仅描述原始规则集的信息,还包括大量其他附加信息,如规则的分类、分组、排序以及规则之间的上下文信息和趋势分析。

为了区别无损规则集表述中的规则和原始规则集中的规则,不妨称规则集表述中的规则为**表述规则**,表示为 r_s。无损 S_r 必须满足以下条件。

(1) 完整性。对于原始规则集中的任意规则,要么它属于规则集表述,要么它可以由规则集表述导出,且必须包含支持度和置信度值。即: $\forall r \in S_o, r \in S_r \lor r = O(S_r)$,其中,$O$ 表示在 S_r 上定义的推理运算。

(2) 准确性。对无损规则集表述中的任意表述规则及其推导出的规则,该规则必须属于原始规则集。即: $\forall r_s \in S_r, r_s \in S_o$ 且 $\forall r = O(S_r), r \in S_o$,其中,$O$ 表示在 S_r 上定义的推理运算。

(3) 最简性。在满足前述条件的情况下,规则集表述中的规则数量是最少的。$\forall r_s \in S_r, r_s$ 不能由任何在 S_r 上定义的算子演算得到。

7.2.2 无损规则集表述的推演

1. 无冗余规则

对规则 r,如果存在另一条规则 r_1, r_1 形式更具一般化,但是反映的信息和

r 一样甚至更丰富,那 r 就是冗余的。其中,规则的形式就是指规则前件后件的构成,规则反映的信息是指规则兴趣度度量,通常是指支持度和置信度。冗余规则的定义如下。

对规则 r:$X{\Rightarrow}Y$,**存在**规则 r_1:$X'{\Rightarrow}Y'$,其中,$X'{\subseteq}X$ 且 $Y{\subseteq}Y'$,使得 $c(r){\leqslant}c(r_1)$,称 r 为**冗余规则**。

最大频繁项集是指所有超集均为非频繁项集的频繁项集。

对规则 r:$X{\Rightarrow}Y$,在规则前件中增加项集 Z,$|Z|{\geqslant}1$,且 X,Y,Z 两两不相交,使得规则变成 r_1:$XZ{\Rightarrow}Y$,称为对规则 r 进行**条件扩展**。对前件项集 X,也称作对 X 进行**关于 Y 的条件扩展**,Z 称为规则 r 的**条件增项**,也称为 X 关于 Y 的**条件增项**。反之,把将 r_1 变成 r 的运算称为对 r_1 进行**条件减缩**。

对规则 r:$X{\Rightarrow}Y$,在规则后件中增加项集 Z,$|Z|{\geqslant}1$,且 X,Y,Z 两两不相交,使得规则变成 r_1:$X{\Rightarrow}YZ$,称为对规则 r 进行**结果扩展**。对后件项集 Y,也称作对 Y 进行**关于 X 的结果扩展**,Z 称为规则 r 的**结果增项**,也称为 Y 关于 X 的**结果增项**。反之,把将 r_1 变成 r 的运算称为对 r_1 进行**结果减缩**。

对规则 r:$X{\Rightarrow}Y$,如果存在规则 r_1,满足:

(1) r_1 是对 r 进行条件减缩运算后得到的规则,且

(2) r_1 的置信度大于等于规则 r 的置信度。

称规则 r_1 是规则 r 的**条件覆盖规则**,因为 r 相对 r_1 是冗余的。特别地,当 r_1 无法再进行条件减缩,或者对 r_1 进行条件减缩得到的任一规则 r_2 的置信度小于规则 r_1 的置信度,则称规则 r_1 是规则 r 的**最小条件覆盖规则**。如果不存在满足(1)和(2)两个条件的规则,r 的最小条件覆盖规则就是 r 本身。

表 7.1 是一个简单的示例数据库,通过该示例展示最小条件覆盖规则的提取过程。设 $\mathrm{ms}=0.3$,$\mathrm{mc}=0.6$,则最大频繁项集为 $\{A,C,D,E\}$ 和 $\{A,B,D\}$,其支持度均为 $1/3$。对于 $\{A,C,D,E\}$,其所推理出的最小条件覆盖规则如图 7.1 所示。$ACD{\Rightarrow}E$ 的置信度为 $2/3$,等于 $AC{\Rightarrow}E$ 的置信度,因此 $ACD{\Rightarrow}E$ 是冗余规则,应被 $AC{\Rightarrow}E$ 取代。同理,$AC{\Rightarrow}E$ 应被 $C{\Rightarrow}E$ 取代,$C{\Rightarrow}E$ 是规则 $ACD{\Rightarrow}E$ 的最小条件覆盖规则。最小条件覆盖规则实际上就是非冗余的规则(图 7.1 中加黑的规则)。

表 7.1　示例二进制数据库

A	B	C	D	E
1	0	1	1	1
0	0	1	1	1
1	0	1	1	1
1	1	1	1	0
0	1	0	1	1
1	1	0	1	0

在如图 7.1 所示的推理过程中,并没有出现后件中含多个项目的规则。这是为了表述方便,而且已经通过完整性证明验证了规则 $r: X \Rightarrow Y$ 可以表示为多个规范化规则(后件为 1)之积,其中,$Y = \{y_1, y_2, \cdots, y_k\}$ 是 k 项集,k 大于 1,即 $c(X \Rightarrow Y) = \prod_{i=1}^{k} c(X, y_{i+1}, \cdots, y_k \Rightarrow y_i)$。这种规范化规则累积运算得到规范化规则的运算称为**规范化规则累积算子**,表示为 $O_{\text{product}}(r_1, \cdots, r_k) = r$。

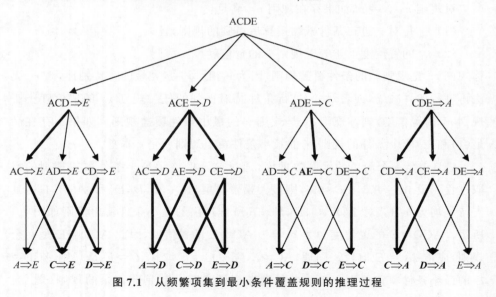

图 7.1　从频繁项集到最小条件覆盖规则的推理过程

定理 7.1　对规则 $r: X \Rightarrow Y$ 进行结果扩展,得到规则 $r_1: X \Rightarrow YZ$,在 r_1 中对 Y 进行关于 X 的结果减缩,得到规则 $r_2: X \Rightarrow Z$。对 r_2 进行条件扩展,得到

规则 r_3：$XY \Rightarrow Z$。当且仅当规则 r_3 置信度为 1 时，规则 r_1 才有可能是规则 r 的条件覆盖规则。进一步特殊化，可以得到定理 7.2。

定理 7.2 对规则 r：$X \Rightarrow Y$ 进行结果扩展，得到规则 r_1：$X \Rightarrow YZ$，在规则 r_1 中对 Y 进行关于 X 的结果减缩，得到规则 r_2：$X \Rightarrow Z$，对 r_2 进行条件扩展，得到规则 r_3：$XY \Rightarrow Z$。当规则 r 置信度为 1 时，规则 r_1 必然是规则 r_2 和 r_3 的条件覆盖规则。

考虑定理 7.2 的逆过程，即根据置信度为 1 的规则 r 和其结果扩展 r_1 生成 r_2，把这种运算称为**分解主规则运算**，表示为 $O_{\text{decom}}(r, r_1) = r_2$。分解主规则运算只适合规则 r 的置信度为 1 的情况。另外，对置信度为 1 的规则 r：$X \Rightarrow Y$，进行条件扩展，得到规则 r_4：$XZ \Rightarrow Y$，称为**主规则条件扩展运算**，表示为 $O_{\text{extend}}(r) = r_4$。显然，$r_4$ 的置信度也为 1。

2. 规则集表述的完整性

要满足完整性条件，推理系统必须解决如何在新冗余条件下利用规则集表述求得冗余规则（包括支持度和置信度）的问题。

设 X、Y 和 Z 是三个非空频繁项集，且两两不相交。r：$X \Rightarrow Y$，r_1：$Z \Rightarrow Y$，r_2：$X \Rightarrow Z$，r_3：$Y \Rightarrow Z$，r_4：$Z \Rightarrow X$，r_5：$Y \Rightarrow X$，r_6：$XZ \Rightarrow Y$，r_7：$XY \Rightarrow Z$，r_8：$YZ \Rightarrow X$，项集 X、Y 和 Z 之间组合形成的规则 r_6、r_7 和 r_8 称为**形式相关规则**。

定理 7.3 规则 r：$X \Rightarrow Y$ 和其条件扩展规则 r_6：$XZ \Rightarrow Y$ 的置信度比率等于规则 r_2：$X \Rightarrow Z$ 和条件规则 r_7：$XY \Rightarrow Z$ 的比率，即 $\dfrac{c(XZ \Rightarrow Y)}{c(X \Rightarrow Y)} = \dfrac{c(XY \Rightarrow Z)}{c(X \Rightarrow Z)}$。

同理有 $\dfrac{c(XY \Rightarrow Z)}{c(Y \Rightarrow Z)} = \dfrac{c(YZ \Rightarrow X)}{c(Y \Rightarrow X)}$，$\dfrac{c(XZ \Rightarrow Y)}{c(Z \Rightarrow Y)} = \dfrac{c(YZ \Rightarrow X)}{c(Z \Rightarrow X)}$。

推论 7.1 对形式相关规则 r_6：$XZ \Rightarrow Y$，r_7：$XY \Rightarrow Z$，r_8：$YZ \Rightarrow X$。如果已知其中一条为冗余规则和其置信度值，那么其余两条规则中的任一冗余规则（称为待求冗余规则）的置信度均可以由已知冗余规则、已知冗余规则的条件覆盖规则、待求冗余规则的条件覆盖规则三者的置信度计算得到。

推论 7.1 表明：只需在规则集表述中包含少量的冗余信息，就可以保证规则集表述的完整性。

这种保留少量冗余规则以保证完整性的规则集表述方式称为**最小冗余的无损规则集表述**（Minimum-Redundant and Lossless Rule-Set Representation，MRLRR）。把 MRLRR 分成 4 个子集：主规则集、非规范化集、规范化集和冗余集。此外,MRLRR 还应包括演算原始规则集的算子。

(1)主规则集:所有置信度为 1 规范化的最小条件覆盖规则组成的集合,表示为 PR。

(2)非规范化集:所有置信度小于 1 的非规范化最小条件覆盖规则组成的集合,表示为 NCR。

(3)规范化集:所有置信度小于 1 的规范化最小条件覆盖规则组成的集合,表示为 CR。

(4)冗余集:为满足完整性所保留的冗余规则组成的集合,表示为 RR。

继续上面的例子,首先计算 $\{A,C,D,E\}$ 的结果,PR$=\{A{\Rightarrow}D,C{\Rightarrow}D,E{\Rightarrow}D,AE{\Rightarrow}C\}$。

剩余的最小条件覆盖规则组成集合为 $\{C{\Rightarrow}E,D{\Rightarrow}E,A{\Rightarrow}C,D{\Rightarrow}C,E{\Rightarrow}C,C{\Rightarrow}A,D{\Rightarrow}A\}$,根据上述定理,结合 PR,得到非规范化集和规范化集以及初始冗余集。从初始冗余集中删除可以通过 NCR 和 PR 两者进行分解主规则运算得到的规则。对于剩下的冗余规则,进行增项—后件互换运算,找到形式相关规则,删除可计算得到的形式相关规则。得到:

$$PR=\{A{\Rightarrow}D,C{\Rightarrow}D,E{\Rightarrow}D,AE{\Rightarrow}C\}$$
$$NCR=\{A{\Rightarrow}CD,C{\Rightarrow}DA,C{\Rightarrow}DE,E{\Rightarrow}CD\}$$
$$CR=\{D{\Rightarrow}C,D{\Rightarrow}A,D{\Rightarrow}E\}$$
$$RR=\{ACD{\Rightarrow}E,AC{\Rightarrow}E,AD{\Rightarrow}C,DE{\Rightarrow}C,AE{\Rightarrow}D\}$$

对另一个最大频繁项集 $\{A,B,D\}$ 进行计算。将两个项集的计算结果合并,去除重复规则,最后结果如下。

$$PR=\{A{\Rightarrow}D,C{\Rightarrow}D,E{\Rightarrow}D,B{\Rightarrow}D,AE{\Rightarrow}C\}$$
$$NCR=\{A{\Rightarrow}CD,C{\Rightarrow}DA,C{\Rightarrow}DE,E{\Rightarrow}CD,B{\Rightarrow}AD\}$$
$$CR=\{D{\Rightarrow}C,D{\Rightarrow}A,D{\Rightarrow}E\}$$

7.3 基于最小相关度的负关联规则修剪技术

第 3 章已经描述了相关系数在负关联规则挖掘中的方法,对于项集 A、B,其相关系数可以由式 7.2 求得。

$$\rho_{AB} = \frac{s(A \bigcup B) - s(A)s(B)}{\sqrt{s(A)(1 - s(A))s(B)(1 - s(B))}} \tag{7.2}$$

其中,$s(*) \neq 0, 1$。

ρ_{AB} 的值域为 $-1 \sim +1$,ρ_{AB} 的大小可以表征项集 A、B 的相关强度 (Correlation Strength),$|\rho_{AB}| \geq 0.5$ 时,中强度相关,$|\rho_{AB}| >$ 为 $0.3 \sim 0.5$ 时,低度相关,$|\rho_{AB}| >$ 为 $0.1 \sim 0.3$ 时,弱相关,$|\rho_{AB}| < 0.1$ 时认为不相关。因此,在修剪规则时可以设置一个最小相关度(Minimum Correlation Strength,MCS)阈值 ρ_{min},将 $|\rho_{AB}| < \rho_{min}$ 的规则修剪掉,只保留 $|\rho_{AB}| \geq \rho_{min}$ 的那些规则。

下面是 MLMS 模型中基于最小相关度的正、负关联规则的定义:设 I 是数据库 D 的项集,$A, B \subseteq I$ 且 $A \bigcap B = \Phi$,$0 < s(A)$、$s(\neg A)$、$s(B)$、$s(\neg B) < 1$,ms、mc > 0;FIS 和 inFIS 是由算法 Apriori_MLMS 得到的频繁项集和非频繁项集。ρ_{min}($0 \leq \rho_{min} \leq 1$)是最小相关度。若 $|\rho_{AB}| < \rho_{min}$ 则不挖掘规则,否则:

(1) 若 $A \bigcup B \subseteq$ FIS,$\rho_{AB} \geq \rho_{min}$ 且 $c(A \Rightarrow B) \geq$ mc,则 $A \Rightarrow B$ 是一条正关联规则。

(2) 若 $A \bigcup B \subseteq$ FIS,$\rho_{AB} \leq -\rho_{min}$ 且 $c(A \Rightarrow \neg B) \geq$ mc,则 $A \Rightarrow \neg B$ 是一条负关联规则。

(3) 若 $A \bigcup B \subseteq$ FIS,$\rho_{AB} \leq -\rho_{min}$ 且 $c(\neg A \Rightarrow B) \geq$ mc,则 $\neg A \Rightarrow B$ 是一条负关联规则。

(4) 若 $A \bigcup B \subseteq$ FIS,$\rho_{AB} \geq \rho_{min}$ 且 $c(\neg A \Rightarrow \neg B) \geq$ mc,则 $\neg A \Rightarrow \neg B$ 是一条负关联规则。

(5) 若 $A \bigcup B \subseteq$ inFIS,$\rho_{AB} \leq -\rho_{min}$ 且 $c(A \Rightarrow \neg B) \geq$ mc,则 $A \Rightarrow \neg B$ 是一条负关联规则。

(6) 若 $A \bigcup B \subseteq$ inFIS,$\rho_{AB} \leq -\rho_{min}$ 且 $c(\neg A \Rightarrow B) \geq$ mc,则 $\neg A \Rightarrow B$ 是一条负关联规则。

(7) 若 $A \bigcup B \subseteq$ inFIS,$\rho_{AB} \geq \rho_{min}$ 且 $c(\neg A \Rightarrow \neg B) \geq$ mc,则 $\neg A \Rightarrow \neg B$ 是一条负关联规则。

下面是基于最小相关度的修剪负关联规则的算法。

算法 7.3 PNAR_MCS

输入:mc:最小置信度;ρ_{min}($0 \leq \rho_{min} \leq 1$):最小相关度。

输出:PAR:正关联规则集合;NAR:负关联规则集合。

(1) **CALL** Apriori_MLMS;

(2) PAR $=\varnothing$;NAR $=\varnothing$;

(3) /∗ 从 FIS 和 inFIS 中产生 PARs 和 NARs ∗/

    for any itemset X in FIS∪inFIS **do begin**

        for any itemset $A \cup B = X$ and $A \cap B = \varnothing$ **do begin**

            用式 7.2 计算 ρ_{AB};

            (3.1)/∗ 产生形如 $A \Rightarrow B$ 和 $\neg A \Rightarrow \neg B$ 的规则 ∗/

                /∗ PARs are only generated from frequent itemsets ∗/

            if $\rho_{AB} \geqslant \rho_{min}$ **then** {

                if X in FIS **and** $c(A \Rightarrow B) \geqslant$ mc   **then**

                  PAR=PAR∪$\{A \Rightarrow B\}$;

                if X in FIS **and** $c(B \Rightarrow A) \geqslant$ mc   **then**

                  PAR=PAR∪$\{B \Rightarrow A\}$;

                if $c(\neg A \Rightarrow \neg B) \geqslant$ mc **then**

                  NAR=NAR∪$\{\neg A \Rightarrow \neg B\}$;

                if $c(\neg B \Rightarrow \neg A) \geqslant$ mc   **then**

                  NAR=NAR∪$\{\neg B \Rightarrow \neg A\}$;

            end;

            (3.2)/∗ 产生形如 $A \Rightarrow \neg B$ 和 $\neg A \Rightarrow B$ 的规则 ∗/

            if $\rho_{AB} \leqslant -\rho_{min}$ **then begin**

                if $c(A \Rightarrow \neg B) \geqslant$ mc   **then**

                  NAR=NAR∪$\{A \Rightarrow \neg B\}$;

                if $c(B \Rightarrow \neg A) \geqslant$ mc   **then**

                  NAR=NAR∪$\{B \Rightarrow \neg A\}$;

                if $c(\neg A \Rightarrow B) \geqslant$ mc   **then**

                  NAR=NAR∪$\{\neg A \Rightarrow B\}$;

                if $c(\neg B \Rightarrow A) \geqslant$ mc   **then**

                  NAR=NAR∪$\{\neg B \Rightarrow A\}$;

            end;

        end;

    end;

(4) **return** PAR and NAR;

该算法首先调用算法 Apriori_MLMS 产生频繁项集 FIS 和非频繁项集 inFIS。步骤(2)将 PAR 和 NAR 初始化为空集；步骤(3)根据 ρ_{AB} 的值挖掘并同时修剪正负关联规则，其中，步骤(3.1)产生形如 $A \Rightarrow B$ 和 $\neg A \Rightarrow \neg B (B \Rightarrow A$ 和 $\neg B \Rightarrow \neg A)$ 的规则，步骤(3.2)产生形如 $A \Rightarrow \neg B$ 以及 $\neg A \Rightarrow B (B \Rightarrow \neg A$ 以及 $\neg B \Rightarrow A)$ 的规则；步骤(4)返回结果 PAR 和 NAR 并结束整个算法。

表 7.2 列出了 PNAR_MCS 算法在 $\rho_{\min} = 0$ 和 mc = 0.2 时不同长度的项集产生的正负关联规则数量。为了对比，表中列出了用单一支持度 ms(∗)(即 ms(1) = ms(2) = ms(3) = ms(4) = ms)分别是 0.025, 0.020, 0.017, 0.013, 0.01 和多级支持度 ms(1) = 0.025, ms(2) = 0.02, ms(3) = 0.017, ms(4) = 0.013 及 ms = 0.01 时的数量。表中有灰色背景的行表示出了这些数据的关系。这些数据同时说明了 MLMS 模型可以有效地控制正负关联规则的数量在一个适度的范围之内。

表 7.2　PNAR_MCS 算法产生的正负关联规则数量($\rho_{\min} = 0$, mc = 0.2)

支持度		项集	$A \Rightarrow B$	$A \Rightarrow \neg B$	$\neg A \Rightarrow B$	$\neg A \Rightarrow \neg B$	Total
ms(∗) = 0.025	$k = 2$	FIS	44	12	8	56	120
	$k = 3$	FIS	26	2	1	40	69
	Total		70	14	9	96	189
ms(∗) = 0.02	$k = 2$	FIS	47	14	9	60	130
	$k = 3$	FIS	54	2	1	88	145
	$k = 4$	FIS	11	0	0	14	25
	Total		112	16	10	162	300
ms(∗) = 0.017	$k = 2$	FIS	52	16	10	70	148
	$k = 3$	FIS	83	6	3	138	230
	$k = 4$	FIS	11	0	0	14	25
	Total		146	22	13	222	403
ms(∗) = 0.013	$k = 2$	FIS	62	24	13	90	189
	$k = 3$	FIS	133	12	5	240	390
	$k = 4$	FIS	32	0	0	36	68
	Total		227	36	18	366	647

续表

支持度		项集	$A \Rightarrow B$	$A \Rightarrow \neg B$	$\neg A \Rightarrow B$	$\neg A \Rightarrow \neg B$	Total
ms(*)=0.01	$k=2$	FIS	83	38	19	122	262
	$k=3$	FIS	202	22	9	362	595
	$k=4$	FIS	57	0	0	77	134
	Total		342	60	28	561	991
ms(1)=0.025 ms(2)=0.02 ms(3)=0.017 ms(4)=0.013 ms=0.01	$k=2$	FIS	47	14	9	60	130
		inFIS	—	24	10	62	96
	$k=3$	FIS	83	6	3	138	230
		inFIS	—	16	6	224	246
	$k=4$	FIS	32	0	0	36	68
		inFIS	—	0	0	41	41
	Total		162	60	28	561	811

注：ms(*)表示 ms(1),ms(2),ms(3),ms(4)和 ms。

表 7.3 列出了由 PNAR_MCS 产生的正负关联规则随最小相关度 ρ_{min} 变化的情况，随着 ρ_{min} 的增大，规则总数逐渐减少，说明修剪掉的规则数量随之增多，证明 PNAR_MCS 算法能够有效地修剪那些相关强度不高的正负关联规则。图 7.2 显示了 DS1~DS4 上各类规则数量随 ρ_{min} 的变化曲线。

表 7.3 PNAR_MCS 产生的正负关联规则随最小相关度 ρ_{min} 的变化情况

(ms(1)=0.025,ms(2)=0.02,ms(3)=0.017,ms(4)=0.013,ms=0.01,mc=0.2)

ρ_{min}	FIS 中的规则数量				inFIS 中的规则数量			总数
	$A \Rightarrow B$	$A \Rightarrow \neg B$	$\neg A \Rightarrow B$	$\neg A \Rightarrow \neg B$	$A \Rightarrow \neg B$	$\neg A \Rightarrow B$	$\neg A \Rightarrow \neg B$	
0	162	20	12	234	40	16	327	811
0.05	150	12	8	209	6	2	263	650
0.1	127	6	5	151	0	0	185	474
0.15	113	0	0	143	0	0	100	356
0.2	98	0	0	119	0	0	78	295
0.3	55	0	0	64	0	0	14	133

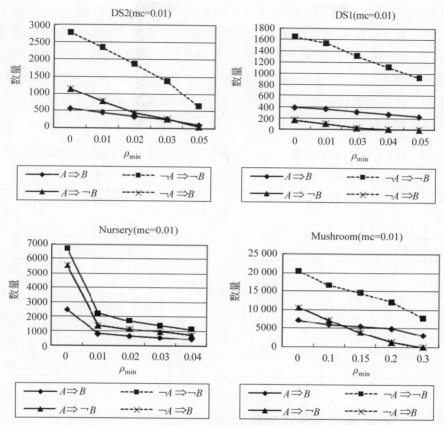

图 7.2　DS1～DS4 上各类规则数量随 $\rho_{\min}$ 的变化情况

7.4　基于多最小置信度的负关联规则修剪技术

虽然最小相关度的方法可以修剪那些相关强度不高的正负关联规则,但这仍然是不够的。从表 7.3 中可以看出,当 $\rho_{\min}$ 从 0 增大到 0.2 时,规则的总数从 811 下降到了 295,规则的数量是减少了,但是其中有大量的 $A \Rightarrow B$ 和 $\neg A \Rightarrow \neg B$ 型规则,$A \Rightarrow \neg B$ 以及 $\neg A \Rightarrow B$ 型的规则基本修剪没有了,所以修剪规则不能仅依靠提高 $\rho_{\min}$。当然,修剪规则的方法还有提高 mc(当然还可以提高 ms,这里讨论在 ms 不变的情况下如何修剪规则)。表 7.4 列出了 PNAR_MCS 产生的正负关联规则随最小置信度 mc 的变化情况。从表中可以看出,随着置信度的变化,当mc 从 0.2 变化到 0.5 时,$A\Rightarrow B$ 和 $\neg A\Rightarrow B$ 型规则的数量修剪较多,而 $A\Rightarrow\neg B$ 和 $\neg A\Rightarrow\neg B$ 型规则修剪较少,规则总数仍然很大,当 mc＝0.98 时,虽然关联规则的总数(93 个)不多了,但此时只有 $\neg A\Rightarrow\neg B$ 型的规则,其他几种类型的关联规则都被修剪没了,这充分说明了靠提高单一最小置信度来修剪规则的方法存在弊端。

表 7.4　PNAR_MCS 产生的正负关联规则随最小置信度 mc 的变化情况

$ms(1)＝0.025, ms(2)＝0.02, ms(3)＝0.017, ms(4)＝0.013, ms＝0.01, \rho_{\min}＝0.05$

mc	FIS 中的规则数量				inFIS 中的规则数量			总数
	$A\Rightarrow B$	$A\Rightarrow\neg B$	$\neg A\Rightarrow B$	$\neg A\Rightarrow\neg B$	$A\Rightarrow\neg B$	$\neg A\Rightarrow B$	$\neg A\Rightarrow\neg B$	
0.2	150	12	8	209	6	2	263	650
0.3	108	12	4	209	6	1	263	603
0.5	53	12	0	209	6	0	263	543
0.7	18	12	0	195	6	0	254	485
0.9	3	2	0	124	3	0	173	305
0.98	0	0	0	38	0	0	55	93

7.4.1　多置信度的必要性分析

直观上看,在购物篮分析中,设有商品 A、B,因 $s(A)$ 和 $s(B)$ 较小(如小于10%),则 $s(A\bigcup B)$ 较小,而规则 $A\Rightarrow B$ 的置信度 $c(A\Rightarrow B)$ 可能大,也可能小,但 $c(\neg A\Rightarrow\neg B)$ 肯定较大,如果对所有的规则采用统一置信度约束,则会出现这样的尴尬局面:若置信度较小,则会得到大量规则,导致用户无法从中选择真正需要的规则,而且会存在大量的不一定有兴趣的 $\neg A\Rightarrow\neg B$ 型规则;若置信度较大,则可能会漏掉许多有价值的正关联规则。因此,为不同形式的关联规则分别设置置信度是非常有必要的,但具体怎样设置还必须考虑 4 种关联规则置信度之间的相互关系。虽然有的文章讨论过基于不同支持度和置信度的关联规则挖掘问题,但都是局限于正关联规则,与我们讨论问题的角度不同。

根据负关联规则置信度的计算方法可知 4 种关联规则置信度之间存在如下

关系。

$$(1)\ c(A \Rightarrow \neg B) = \frac{s(A) - s(A \cup B)}{s(A)} = 1 - c(A \Rightarrow B) \tag{7.3}$$

$$(2)\ c(\neg A \Rightarrow B) = \frac{s(B) - s(A \cup B)}{1 - s(A)} = \frac{s(B) - s(A) \times c(A \cup B)}{1 - s(A)} \tag{7.4}$$

$$(3)\ c(\neg A \Rightarrow \neg B) = \frac{1 - s(A) - s(B) + s(A \cup B)}{1 - s(A)}$$

$$= \frac{1 - s(A) - s(B) + s(A) \times c(A \cup B)}{1 - s(A)} \tag{7.5}$$

下面看一下 $c(A \Rightarrow B)$ 值域与 $s(A)$ 和 $s(B)$ 的关系。

定理 7.4 $c(A \Rightarrow B)$ 的值域如下:

$$\mathrm{MAX}\left(0, \frac{s(A) + s(B) - 1}{s(A)}\right) \leqslant c(A \Rightarrow B) \leqslant \mathrm{MIN}\left(1, \frac{s(B)}{s(A)}\right) \tag{7.6}$$

证明:因为 $s(A \cup B) \leqslant \mathrm{MIN}(s(A), s(B))$,两边同除以 $s(A)$,得到 $c(A \Rightarrow B) \leqslant \mathrm{MIN}\left(1, \frac{s(B)}{s(A)}\right)$。

$s(A \cup B)$ 的极小值显然是 0,但是当 $s(A) + s(B) > 1$ 时,$s(A \cup B)$ 的极小值是 $s(A) + s(B) - 1$,即 $s(A \cup B) \geqslant \mathrm{MAX}(0, s(A) + s(B) - 1)$,两边同除以 $s(A)$,得到 $c(A \Rightarrow B) \geqslant \mathrm{MAX}\left(0, \frac{s(A) + s(B) - 1}{s(A)}\right)$。

证毕。

定理 7.4 给出了 $c(A \Rightarrow B)$ 的值域,根据负关联规则的函数表示,同样可以计算出 $A \Rightarrow \neg B$、$\neg A \Rightarrow B$、$\neg A \Rightarrow \neg B$ 的值域。

下面的讨论将考虑以下 4 种情况时 $c(A \Rightarrow B)$ 的变化对三种负关联规则置信度的影响。

(1) $s(A)$、$s(B)$ 都很小(如购物篮分析)。

(2) $s(A)$、$s(B)$ 都很大。

(3) $s(A)$ 很大、$s(B)$ 很小;

(4) $s(A)$ 很小、$s(B)$ 很大。

对于其他情况可以用类似的方法讨论。这里的很大或很小只是个模糊的概念,但为了讨论的方便,给出一个界线,$s(A)$、$s(B)$ 很小时取值 0.1,很大时取值

0.9。下面的讨论不仅给出了 4 种关联规则置信度的值域,如表 7.5 所示,它们的变化曲线如图 7.3 所示,图中用半透明灰色背景表示了相关系数为 $-0.1\sim0.1$ 的区域,根据前面的讨论,该区域内可以不挖掘规则,但是需要视具体情况而定。

表 7.5　4 种情况下各个置信度对应的值域

	$s(A)$、$s(B)$ 都很小	$s(A)$、$s(B)$ 都很大	$s(A)$很小、$s(B)$很大	$s(A)$很大、$s(B)$很小
$c(A{\Rightarrow}B)$	$[0,1]$	$[0.89,1]$	$[0,1]$	$[0,0.11]$
$c(A{\Rightarrow}\neg B)$	$[0,1]$	$[0,0.11]$	$[0,1]$	$[0.89,1]$
$c(\neg A{\Rightarrow}B)$	$[0,0.11]$	$[0,1]$	$[0.89,1]$	$[0,1]$
$c(\neg A{\Rightarrow}\neg B)$	$[0.89,1]$	$[0,1]$	$[0,0.11]$	$[0,1]$

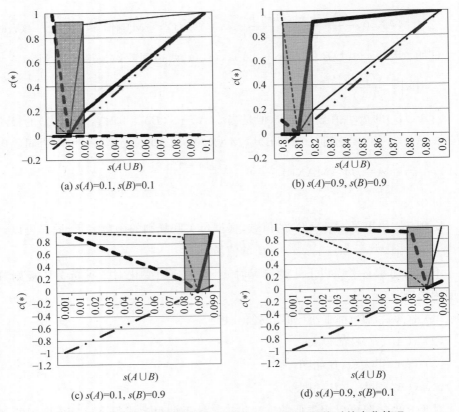

(a) $s(A)=0.1$, $s(B)=0.1$

(b) $s(A)=0.9$, $s(B)=0.9$

(c) $s(A)=0.1$, $s(B)=0.9$

(d) $s(A)=0.9$, $s(B)=0.1$

图 7.3　4 种关联规则置信度在 $s(A)$、$s(B)$ 不同取值时的变化情况

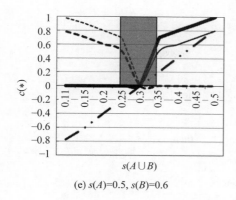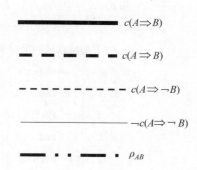

(e) $s(A)=0.5$, $s(B)=0.6$

图 7.3　（续）

7.4.2　算法和实验结果

从图 7.3 中可以看出，置信度的取值对关联规则有着非常大的影响。以第一种情况——即典型的购物篮分析情况为例，当 $s(A)$、$s(B)$ 都很小时，$c(\neg A \Rightarrow \neg B)$ 非常大，如果使用一个置信度（如 0.6）的话，结果中将会存在大量的 $\neg A \Rightarrow \neg B$ 型规则，这显然是不合理的。采用多最小置信度技术——即为每一种类型的关联规则分别设定最小置信度，很好地解决了这一问题，例如，用 mc_11、mc_10、mc_01、mc_00 分别表示 $c(A \Rightarrow B)$、$c(A \Rightarrow \neg B)$、$c(\neg A \Rightarrow B)$、$c(\neg A \Rightarrow \neg B)$ 的最小置信度，可以得到下面的算法。

算法 7.4　PNAR_MMC 算法

输入：mc_11、mc_10、mc_01、mc_00：最小置信度；$\rho_{\min}$（$0 \leqslant \rho_{\min} \leqslant 1$）：最小相关度。

输出：PAR：正关联规则集合；NAR：负关联规则集合。

(1) **CALL** Apriori_MLMS；

(2) PAR $= \varnothing$；NAR $= \varnothing$；

(3) /* 从 IFS 和 inFIS 中产生所有的 PARs 和 NARs */

　　for any itemset X in FIS∪in FIS **do begin**

　　　　for any itemset $A \cup B = X$ and $A \cap B = \varnothing$ **do begin**

用式 7.2 计算 ρ_{AB};

(3.1) / * 产生形如 $A \Rightarrow B$ 和 $\neg A \Rightarrow \neg B$ 的规则 * /

　　　/ * PARs 仅从频繁项集中产生 * /

if $\rho_{AB} \geqslant \rho_{\min}$ **then begin**

　　if X in FIS **and** $c(A \Rightarrow B) \geqslant$ mc_11　**then**

　　　PAR = PAR $\bigcup \{A \Rightarrow B\}$;

　　if X in FIS **and** $c(B \Rightarrow A) \geqslant$ mc_11　**then**

　　　PAR = PAR $\bigcup \{B \Rightarrow A\}$;

　　if $c(\neg A \Rightarrow \neg B) \geqslant$ mc_00　**then**

　　　NAR = NAR $\bigcup \{\neg A \Rightarrow \neg B\}$;

　　if $c(\neg B \Rightarrow \neg A) \geqslant$ mc_00　**then**

　　　NAR = NAR $\bigcup \{\neg B \Rightarrow \neg A\}$;

end;

(3.2) / * 产生形如 $A \Rightarrow \neg B$ 以及 $\neg A \Rightarrow B$ 的规则 * /

if $\rho_{AB} \leqslant -\rho_{\min}$ **then begin**

　　if $c(A \Rightarrow \neg B) \geqslant$ mc_10　**then**

　　　NAR = NAR $\bigcup \{A \Rightarrow \neg B\}$;

　　if $c(B \Rightarrow \neg A) \geqslant$ mc_10　**then**

　　　NAR = NAR $\bigcup \{B \Rightarrow \neg A\}$;

　　if $c(\neg A \Rightarrow B) \geqslant$ mc_01　**then**

　　　NAR = NAR $\bigcup \{\neg A \Rightarrow B\}$;

　　if $c(\neg B \Rightarrow A) \geqslant$ mc_01　**then**

　　　NAR = NAR $\bigcup \{\neg B \Rightarrow A\}$;

　　end;

　　end;

　end;

(4) **return** PAR and NAR;

　　算法 PNAR_MMC 与算法 PNAR_MCS 的不同之处在于用了 4 个最小置信度对不同类型的规则进行修剪。

　　实验结果如表 7.6 和图 7.4 所示。为了便于比较,表 7.6 中包含表 7.4 中的单一置信度时的数据,mc_ * =0.2 代表 mc_11=mc_10=mc_01=mc_00=0.2,同时还包含对 4 种类型的关联规则分别设定最小置信度时的数据。图 7.4 列出了 DS1~DS4 的实验结果。从表和图中可以看出,当用多置信度时,可以对不同类型的规则分别修剪,规则的总数可以进行灵活控制,该实验表明了使用多置信度的必要性,同时表明 PNAR_MMC 算法对修剪规则是非常有效的。

表 7.6 PNAR_MMC 算法在 DS5 上产生的正负关联规则

$(\mathrm{ms}(1)=0.025, \mathrm{ms}(2)=0.02, \mathrm{ms}(3)=0.017, \mathrm{ms}(4)=0.013, \mathrm{ms}=0.01, \rho_{\min}=0.05)$

mc_ *	FIS 中的规则数量				inFIS 中的规则数量			总数
	$A \Rightarrow B$	$A \Rightarrow \neg B$	$\neg A \Rightarrow B$	$\neg A \Rightarrow \neg B$	$A \Rightarrow \neg B$	$\neg A \Rightarrow B$	$\neg A \Rightarrow \neg B$	
mc_ * =0.2	150	12	8	209	6	2	263	650
mc_ * =0.3	108	12	4	209	6	1	263	603
mc_ * =0.5	53	12	0	209	6	0	263	543
mc_ * =0.7	18	12	0	195	6	0	254	485
mc_ * =0.9	3	2	0	124	3	0	173	305
mc_ * =0.98	0	0	0	38	0	0	55	93
mc_11=0.2, mc_10=0.3, mc_01=0.2, mc_00=0.9	150	12	8	124	6	2	173	475
mc_11=0.3, mc_10=0.7, mc_01=0.3, mc_00=0.9	108	12	4	124	6	1	173	428
mc_11=0.5, mc_10=0.7, mc_01=0.2, mc_00=0.98	53	12	8	38	6	2	55	174

注: mc_ * 代表 mc_11,mc_10,mc_01 和 mc_00。

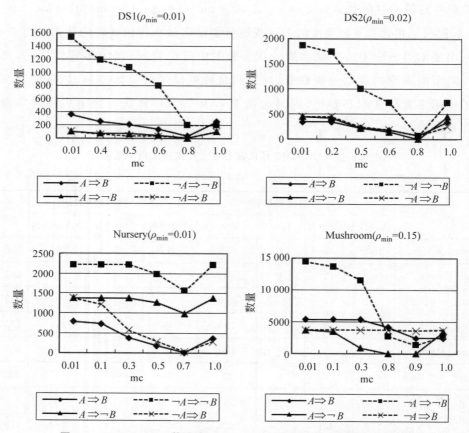

图 7.4　PNAR_MMC 算法在 DS1～DS4 上产生的正负关联规则数量

7.5　基于逻辑推理的负关联规则修剪技术

尽管上述两种方法可以在一定程度上修剪一些规则,但是结果集中的规则数量还是非常多,使用户难以选择,需要有更进一步的修剪方法。

前面讨论了正关联规则中的冗余规则修剪问题,比较典型的例子是:如果有三条关联规则: $A{\Rightarrow}BC$、$A{\Rightarrow}B$、$A{\Rightarrow}C$,那么 $A{\Rightarrow}B$、$A{\Rightarrow}C$ 对 $A{\Rightarrow}BC$ 来说是冗余的,因为 $A{\Rightarrow}B$、$A{\Rightarrow}C$ 可以由 $A{\Rightarrow}BC$ 推导出来,因为 $s(A{\Rightarrow}B)\geqslant s(A{\Rightarrow}$

BC)，$c(A \Rightarrow B) \geqslant c(A \Rightarrow BC)$。这种修剪方法在正关联规则挖掘中是没有问题的，但在研究负关联规则后就不一定成立了，因为研究负关联规则时必须考虑项集间的相关性，因为 $A \cup BC$、$A \cup B$、$A \cup C$ 的相关性不一定相同。表 7.7 列出了 PNARC 算法对表 1.1 中的频繁项集（ms=0.3）进行挖掘的结果，从中可以看出，规则 $B \Rightarrow CD$，$B \Rightarrow D$ 是一条正关联规则，但是 $B \Rightarrow C$ 不是规则，因为根据 PNARC 算法，$\mathrm{corr}_{B,C} = 0.95 < 1$，只能挖掘负关联规则，$B \Rightarrow C$ 根本不是规则，$B \Rightarrow \neg C$ 才是规则。

表 7.7　PNARC 算法对表 1.1 中的频繁项集（ms=0.3）进行挖掘的结果

项集	$s(X \cup Y)$	规则	$c(*)$	$s(X)$	$s(Y)$	$s(X \cup Y)$	corr
AB	0.3	$A \Rightarrow \neg B$	0.4	0.5	0.7	0.3	0.85
		$B \Rightarrow \neg A$	0.57	0.7	0.5	0.3	
		$\neg B \Rightarrow A$	0.67	0.7	0.5	0.3	
		$\neg A \Rightarrow B$	0.8	0.5	0.7	0.3	
AC	0.3	$A \cup C$	—	0.5	0.6	0.3	1
AD	0.3	$A \cup D$	—	0.5	0.6	0.3	1
BC	0.4	$B \Rightarrow \neg C$	0.43	0.7	0.6	0.4	0.95
		$C \Rightarrow \neg B$	0.33	0.6	0.7	0.4	
		$\neg B \Rightarrow C$	0.67	0.7	0.6	0.4	
		$\neg C \Rightarrow B$	0.75	0.6	0.7	0.4	
BD	0.6	$D => B$	1	0.6	0.7	0.6	1.43
		$B => D$	0.86	0.7	0.6	0.6	
		$\neg D \Rightarrow \neg B$	0.75	0.6	0.7	0.6	
		$\neg B \Rightarrow \neg D$	1	0.7	0.6	0.6	
BF	0.3	$B \Rightarrow \neg F$	0.57	0.7	0.5	0.3	0.86
		$F \Rightarrow \neg B$	0.4	0.5	0.7	0.3	
		$\neg F \Rightarrow B$	0.8	0.5	0.7	0.3	
		$\neg B \Rightarrow F$	0.67	0.7	0.5	0.3	

项集	$s(X \cup Y)$	规则	$c(*)$	$s(X)$	$s(Y)$	$s(X \cup Y)$	corr
CD	0.3	$C \Rightarrow \neg D$	0.5	0.6	0.6	0.3	0.83
		$D \Rightarrow \neg C$	0.5	0.6	0.6	0.3	
		$\neg D \Rightarrow C$	0.75	0.6	0.6	0.3	
		$\neg C \Rightarrow D$	0.75	0.6	0.6	0.3	
CF	0.3	$C \cup F$	—	0.6	0.5	0.3	1
ABD	0.3	$(AD) \Rightarrow B$	1	0.3	0.7	0.3	1.43
		$B \Rightarrow (AD)$	0.43	0.7	0.3	0.3	
		$\neg (AD) \Rightarrow \neg B$	0.43	0.3	0.7	0.3	
		$\neg B \Rightarrow \neg (AD)$	1	0.7	0.3	0.3	
		$(AB) \Rightarrow D$	1	0.3	0.6	0.3	1.67
		$D \Rightarrow (AB)$	0.5	0.6	0.3	0.3	
		$\neg (AB) \Rightarrow \neg D$	0.57	0.3	0.6	0.3	
		$\neg D \Rightarrow \neg (AB)$	1	0.6	0.3	0.3	
		$A \cup (BD)$	—	0.5	0.6	0.3	1
BCD	0.3	$(BC) \Rightarrow D$	0.75	0.4	0.6	0.3	1.25
		$D \Rightarrow (BC)$	0.5	0.6	0.4	0.3	
		$\neg D \Rightarrow \neg (BC)$	0.75	0.6	0.4	0.3	
		$\neg (BC) \Rightarrow \neg D$	0.5	0.4	0.6	0.3	
		$(CD) \Rightarrow B$	1	0.3	0.7	0.3	1.43
		$B \Rightarrow (CD)$	0.43	0.7	0.3	0.3	
		$\neg B \Rightarrow \neg (CD)$	1	0.7	0.3	0.3	
		$\neg (CD) \Rightarrow \neg B$	0.43	0.3	0.7	0.3	
		$(BD) \Rightarrow \neg C$	0.5	0.6	0.6	0.3	0.83
		$C \Rightarrow \neg (BD)$	0.5	0.6	0.6	0.3	
		$\neg (BD) \Rightarrow C$	0.75	0.6	0.6	0.3	
		$\neg C \Rightarrow (BD)$	0.75	0.6	0.6	0.3	

下面给出一组基于逻辑推理的定理,称为 LOGIC 定理,用于正负关联规则中冗余规则的修剪。

定理 7.5　设 $A,B \subseteq I$ 且 $A \cap B = \varnothing$, $B' \subset B$,若 $A \Rightarrow B$ 是一条有效的正关联规则,如果 $\text{corr}_{A,B'} > 1$,则 $A \Rightarrow B'$ 也是一条有效正关联规则,并且是 $A \Rightarrow B$ 的冗余规则。

证明: $\text{corr}_{A,B'} > 1$ 保证 $A \Rightarrow B'$ 是一条有效的正关联规则,显然 $c(A \Rightarrow B') \geqslant c(A \Rightarrow B) \geqslant \text{mc}$,证毕。

虽然在没有验证相关性的情况下,不能由规则 $A \Rightarrow B$ 推出 $A \Rightarrow B'$ 也是有效正关联规则,但是如果已知 $A \Rightarrow B$ 和 $A \Rightarrow B'$ 都是正关联规则的前提下,那么 $A \Rightarrow B'$ 对 $A \Rightarrow B$ 就是冗余的,可以修剪。该定理说明,对 $A \Rightarrow B$ 型规则,若 B 的任何真子集 B' 有 $\text{corr}_{A,B'} > 1$,则 $A \Rightarrow B'$ 是 $A \Rightarrow B$ 的冗余规则。

例如,s 表 7.7 中的规则 $B \Rightarrow CD$,因 $\text{corr}_{B,D} = 1.43 > 1$,$B \Rightarrow D$ 是一条正关联规则,是 $B \Rightarrow CD$ 的冗余规则,可以修剪掉,但因 $B \Rightarrow C$ 不是有效规则。

对于 $A \Rightarrow \neg B$ 型的冗余规则有如下定理。

定理 7.6　设 $A,B \subseteq I$ 且 $A \cap B = \varnothing$, $B' \subset B$,若 $A \Rightarrow \neg B'$ 是一条有效的负关联规则,如果 $\text{corr}_{A,B} < 1$,则 $A \Rightarrow \neg B$ 也是一条有效负关联规则,并且是 $A \Rightarrow \neg B'$ 的冗余规则。

证明:

因为

$$s(A \cup B') \geqslant s(A \cup B)$$

所以

$$c(A \Rightarrow \neg B) = \frac{s(A) - s(A \cup B)}{s(A)} \geqslant \frac{s(A) - s(A \cup B')}{s(A)}$$

$$= c(A \Rightarrow \neg B') \geqslant \text{mc}$$

又因为 $\text{corr}_{A,B} < 1$,说明 $A \Rightarrow \neg B$ 可以由 $A \Rightarrow \neg B'$ 导出,相对 $A \Rightarrow \neg B'$ 是冗余的。

证毕。

该定理说明,对 $A \Rightarrow \neg B'$ 型规则,若 B' 的任何超集 B 有 $\text{corr}_{A,B} < 1$,则 $A \Rightarrow \neg B$ 是 $A \Rightarrow \neg B'$ 的冗余规则。

例如,表 7.7 中的规则 $C \Rightarrow \neg B$,因 $corr_{C,BD} = 0.83 < 1$,$C \Rightarrow \neg(BD)$ 是一条负关联规则,是 $C \Rightarrow \neg B$ 的冗余规则,可以修剪掉。

定理 7.7 设 $A, B \subseteq I$ 且 $A \cap B = \varnothing$,$B' \subset B$,若 $\neg A \Rightarrow B$ 是一条有效的负关联规则,如果 $corr_{A,B'} < 1$,则 $\neg A \Rightarrow B'$ 也是一条有效负关联规则,并且是 $\neg A \Rightarrow B$ 的冗余规则。

证明:

因为

$$s(B') \geqslant s(B), \quad s(\neg A \cup B') \geqslant s(\neg A \cup B)$$

所以

$$c(\neg A \Rightarrow B') = \frac{s(\neg A \cup B')}{s(\neg A)} \geqslant \frac{s(\neg A \cup B)}{s(\neg A)} = c(\neg A \Rightarrow B) \geqslant \mathrm{mc}$$

又因为 $corr_{A,B'} < 1$,说明 $\neg A \Rightarrow B'$ 可以由 $\neg A \Rightarrow B$ 导出,相对 $\neg A \Rightarrow B$ 是冗余的。

证毕。

例如,表 7.7 中的规则 $\neg C \Rightarrow (BD)$,因 $\neg C \Rightarrow B$、$\neg C \Rightarrow D$ 都是有效负关联规则,按照定理 7.7,都是规则 $\neg C \Rightarrow (BD)$ 的冗余规则,可以修剪掉。

定理 7.8 设 $A, B \subseteq I$ 且 $A \cap B = \varnothing$,$B' \subset B$,若 $\neg A \Rightarrow \neg B'$ 是一条有效的负关联规则,如果 $corr_{A,B} > 1$,则 $\neg A \Rightarrow \neg B$ 也是一条有效负关联规则,并且是 $A \Rightarrow \neg B'$ 的冗余规则。

证明:

因为

$$s(\neg A \cup \neg B') \geqslant s(\neg A \cup \neg B)$$

所以

$$c(\neg A \Rightarrow \neg B) = \frac{s(\neg A) - s(\neg A \cup B)}{s(\neg A)} \geqslant \frac{s(\neg A) - s(\neg A \cup B')}{s(\neg A)}$$

$$= c(\neg A \Rightarrow \neg B') \geqslant \mathrm{mc}$$

又因为 $corr(A, B) > 1$,说明 $\neg A \Rightarrow \neg B$ 可以由 $\neg A \Rightarrow \neg B'$ 导出,相对 $A \Rightarrow \neg B'$ 是冗余的。

证毕。

例如,表 7.7 中的规则 $\neg B \Rightarrow \neg D$,因 $\neg B \Rightarrow \neg(AD)$、$\neg B \Rightarrow \neg(CD)$ 都是有效负关联规则,按照定理 7.8,都是规则 $\neg B \Rightarrow \neg D$ 的冗余规则,可以修剪掉。

定理 7.5～7.8 说明了 4 种类型的正负关联规则的冗余规则情况,可以根据这 4 个定理进行正负关联规则的进一步修剪。需要说明的是,这 4 个定理可以归结为两种情况:规则的后件是正项集和负项集的情况,而对于规则的前件如何修剪,尚需进一步的研究。

根据定理 7.5～7.8 对表 7.6 中的规则进一步修剪后的规则数量如表 7.8 所示,在 DS1-DS4 上的正负关联规则修剪结果(与 PNARC 比较)如图 7.5 和图 7.6 所示。从中可以看出,正负关联规则的修剪率都在 40% 以上,当 mc_ * =0.98 时修剪率到了 83.87%,说明定理 7.5～7.8 对规则的修剪是非常有效的。

表 7.8　定理 7.5～7.8 对表 7.6 中的数据进行修剪前后的对比

mc_ *	修剪前规则总数	修剪掉规则数量	剩余规则总数	修剪率/%
mc_ * =0.2	650	262	388	40.31
mc_ * =0.3	603	258	345	42.79
mc_ * =0.5	543	235	308	43.28
mc_ * =0.7	485	220	265	45.36
mc_ * =0.9	305	211	94	69.18
mc_ * =0.98	93	78	15	83.87
mc_11=0.2,mc_10=0.3,mc_01=0.2,mc_00=0.9	475	264	211	55.58
mc_11=0.3,mc_10=0.7,mc_01=0.3,mc_00=0.9	428	260	168	60.75
mc_11=0.5,mc_10=0.7,mc_01=0.2,mc_00=0.98	174	104	70	59.77

注:mc_ * 代表 mc_11,mc_10,mc_01 和 mc_00

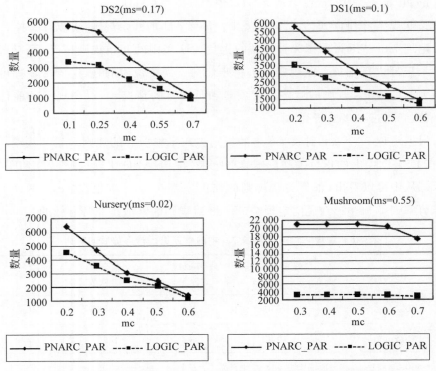

图 7.5 定理 7.5～7.8 在 DS1～DS4 上的正关联规则的修剪结果

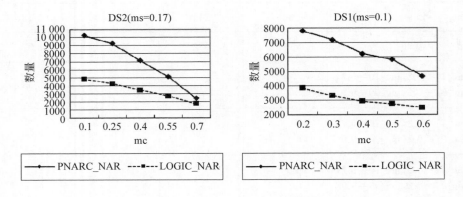

图 7.6 定理 7.5～7.8 在 DS1～DS4 上的负关联规则的修剪结果

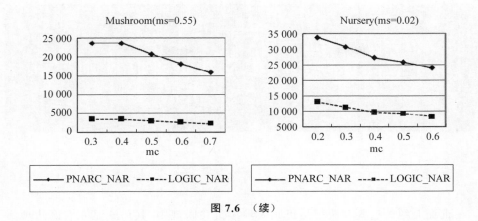

图 7.6 （续）

小　　结

本章主要讨论了负关联规则的修剪技术。首先介绍了正关联规则修剪的有关技术,其次介绍了适用于正关联规则的最小冗余的无损关联规则集表述方法,再次讨论了最小相关度的负关联规则修剪技术,接下来讨论了基于多最小置信度的负关联规则修剪技术,最后讨论了基于逻辑推理的负关联规则修剪技术。

第8章 负频繁项集及其负关联规则挖掘

前面介绍的这些算法都是正频繁项集负关联规则,其形式是左右两边项集全正或者全负,如$(a_1a_2) \Rightarrow \neg(b_1b_2)$、$\neg(a_1a_2) \Rightarrow (b_1b_2)$,实际上,形如$a_1 \neg a_2 b_1 \neg b_2$的负频繁项集可以得到形如$a_1 \neg a_2 \Rightarrow b_1 \neg b_2$的负关联规则,因这种形式打破了关联规则左右两边项集全正或者全负的局限,有时能够提供更多的决策信息,但也遇到了新的挑战。本章介绍负频繁项集及其负关联规则挖掘方法,8.1节介绍负频繁项集的挖掘方法,8.2节论述多支持度的负频繁项集挖掘方法,8.3节讨论负频繁项集中的负关联规则挖掘方法、遇到的问题及解决方案,最后是本章小结。

8.1 负频繁项集挖掘方法——e-NFIS 算法

要挖掘形如$a_1 \neg a_2 \Rightarrow b_1 \neg b_2$的负关联规则需要两个步骤:①先挖掘形如$a_1 \neg a_2 b_1 \neg b_2$的负频繁项集(NFIS);②从这些 NFIS 中挖掘负关联规则。由于步骤①比步骤②难度大,因而多数研究集中在步骤①,并且使用了类似挖掘正频繁项集(PFIS)的方法来挖掘 NFIS。为了简便,本章仅从正频繁项集(PFIS)中挖掘出负频繁项集,从而可以仅利用正频繁项集的有关信息计算负候选项集(NCIS)的支持度,而不用再次扫描数据库。下面详细讨论。

8.1.1 负候选项集支持度计算方法

为了提高算法的效率,我们的思路是在得到 PFIS 后,不用再次扫描数据库,仅利用 PFIS 的相关信息用公式计算 NCIS 的支持度,从而大幅提高时间效率。其总体框架如下。

(1)用挖掘正频繁项集的经典算法 Apriori(或其他算法)等挖掘出所有的正频繁项集。

(2)通过一种有效的方法产生 NCIS。

(3)通过公式计算出 NCIS 的支持度,与 ms 比较后得到负频繁项集。

NCIS 的生成方法如下:对于 k-频繁项集 X,将 X 中任意 $m(m=1,2,\cdots,k-1)$ 个不相交的项变成对应的负项,就能得到 X 的所有负候选项集。这里不生成所有项都是负项的候选,即不生成 $m=k$ 时的候选。

例 8.1 对于 3-项集(abc),其 NCIS 包括:
$$\begin{cases}(\neg abc),(a\neg bc),(ab\neg c), & m=1\\ (a\neg b\neg c),(\neg ab\neg c),(\neg a\neg bc), & m=2\end{cases}$$

显然这种做法能够得到一个 PFIS 的全部 NCIS。

下面讨论 NCIS 支持度的计算方法。本章利用李学明等提出的计算公式(利用了容斥定理)。

设 $X=\{x_1,x_2,\cdots,x_p\}$,$x_k\in I(k=1,2,\cdots p)$,$Y_q=\{y_1,y_2,\cdots,y_q\}$,$\neg Y_q=\{\neg y_1,\neg y_2,\cdots,\neg y_q\}$,$y_k\in I(k=1,2,\cdots,q)$,那么有

$$s(X\neg Y^q)=s(X\neg y_1,\neg y_2,\cdots,\neg y_q)$$
$$=s(X)-\sum_{i1\subset Y_q}s(Xy_{i1})+\sum_{i_1,i_2\subset Y_q}s(Xy_{i1},y_{i2})+\cdots+$$
$$(-1)^{q-1}\sum_{i_1,i_2,\cdots,i_{q-1}\subset Y^q}s(Xy_{i1},y_{i2},\cdots,y_{iq-1})+(-1)^qs(XY^q)$$
$$(8.1)$$

特别地,如果 NCIS 仅包含一个负项,其支持度为:
$$s(\neg x)=|D|-s(x) \qquad (8.2)$$

例 8.2 $s(\neg a\neg bc)=s(c)-(-1)^1[s(ac)+s(bc)]+(-1)^2s(abc)$

8.1.2 算法设计及实验结果

算法 8.1 e-NFIS

输入:数据库 D,最小支持度 ms。

输出：PFIS 和 NFIS。

(1)　用 Apriori 算法得到所有的 PFIS 及其支持度；

(2)　//挖掘 NFIS

(3)　**for** any itemset X in PFIS **do begin**

(4)　　/ * X 仅包含一个项时 * /

(5)　　**if** length$(X)=1$ **then begin**

(6)　　　$s(\neg X)=|D|-s(X)$;

(7)　　　**if** $s(\neg X)>=$ ms **then** NFIS$=$ NFIS$\cup(\neg X)$;

(8)　　**end**;

(9)　　**else begin**

(10)　　　**for** any itemset A, $B=\{b_1,b_2,\cdots,b_n\}$, $(A\cup B=X)\wedge(A\cap B=\varnothing)$ **do begin**

(11)　　　　ncis$=(a_1 a_2\cdots a_m \neg b_1 \neg b_2\cdots \neg b_n)$;

(12)　　　　用公式(8.1)计算 s(ncis);

(13)　　　　**if** s(ncis)$>=$ ms **then** NFIS$=$ NFIS$\cup$(ncis);

(14)　　　**end**;

(15)　　**end**;

(16) **end**;

(17) **return** PFIS and NFIS;

步骤(1)用 Apriori 算法得到 PFIS 和它们的支持度；步骤(2)～(16)挖掘 NFIS，其中，步骤(5)～(8)计算仅包含一项的 NFIS，步骤(9)～(15)计算包含多项目的 NFIS；步骤(17)返回结果。

为了更好地理解算法，下面通过一个例子来说明，示例数据库如表 8.1 所示（假设 ms＝0.3）。

表 8.1　示例数据库

TID	项　　集	TID	项　　集
1	a,b,c	6	a,b,c,f
2	b,d	7	b,d,e
3	a,e	8	a,f
4	a,b,c,f	9	c,d,e
5	c,d	10	c,d,e

步骤 1：用 Apriori 挖掘 PFIS。

PFIS=$\{a(5)$，$b(5)$，$c(6)$，$d(5)$，$e(4)$，$f(3)$，ab(3)，ac(3)，af(3)，bc(3)，cd(3)，de(3)，abc$(3)\}$

步骤 2：从 PFIS 生成 NCIS。

NCIS=$\{\neg a$，$\neg b$，$\neg c$，$\neg d$，$\neg e$，$\neg f$，$\neg$ab，$a \neg b$，$\neg$ac，$a \neg c$，

$\neg$af，$a \neg f$，$\neg$bc，$b \neg c$，$\neg$cd，$c \neg d$，$\neg$de，$d \neg e$，

$\neg$abc，$a \neg$bc，ab$\neg c$，$a \neg b \neg c$，$\neg$ab$\neg c$，$\neg a \neg$bc$\}$。

步骤 3：应用式(8.1)和式(8.2)得到 NCIS 的支持度。部分 NCIS 的支持度计算如下，其余的可以参照计算。

$$s(\neg a)=10-s(a)=5$$
$$s(\neg b)=10-s(b)=5$$
$$s(\neg c)=10-s(c)=4$$
$$s(\neg ab)=s(b)-s(ab)=5-3=2$$
$$s(a \neg b)=s(a)-s(ab)=5-3=2$$
$$s(\neg ac)=s(c)-s(ac)=6-3=3$$
$$s(\neg a \neg bc)=s(c)-(-1)^1\left[s(ac)+s(bc)\right]+(-1)^2 s(abc)$$
$$=6-(3+3)+3=3$$

最终得到 NFIS=$\{\neg a, \neg b, \neg c, \neg d, \neg e, \neg f, \neg ac, \neg bc, \neg a \neg bc\}$

e-NFIS 在 DS1~DS4 上的挖掘结果如图 8.1 所示。

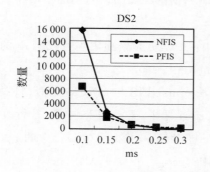
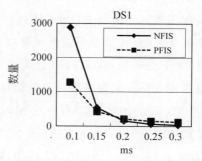

图 8.1 e-NFIS 在 DS1~DS4 上的挖掘结果

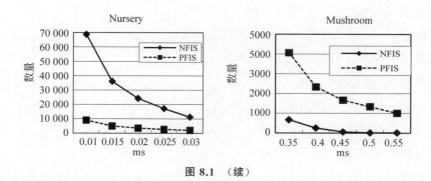

图 8.1 （续）

8.2 基于多支持度的负频繁项集挖掘算法
——e-msNFIS 算法

在一些应用中,负频繁项集中也需要用到多支持度,下面讨论相关定义及算法。

定义 8.1 最小负项支持度阈值:假设 $I = \{i_1, i_2, \cdots, i_m\}$ 是不同正项的集合,$NI = \{\neg i_1, \neg i_2, \cdots, \neg i_n\}$ 是 I 对应的负项的集合,对于 $\forall \neg i \subset NI$,设定的 $\neg i$ 最小支持度阈值为 $MIS(\neg i)$。

定义 8.2 负项集的最小支持度阈值:给定项集 $A = \{a_1, \neg a_2, \cdots, \neg a_k\}$,其最小支持度阈值 $ms(A) = \min[MIS(a_1), MIS(\neg a_2), \cdots, MIS(\neg a_k)]$,即项集中包含正项以及负项的最小 MIS 值。

定义 8.3 多支持度下的负频繁项集:A 是负频繁项集当且仅当 A 的支持度 $s(A)$ 大于或等于 $ms(A)$,即 $s(A) \geqslant ms(A)$。

基于多支持度的负频繁项集挖掘算法 e-msNFIS 与 e-NFIS 类似,只要把 e-NFIS 中第(1)行中的 Apriori 改成 Msapriori 算法,把 e-NFIS 中第(7)行改成 **if** $s(\neg X) \geqslant MIS(\neg X)$ **then** $NFIS = NFIS \cup (\neg X)$,并把第(15)行中的 ms 改成 $\min(MIS(ncis[a_1]) \cdots MIS(ncis[a_m]), MIS(ncis[\neg b_1]) \cdots, MIS(ncis[\neg b_n]))$ 即可得到 e-msNFIS 算法。

仍然使用 6.5 节中的方法来分配每个项的 MIS 值,项在数据库中的实际发生频率作为 MIS 分配的基础。

在这个实验中,通过比较 e-NFIS 和 e-msNFIS 算法的运行时间以及产生的负频繁项集的个数来分析算法的性能。运行时间是以 s 为单位,负频繁项集是以个为单位。设置 $\beta=0.6$ 和不同的 LS 值来反映这 4 个数据集的不同。实验结果如图 8.2 和图 8.3 所示。

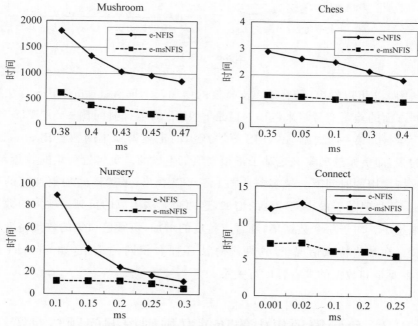

图 8.2 e-NFIS 和 e-msNFIS 挖掘的运行时间比较(单位:s)

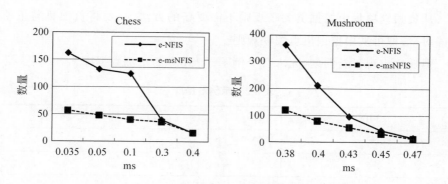

图 8.3 e-NFIS 和 e-msNFIS 挖掘的负频繁项集数量比较

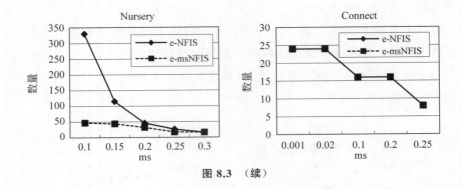

图 8.3 （续）

从图 8.2 可以看出，随着最小支持度的增加，e-NFIS 和 e-msNFIS 算法在运行时间方面的差距变得越来越小。但是 e-NFIS 的运行时间比 e-msNFIS 多，这是因为运行完第一步之后，e-NFIS 算法产生的正频繁项集的数量比 e-msNFIS 算法的多，而负候选项集又是基于正频繁项集生成的。负候选项集的数量越多，计算支持度用的时间就会越多。从图 8.3 可以看出，虽然不同项集拥有的项的数量也不同，但随着最小支持度的增加，这两个算法生成的负频繁项集的数量差距越来越小。对于每个数据集，随着支持度的增加，负频繁项集的数量将变得越来越少。在某些特殊情况下，这两个算法还拥有相同的结果，如 connect 数据集，这主要是和数据的稠密程度有关系。

8.3　负频繁项集中的负关联规则挖掘问题与对策

从负频繁项集中挖掘负关联规则不需要新的方法，只要将负项目与正项目同等对待，即可从中挖掘出负关联规则。

但随之出现了新问题，先来看个例子。表 8.2 为示例数据库。

表 8.2　示例数据库

TID	项　　集
1	a, b, c
2	d

续表

TID	项　集
3	a,c
4	a,b,c
5	a,b,c,d

$s(a)=0.8, s(b)=0.6, s(c)=0.8, s(bc)=0.6, s(\neg bc)=0.2, s(abc)=0.6,$
$s(a\neg bc)=0.2, s(d)=0.4$

$\text{corr}(a,(bc))=s(abc)/(s(a)s(bc))=0.6/(0.8\times0.6)=1.25>1$

$\text{corr}(a,(\neg bc))=s(a\neg bc)/(s(a)s(\neg bc))=0.2/(0.8\times0.2)=1.25>1$

根据 PNARC 模型的原则，$a\Rightarrow\neg bc$ 与 $a\Rightarrow bc$ 都是正相关，都可以生产规则，于是得到规则 $a\Rightarrow\neg bc$ 和 $a\Rightarrow bc$，但很明显这两条规则相互矛盾，不可能同时用于决策，这个例子说明原来的仅从正频繁项集中挖掘负关联规则时会出现问题，必须加以处理。

由于没有可供参考的方法，本书采用二次相关判断方法解决该问题。也就是说，对于 $a\Rightarrow\neg bc$ 和 $a\Rightarrow bc$，判断 a 和 $\neg bc$ 及 a 和 bc 的相关性，如果是正相关，再判断 $\neg b$ 和 c 以及 b 和 c 的相关性，只有正相关的才出现在结果中；如果 a 和 $\neg bc$ 是负相关，则会考虑生成规则 $\neg a\Rightarrow\neg bc$，同样再看 b 和 c 的相关性。具体分为如下三种情况。

（1）仅规则的后件含有负项的情况，如前件是 a，后件是 $b_1\neg b_2$。

先判断 a 和 $b_1\neg b_2$ 的相关性，若大于1，则生成规则 $a\Rightarrow b_1\neg b_2$；若小于1，则考虑生成规则 $\neg a\Rightarrow b_1\neg b_2$。然后再判断 b_1 和 $\neg b_2$ 的相关性，只有正相关的才出现在结果中。我们不产生形如 $a\Rightarrow\neg(b_1\neg b_2)$ 的规则。

如上例，首先判断规则前件和后件的相关性，然后再判断 $\neg b$ 和 c 以及 b 和 c 的相关性。

$\text{corr}(\neg b,c))=s(\neg bc)/(s(c)s(\neg b))=0.2/(0.8\times0.4)<1$

$\text{corr}(b,c))=s(bc)/(s(a)s(bc))=0.6/(0.8\times0.6)>1$

因此，我们仅产生 $a\Rightarrow bc$ 这样的规则，而不产生 $a\Rightarrow\neg bc$ 的规则。

173

（2）仅规则的前件含有负项的情况。

例如，$\lnot bc \Rightarrow a$ 与 $bc \Rightarrow a$，先判断规则的相关性。

$$corr((\lnot b)c, a) = s(a(\lnot b)c)/(s(\lnot bc)s(a)) = 0.2/(0.2 \times 0.8) > 1$$

$$corr((b, c), a) = s(abc)/(s(a)s(bc)) = 0.6/(0.8 \times 0.6) > 1$$

所以可以产生规则 $\lnot bc \Rightarrow a$ 与 $bc \Rightarrow a$。此时再判断 b 与 c 的相关性。有上述可知，b 与 c 正相关，因此，仅产生规则 $bc \Rightarrow a$，而不产生规则 $\lnot bc => a$。

（3）先研究关联规则的左边、右边都含有负项目的情况。

对于 $a \lnot d => \lnot bc, a \lnot d => bc$ 这样的情况，处理如下。

$$corr((a \lnot d), (\lnot bc)) = s(a \lnot bc \lnot d)/(s(a \lnot d)s(\lnot bc)) > 1$$

$$corr((a \lnot d), (bc)) = s(abc \lnot d)/(s(a \lnot d)s(bc)) > 1$$

由于上述规则的前件和后件都含有负项目，此时对前件和后件都需要考查。b 与 c 是正相关，而 a 和 $\lnot d$：

$$corr(a, \lnot d) = s(a \lnot d)/(s(a)s(\lnot d)) = (0.8 - 0.2)/(0.8 \times 0.6) > 1$$

所以保留 $a \lnot d$，最后得到的规则是 $a \lnot d \Rightarrow bc$。

图 8.4 显示了用二次相关性挖掘负频繁项集中的负关联规则的情况，其中 NAR-2C 表示对规则的前件和后件进行二次相关性判断后得到的规则数量，其中，NAR-1C 表示对规则的前件和后件仅进行一次相关性判断后得到的规则数量，从中可以看出，NAR-2C 比 NAR-1C 得到的数量少一些，说明二次相关性能够删除那些矛盾的规则。

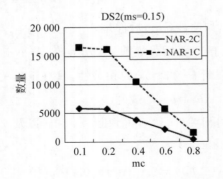
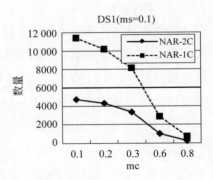

图 8.4　负频繁项集中进行二次相关性后得到的规则数量

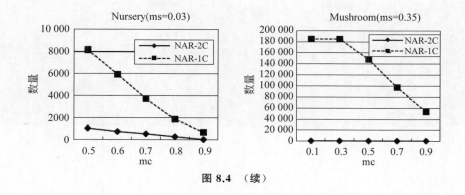

图 8.4 （续）

小　结

本章介绍了从负频繁项集中挖掘负关联规则的方法。首先介绍了挖掘形如 $a_1 \neg a_2 b_1 \neg b_2$ 的负频繁项集的算法 e-NFIS，其支持度可用公式计算出来，省去了重复扫描数据库的烦琐。然后提出了基于 e-NFIS 和 MSapriori 算法的多支持度的负频繁项集挖掘算法 e-msNFIS，还解决了在多支持度的挖掘模式下，如何为含有负项的项集设置其最小支持度的问题。最后讨论了从负频繁项集中挖掘负关联规则出现的问题以及用二次相关性解决该问题的方法。实验结果表明二次相关性是一种有效的解决方法。

第9章 正负关联规则在大学校园 数据分析中的应用

接下来的两章将讨论正负关联规则的应用,本章讨论正负关联规则在大学校园数据分析中的应用,第10章讨论在医疗数据分析中的应用。本章涉及的数据有大学生心理健康数据、成绩数据、图书借阅数据和一卡通消费数据。9.1节阐述校园数据分析的意义,9.2节介绍数据预处理的方法和步骤,9.3节对心理健康数据进行分析,9.4节根据一卡通数据分析消费行为与成绩间的关联关系,9.5节分析图书借阅行为与成绩间的关联关系,9.6节分析心理健康与成绩间的关联分析,9.7节分析消费行为、图书借阅行为、心理健康与成绩间的综合关联关系,最后是本章小结。

9.1 校园数据分析的意义

随着计算机信息技术的高速发展,数字化校园的建设已成为教育行业的必备环节。数字化校园系统在给学校师生生活带来便利的同时,也积累了大量的数据,这些数据蕴含大量的学生学习和生活习惯的信息,如何利用数据挖掘技术将有价值的信息挖掘出来,例如,如何挖掘出心理疾病因子之间的关系从而为大学生的心理健康工作提供有价值的指导意见、如何挖掘出影响大学生成绩的因素,进而为学校提供决策依据具有重要研究意义。

首先,作为一个相对特殊的社会群体,大学生的心理健康问题已经成了普遍存在的问题,主要包括抑郁、焦虑、敌对、恐怖、强迫症等。根据相关研究,许多大学生在激烈的竞争和各种社会压力下都受到各种形式的心理健康问题的困扰,这会给他们带来很多负面影响。同时,大学生要学会如何与同学相处,如何与老师相处,如何从容地面对新的教学以及生活环境等,如此诸多情况都会对大学生心理产生一定的负面影响。据不完全统计,大约 11.9% 的大学生患有焦虑症,9% 患有抑郁症。此外,在企图自杀时,患有精神疾病的人的比例约为 30%～50%,而且这种趋势逐年增加。若不加以引导很有可能使其患上心理疾病从而影响他们的生活与学习。因此通过分析大学生心理健康数据找寻心理疾病因子之间的关系从而有针对性地对学生进行指导预防显得尤为重要。

其次,学生成绩的好坏是衡量高校教学质量的一个重要指标,如何提高教学质量是各个高校的首要任务之一。然而,在日常生活中有许多因素在潜移默化地影响着学生的成绩,有时这些因素是不能通过观察发现的,而可以通过数据分析的方法发现一些蕴含的规律。之前对校园数据的处理基本都是采用一些简单的统计分析,得出一些大体的统计量,但是这些统计结果远远不能体现出数据中隐藏的知识。因此如何通过分析校园数据从而找出学生学习成绩与其日常行为的关系进而为大学生提供有利于成绩提高的行为策略是非常重要的。

本章针对以上问题,首先采用正负关联规则挖掘方法对心理健康数据进行挖掘分析,找寻不同疾病因子之间潜在的正、负相关关系,从而为学生提供良好的心理健康指导与预防措施。其次,将正负关联规则挖掘算法应用于学生的成绩数据、一卡通消费数据、图书借阅数据分析和心理健康数据中,找寻学生众多日常行为以及心理健康状态对学生成绩有何影响,从而为大学生的学习成绩提高提供指导意见。

9.2　数据预处理

9.2.1　数据预处理简介

存在不完整的、含噪声的和不一致的数据是现实世界数据库或数据仓库的共同特点。不完整数据的出现可能有多种原因,有些感兴趣的属性,如销售事务数据中顾客的信息,并非总是可用的。其他数据没有包含在内,可能只是因为输入时认为是不重要的。相关数据没有记录是由于理解错误,或者因为设备故障。此外,记录历史或修改的数据可能被忽略。与其他数据不一致的数据可以删除。

遗漏的数据,特别是某些属性上缺少值的元组可能需要推导出来。

数据含噪声(具有不正确的属性值)可能有多种原因。收集数据的设备可能出故障;人的或计算机的错误可能在输入数据时出现;数据传输中也可能出现错误。这些可能是由于技术的限制,如用于数据传输同步的缓冲区大小的限制。不正确的数据也可能是由命名或所用的数据代码不一致而导致的。重复元组也需要数据清理。

当今现实世界中的数据库极易受噪声数据、遗漏数据和不一致性数据的侵扰,因为数据库太大,常常多达数千兆,甚至更多。常见的问题是:"如何预处理数据,提高数据质量,从而提高挖掘结果的质量?""怎样预处理数据,使得挖掘过程更加有效、更加容易?"

数据预处理是整个数据挖掘任务的开端,良好的数据预处理不但提高了目标数据的质量,确保了挖掘过程中所采用数据的正确性,而且还规范了数据的结构,使其更符合算法输入的要求,提高了数据挖掘的效率。通俗来说,数据预处理的目的是通过一定的操作后摒弃一些与目标无关的数据(属性),变换数据存放以及组合的结构从而使得原始数据的结构以及属性更加干净(清晰),从而为好的数据挖掘分析做好关键的第一步。常用的数据预处理方法主要包括数据清理、数据集成、数据变换以及数据规约。

1. 数据清理

数据清理是数据预处理的第一步,是一个及其烦琐的过程,是指通过删除冗余数据、填写缺失数据或者光滑噪声数据来对数据进行"清理"。如果用户认为数据是"脏"的,则他们可能不会相信这些数据挖掘出来的结果。此外,"脏数据"可能使挖掘过程陷入混乱,导致不可靠的输出。数据清理必须保证数据的准确性,其目的是提高数据的质量以及可靠性。对于缺失值的处理主要有以下几个方法。

(1)忽略缺失值,一般在数据样本中缺失值数量不多的时候采用此方法。

(2)将缺失值填入,一般采用人工方式填入,但是效率不高。

(3)使用固定值填充,该固定值选取方法很多,一般情况下填充一个常量。

(4)填充均值,此方法适用于样本为数据类型的数据,但是不适合文本类型的数据。

(5)填充最可能的数据,一般采用回归分析等方法对缺失值进行预测,但是此方法比较耗时。

对于噪声数据的处理一般采用如下方法。

（1）回归,选用一个函数将全部的样本数据进行拟合,使其达到光滑数据的效果。

（2）聚类,数据中的噪声可能有两种,一种是随机误差,另外一种可能是错误。可以通过聚类进行离群点检测,检测数据中可能存在的错误。

在数据挖掘中数据清理的目标是提高数据的质量,但不能改变数据的特性使数据失去其原有的意义,该步骤必须保证处理后的数据的内容与原始数据一致。

2. 数据集成

数据集成技术往往应用于数据源比较多的情况。例如,本章处理的数据分别来自心理健康数据库、成绩数据库以及一卡通数据库。不同数据库中对学号的表示有可能不同,导致数据的冗余或者不一致性,这就给数据的集成带来了难度。数据集成技术可以放在数据预处理的第一步,也可以是最后一步。一般情况是对所有数据源的主键进行一致性处理,然后合并数据库即可。

3. 数据变换

在进行数据处理时,源数据的数据格式或者数据结构会与目标数据结构存在相应的偏差,这时可以采取数据变换技术将源数据格式转换成自己想得到的数据格式,比如用关联规则算法处理数据时,要求属性（数据）必须是离散类型,对于连续的数据类型算法不予支持,这时,该考虑用数据变换技术将源数据转换成离散数据类型。其工具包括比例变换、正则化、符号映射和类层次等技术。

4. 数据规约

对海量的数据进行复杂的数据分析和挖掘将会需要很长的时间,数据规约技术可以得到数据集的规约表示,它小得多,但能够产生几乎同样的效果。数据规约的目的是通过压缩数据使其存储体积变小,维度变低,但是要保证原来数据的含义以及完整性。数据规约策略包括概念分层、数据立方体聚集、数据压缩、维规约、离散化等。一般情况下,现实数据包括许多属性,在对目标进行挖掘时,有许多属性不在研究范围之内,或者说与目标结果并没有直接或者是间接的关系,这样的属性可以直接删除放弃。例如,要分析一卡通系统中的流水信息,那么数据库中的性别信息与其无关,可以将其删掉。通过这种方法可以有效地减少数据的维度。

9.2.2 校园数据概述

本章收集了某高校校园数据库中的部分心理健康数据(图 9.1)、一卡通消费数据(图 9.2)、图书借阅数据(图 9.3)以及学习成绩数据(图 9.4)。将这些数据作为研究目标,找寻隐藏在它们之间的关联关系。

学号	性别	出生日期	院系	年级	因子1	因子2	因子3	因子4	因子5	因子6	因子7	因子8	因子9	因子10
SLC90_100001	1	1997/6/6	225	26	1	1.5	1.22	1.38	1.1	1	1.14	1.33	1.2	1.14
SLC90_100002	1	########	13	21	1.17	1.2	1	1	1	1	1	1	1	1
SLC90_100003	1	########	9	17	1.25	1.4	1.22	1.46	1.4	1	1	1.17	1.1	1.14
SLC90_100004	1	########	9	17	1	1.2	1.67	1.08	1	1.43	1	1.5	1	
SLC90_100005	1	1985/8/6	226	0	1.5	1.9	1.56	1.46	1.5	1.17	1.29	1.33	1.3	1.57
SLC90_100006	1	1985/8/6	226	0	1.67	2.3	2.11	1.85	1.7	1.17	1.43	1.5	1.6	1.86
SLC90_100007	1	1988/1/1	226	0	1	1.3	1.22	1.08	1.1	1.17	1	1.33	1	1.14
SLC90_100008	1	1985/8/6	226	0	1	1	1	1	1	1	1	1	1	1
SLC90_100009	1	1985/8/6	226	0	1.08	1.8	1.44	1.23	1.4	1.33	1.14	1.83	1.4	1.43
SLC90_100010	1	1985/8/6	226	0	1.08	1.4	1	1	1.3	1	1	1	1.3	1.29
SLC90_100011	1	########	226	0	1.5	2.2	2.11	1.69	2	1.67	1.29	1.5	1.8	2
SLC90_100012	1	1985/8/6	226	0	1.17	1.2	1.22	1.23	1.1	1.17	1	1.33	1.2	1.29
SLC90_100013	1	1985/8/6	226	0	1	1.6	1.44	1.08	1.1	1.17	1	1.17	1.2	1.29
SLC90_100014	1	1985/8/6	226	0	1	1	1.11	1	1	1	1	1	1	1
SLC90_100015	1	1985/8/6	226	0	1	1.3	1.11	1.08	1.1	1	1	1.17	1.1	1.29
SLC90_100016	1	1985/8/6	226	0	1.08	1.9	1.44	1.15	1.2	1.17	1	1.17	1.2	1.29
SLC90_100017	1	########	14	10	1.33	1.6	1.44	1.31	1.2	1.17	1.43	1.5	1.3	1.43
SLC90_100018	1	########	14	10	1.67	2.2	1.56	1.46	2.1	2.17	1.71	1.5	1.7	1.57
SLC90_100019	1	########	14	10	1.08	1.1	1	1	1	1.17	1	1	1	1
SLC90_100020	1	1996/9/9	14	10	1	2.2	2.56	1.23	1.3	1.33	1.86	2.33	2.2	1.29
SLC90_100021	1	########	14	10	2.17	2.6	3	2.38	2.4	3.67	1.57	3.33	1.9	1.86
SLC90_100022	1	1996/4/4	14	10	1.58	2.2	2.15	2.4	2	1.57	2.83	2.6	2.29	
SLC90_100023	1													

图 9.1 脱敏后的心理健康数据示例

27336712142	1	2016-9月 -30 17:09:37	2016-9月 -30 17:09:40	-350	5250	1386
27336712145	1	2016-9月 -30 17:09:48	2016-9月 -30 17:09:41	-700	4488	2428
27336712150	1	2016-9月 -30 17:09:56	2016-9月 -30 17:09:42	-600	1775	1609
27336712153	1	2016-9月 -30 17:09:21	2016-9月 -30 17:09:43	-550	8772	1931
27336712156	1	2016-9月 -30 17:09:43	2016-9月 -30 17:09:43	3000	426	1714
27336712161	1	2016-9月 -30 17:09:43	2016-9月 -30 17:09:43	-1500	9382	2204
27336712164	2	2016-9月 -30 17:09:22	2016-9月 -30 17:09:44	-24	8678	1807
27336712167	1	2016-9月 -30 17:09:44	2016-9月 -30 17:09:44	10000	1775	1609
27336712172	1	2016-9月 -30 17:09:05	2016-9月 -30 17:09:45	-100	13087	1793
27336712124	1	2016-9月 -30 17:09:23	2016-9月 -30 17:09:45	-13	917	2573
27336712125	1	2016-9月 -30 17:09:21	2016-9月 -30 17:09:46	-550	9362	1929
27336712127	1	2016-9月 -30 17:09:27	2016-9月 -30 17:09:46	-40	9322	1930
27336712130	1	2016-9月 -30 17:09:46	2016-9月 -30 17:09:46	3000	3426	1715
27336712132	1	2016-9月 -30 17:09:47	2016-9月 -30 17:09:47	10000	11775	1610
27336712317	2	2016-9月 -30 17:09:26	2016-9月 -30 17:09:48	-22	11090	1278
27336712163	1	2016-9月 -30 17:09:13	2016-9月 -30 17:09:50	-300	3543	1212
27336712145	1	2016-9月 -30 17:09:14	2016-9月 -30 17:09:50	-450	3782	1638
27336712118	2	2016-9月 -30 17:09:25	2016-9月 -30 17:09:51	-500	12915	2127
27336712196	2	2016-9月 -30 17:09:39	2016-9月 -30 17:09:51	-500	8226	1689
27336712207	1	2016-9月 -30 17:09:29	2016-9月 -30 17:09:52	-15	3379	1214
27336712110	1	2016-9月 -30 17:09:33	2016-9月 -30 17:09:54	-500	14296	1239
27336712145	1	2016-9月 -30 17:09:36	2016-9月 -30 17:09:54	-350	28	618
27336712166	1	2016-9月 -30 17:09:36	2016-9月 -30 17:09:54	-150	2352	1055
27336712743	1	2016-9月 -30 17:09:40	2016-9月 -30 17:09:54	-750	3211	1248
27336712006	1	2016-9月 -30 17:09:24	2016-9月 -30 17:09:55	-1000	13196	1336
27336712300	1	2016-9月 -30 17:09:33	2016-9月 -30 17:09:55	-11	3298	1219
27336712431	1	2016-9月 -30 17:09:35	2016-9月 -30 17:09:55	-1000	8217	1711
27336712241	1	2016-9月 -30 17:09:36	2016-9月 -30 17:09:55	-500	7263	2547
27336712530	1	2016-9月 -30 17:09:41	2016-9月 -30 17:09:55	-1000	42743	1279

图 9.2 脱敏后的一卡通消费数据示例

ID	TSTM	TSMC	DZTM	JYRQ	GHRQ
215448	210725134	胡锦涛总书记在庆祝中国共产党成立85周年大会	27336712137	2016-09-2413:56:10	2016-10-1715:24:55
106746	212070373	考研英语（二）高分有道历年真题超精解与备考	27336712140	2016-08-2809:32:53	2016-11-2609:18:28
106754	210671003	Java并发编程实战	27336712142	2016-06-1915:18:34	2016-12-2811:33:54
106756	212074654	一缕余香	27336712144	2016-08-2513:43:05	2017-01-0715:57:32
107931	208831889	有机波谱分析	27336712501	2016-08-2513:15:12	2016-12-1012:43:41
108530	210793499	俗眼	27336712075	2016-03-2710:34:11	2016-11-2916:08:11
176303	209107134	红楼梦. 下	27336712763	2016-12-2413:12:27	2017-01-2713:04:05
176304	211673287	一九八四	27336712367	2016-12-2017:58:22	2017-01-2708:25:44
176305	209485190	红字	27336712521	2016-10-1016:29:18	2016-11-0318:46:14
176306	211673287	一九八四	27336712476	2016-10-1016:14:55	2016-12-2017:57:54
176307	209107134	红楼梦. 下	27336712712	2016-10-1015:50:00	2016-12-2413:12:00
176308	212093508	许三观卖血记. 第2版	27336712172	2016-10-1015:13:28	2016-10-2415:13:28
176309	201525992	中国文学史. 三. 2版	27336712741	2016-11-0416:50:25	2017-01-2708:25:47
176311	210209512	雪国	27336712142	2016-08-2316:24:34	2016-10-1015:49:42
176312	209829186	清华风流人物:1911-2011	27336712172	2016-06-2416:27:26	2016-10-1015:49:23
176313	201525910	中国文学史. 一. 2版	27336712207	2016-06-0409:58:55	2016-08-2315:43:56
176314	209829186	清华风流人物:1911-2011	27336712472	2016-08-2315:43:56	2016-08-2315:44:14
108027	208939960	物理化学学习指导:《物理化学》(简明版)	27336712326	2016-08-2216:35:46	2017-1-0316:54:49
106870	212037375	不懂财报就当不好经理:财务总监教你这样看财报	27336712232	2016-08-2003:43:57	2017-01-0514:32:33
188303	210684302	救救你的剧本! :an accessible manual for	27336712521	2016-10-1416:17:32	2016-11-2310:49:56
188304	211866550	处处莲花开	27336712237	2016-10-1416:17:17	2016-10-1416:59:57
188305	210221384	新型服装面料开发	27336712451	2016-11-0114:00:38	2016-11-2310:52:59

图 9.3 脱敏后的图书借阅数据示例

字段1	字段2	字段3	字段4	字段5	字段6	字段7
2016	1	27336712051	大学英语（3）	4.0	86.00	通识教育课
2016	1	27336712052	大学英语（3）	4.0	83.00	通识教育课
2016	1	27336712053	大学英语（3）	4.0	46.00	通识教育课
2016	1	27336712054	大学英语（3）	4.0	70.00	通识教育课
2016	1	27336712055	大学英语（3）	4.0	73.00	通识教育课
2016	1	27336712056	大学英语（3）	4.0	74.00	通识教育课
2016	1	27336712059	大学英语（3）	4.0	77.00	通识教育课
2016	1	27336712057	大学英语（3）	4.0	81.00	通识教育课
2016	1	27336712064	大学英语（3）	4.0	73.00	通识教育课
2016	1	27336712065	大学英语（3）	4.0	60.00	通识教育课
2016	1	27336712066	大学英语（3）	4.0	53.00	通识教育课
2016	1	27336712067	大学英语（3）	4.0	37.00	通识教育课
2016	1	27336712068	马克思主义基本原理	3.0	83.00	通识教育课
2016	1	27336712112	马克思主义基本原理	3.0	82.00	通识教育课
2016	1	27336712114	马克思主义基本原理	3.0	91.00	通识教育课
2016	1	27336712113	马克思主义基本原理	3.0	37.00	通识教育课
2016	1	27336712106	马克思主义基本原理	3.0	79.00	通识教育课
2016	1	27336712107	马克思主义基本原理	3.0	72.00	通识教育课
2016	1	27336712068	马克思主义基本原理	3.0	68.00	通识教育课
2016	1	27336712053	马克思主义基本原理	3.0	35.00	通识教育课

图 9.4 脱敏后的成绩数据示例

前面提到,在实际应用系统中收集到的原始数据往往是"脏"的,不利于后续数据挖掘工作的处理。下面以刚才提及的数据为例来说明一下原始数据中存在的问题。

（1）隐私性。我国 2017 年正式实施的《中华人民共和国网络安全法》中着重强调了中国境内网络运营者对其所收集到的个人信息所应承担的保护责任和违规处罚措施。校园数据包含大量的在校大学生的私人信息,比如姓名、电话、身份证号、家庭住址等,这些私人信息对该研究并没有太大作用,但是对于学生本人来说却是相当私密,不愿意被别人所了解,因此如何对这些信息脱敏也是本章所要做的工作之一。

(2)数据缺失。校园数据是存放在校园数据库中。虽然现在的数据库技术完全可以保证数据的正确性以及完整性,但是并非所有数据都是计算机自动保存,或者是由后台自动保存在数据库中,有相当一部分数据是手工录入的,这就不能很好地保证数据的一致性以及正确性,比如心理健康数据如图9.1所示,学生在做完心理健康测试之后由老师手动录入系统,期间可能存在一定可能的偏差,造成部分数据缺失。再比如,学校在更换管理系统的时候,会对数据文件进行导入导出,当操作不当时,很容易造成数据缺失。

(3)噪声数据。噪声数据就是在原始数据中存在与预期期望偏差太大的或者是"空"数据。人工录入时的输入或者设备传输的事物或者编码混乱等因素都有可能导致噪声数据的产生。如图9.5所示,学号SLC90_100171的学生每一项的心理健康病症因子的得分都是1,这不符合正常的测试结果,因此我们认为此学生的测试结果是噪声数据。通过分析数据可以看出,诸如此类情况的学生很多,这就导致了对实验数据的干扰,不利于数据分析工作。

学号	性别	出生日期	院系	年级	情况1	因子1	因子2	因子3	因子4	因子5	因子6	因子7	因子8	因子9	因子10	总均分	阳性项目均分
SLC90_100001	1	1997/6/6	225	26		1	1.5	1.22	1.38	1.1	1	1.14	1.33	1.2	1.14	1.21	2
SLC90_100002		########	13	21		1.17	1.2	1	1	1	1	1	1.17	1.1	1.14	1.24	2
SLC90_100003	1	########	9	17		1.25	1.4	1.22	1.46	1.4	1	1.43	1	1.5	1	1.19	2.13
SLC90_100004	1	########	9	17		1	1	1	1	1	1	1	1	1	1	1	0
SLC90_100005	1	1985/8/6	226	0		1.5	1.9	1.56	1.46	1.5	1.17	1.29	1.33	1.3	1.57	1.48	2.05
SLC90_100006	1	1985/8/6	226	0		1.67	2.3	2.11	1.85	1.7	1.14	1.43	1.5	1.6	1.86	1.76	2.15
SLC90_100007	1	1985/8/6	226	0		1	1.3	1.22	1.08	1.1	1.17	1	1.33	1	1.14	1.12	2
SLC90_100165	1	########	10	25		1	1	1	1	1	1	1	1	1	1	1.03	2
SLC90_100166	1	########	10	25		1	1.2	1	1	1	1	1	1	1.1	1	1.01	2
SLC90_100167	1	########	10	25		1	1	1	1	1	1	1	1	1	1	1	0
SLC90_100168	1	########	10	25		1	1	1	1	1	1	1	1	1	1	1	0
SLC90_100169	1	1996/4/7	10	25		1	1.3	1.11	1	1.1	1.17	1	1.17	1	1.14	1.09	2
SLC90_100170	1	########	10	25		1	1	1	1	1	1	1	1	1	1	1	0
SLC90_100171	1	########	10	25		2.08	2.4	2.44	2.38	2.5	1.33	1.86	1.83	2	2.43	2.18	2.28
SLC90_100172	1	########	10	25		1	1.4	1.22	1	1.4	1	1.14	1.17	1.3	1	1.17	2.36
SLC90_100173	1	########	10	25		1.17	1.6	1.33	1.31	1.5	1.33	1.29	1.17	1.4	1.14	1.33	2.11
SLC90_100174	1	########	10	25		1.33	1.6	1.56	1.31	1.2	1.33	1	1.17	1.1	1.43	1.31	2
SLC90_100176	1	########	10	25		1.17	1.4	1.44	1	1.5	1.83	1	1.33	1	1.57	1.31	2.12
SLC90_100177	1	########	10	25		1.08	1.8	1.33	1.15	1.2	1.17	1	1.17	1.1	1.29	1.23	2.11
SLC90_100178	1	########	10	25		1.17	2	1.56	1.46	1.7	1.33	1.57	1.5	1.7	1.29	1.53	2.04

图 9.5　脱敏后的心理健康数据示例

(4)数据冗余。数据冗余又称为重复性,有的是对同一事物的描述存在重复,有的是数据本身根本就是无用的,在实际数据中存在大量的冗余现象,比如在如图9.3所示的图书借阅数据中,TSTM列与 TSMC列均能表示图书借阅的名称,因此在处理该数据的时候只需保留一列信息就可以。

(5)数据不一致性。一般是由于数据的来源不同或存储方式,以及数据库中主键的表示方式不同导致的。不同数据库的设计人员大概率对其使用数据库的存储结构的设计不同。这就导致了不同数据库之间的关联存在着难度。例如,图 9.1 和图 9.2、图 9.3 以及图 9.4 的关于学生学号的记录方式不同导致了数据的不一致性,从而不能通过学号将这两个数据表关联起来,增大了数据处理的难度。

9.3　基于关联规则的大学生心理健康数据分析

9.3.1　心理健康数据预处理

实验数据来自于某高校学生的 SCL-90 心理健康测评结果。SCL-90 量表是世界范围内最有效的心理健康测评表之一,并且目前被广泛应用于精神障碍和精神病门诊检查之中。它具有反映症状丰富、对受试者症状和其他特征更准确描述等特征,包含抑郁、焦虑等各种精神症状内容。该测试共包含 90 个自我评估项目,测试的 10 个因素包括人际关系敏感、强迫症、恐惧、躯体化、抑郁、敌对、焦虑、偏执、精神病性以及其他因素。发现这些因素之间隐藏的关系可以有效地帮助精神科医生及时发现或治疗心理健康问题。每个症状因素的具体含义如下。

(1) 躯体化因子。躯体化是一种以身体症状的形式体验和传达心理困扰的倾向,更常见的表现是精神疾病的身体症状,如焦虑、呼吸苦难等。

(2) 强迫症因子。一种精神障碍,人们觉得需要反复检查事物、反复执行某些惯例(称为“仪式”)或反复思考某些想法(称为“强迫症”)。人们无法控制超过一小段时间的想法或活动。常见的活动包括洗手、计数东西,以及检查门是否锁定。

(3) 人际关系敏感因子。是指在与人相处时比较敏感,经常感觉不够自在,与别人进行比较时不够自信,常常感觉自卑,同时别人也觉得很难与他进行相处。

(4) 抑郁因子。一种情绪低落、厌恶活动的状态,可以影响一个人的思想、行为、倾向、感受和幸福感。患有抑郁的人经常对自己失去信心,更有极度悲观者会产生轻生的念头。

(5) 焦虑因子。焦虑是一种以内心混乱的不愉快状态或者是紧张状态为特征的情绪,通常伴有神经行为,例如,来回踱步、躯体疾病和反刍。这是对预期事件的恐惧的主观不愉快感。

（6）敌对情绪因子。敌意被视为情绪激动的攻击性行为。例如,在生活中经常发脾气,控制不住自己的行为。

（7）恐惧因子。恐惧是由某些类型的生物体中发生的感知危险或威胁引起的感觉,其导致代谢和器官功能的改变并最终导致行为改变。患有恐怖病症的人容易对任何不经意的事件产生恐怖心理,害怕自己独处,害怕出门,经常没有安全感。

（8）偏执因子。一种本能或思维过程,被认为受到焦虑或恐惧的严重影响,往往达到妄想和非理性的程度。患有偏执疾病的人容易自负,不听对自己有益的意见,对他人普遍不信任。

（9）精神病性因子。心灵的一种异常状态,导致难以确定什么是真实的,什么是不真实的。症状可能包括错误的信念(妄想)和看到或听到别人看不到或听到的事情(幻觉)。其他症状可能包括不连贯的言语和不适合该情况的行为。也可能存在睡眠问题,社交退缩,缺乏动力以及进行日常活动的困难。

（10）其他因子。属于附加题目。

我们一共收集了 6950 名学生的心理测试数据。由于许多学生在测试时某些题目没有填写答案,导致了原始数据中有许多数据值缺失,再比如某些学生的所有题目的选项都一致,导致了某些数据的非真实性。通过数据预处理,最后得到 5635 条有效数据。

如表 9.1 所示,心理健康原始数据包含学生的学号、姓名、性别、出生日期、院系、年级、题目 1～题目 90 的选项、因子 1～因子 10 的得分情况等 106 个属性。

表 9.1　心理健康数据原始属性

编　　号	属 性 名 称
1	学号
2	姓名
3	性别
4	出生日期

续表

编　号	属 性 名 称
5	院系
6	年级
7	题目1
8	题目2
...	...
96	题目90
97	因子1得分
98	因子2得分
...	...
106	因子10得分

由于数据维度太大,不利于数据挖掘处理,我们将数据进行选择,删除了对本研究无关的属性。处理后的数据结构如表9.2所示。

表 9.2　规约处理后的心理健康数据属性

编　号	属 性 名 称
1	性别
2	因子1得分
3	因子2得分
4	因子3得分
5	因子4得分
6	因子5得分
7	因子6得分
8	因子7得分
9	因子8得分
10	因子9得分
11	因子10得分

表 9.3 是部分数据,可以看出除了性别因子之外,其他所有因子都是连续的数值。然而关联规则算法的特性决定了其输入必须是离散型数据,因此必须将连续数值进行离散化处理。

表 9.3　部分心理健康数据

性别	躯体化	强迫症	人际关系敏感	抑郁	焦虑	敌对	恐惧	偏执	精神病性
男	1.83	2	1.89	1.85	2.1	2.17	2	2	1.9
男	1.25	1.7	2.11	1.62	1.4	2	1.29	1.67	1.8
男	1.33	2.1	1.78	1.54	1.6	1.67	1	1.33	1.6
男	1.33	2.4	2.56	1.92	1.9	2.33	1.86	2.17	1.9
女	1	1.4	1.22	1	1.2	1	1	1	1.2
女	1.42	1.5	1	1.54	1.3	1	1	1.17	1.4
女	1.08	1.7	1.11	1	1.2	1.17	1	1.5	1.4

表 9.4 是 SCL-90 表因子的正常取值。如果学生某个因子测得的分数大于其正常值则认为其存在该症状,否则是正常的。以抑郁因子为例,其正常得分应该是 1.5。如果某个学生的抑郁症因子得分是 2.1,则认为该生患有抑郁症。如果其抑郁因子得分是 1.4,则认为他没有患有抑郁症。因此可以根据表 9.4 来对数据进行离散化。换言之,将学生测得的因子得分通过表 9.4 转换成"正常"或者"不正常"。离散化后的结果如表 9.5 所示。以躯体化为例,A0 表示学生没有躯体化,A1 表示学生患有躯体化。其他因子的转换也是如此。

表 9.4　SCL-90 量表因子的正常取值

因　　子	正　常　值
躯体化	1.37
强迫症	1.62
人际关系敏感	1.65
抑郁	1.5
焦虑	1.39
敌对	1.46

续表

因　　子	正　常　值
恐惧	1.46
偏执	1.43
精神病性	1.29

表 9.5　心理健康数据离散化之后的结果

性别	躯体化	强迫症	人际关系敏感	抑郁	焦虑	敌对	恐惧	偏执	精神病性
男	A1	B1	C1	D1	E1	F1	G1	H1	I1
男	A0	B1	C1	D1	E1	F1	G0	H1	I1
男	A0	B1	C1	D1	E1	F1	G0	H0	I1
男	A0	B1	C1	D1	E1	F1	G1	H1	I1
女	A0	B0	C0	D0	D0	F0	G0	H0	I0
女	A0	B1	C0	D0	E1	F0	G0	H0	I1
女	A0	B1	C0	D0	D0	F0	G0	H1	I1

9.3.2　挖掘结果分析

在支持度取值为 10% 的前提下，每个因子(也就是频繁 1 项集)的支持度取值如表 9.6 所示。可以看到，强迫症的支持度为 76%，这意味着在所有被测学生中，有高达 76% 的学生患有强迫症。并且可以看到，人际关系敏感和偏执是除了强迫症之外患病率最高的两个因子。按照支持度从高到低，其他因子患病率排序分别是焦虑、敌对、抑郁、精神病性、恐惧和躯体化。

表 9.6　频繁 1-项集的支持度

项　　集	支　持　度
躯体化	0.1267
强迫症	0.7600
人际关系敏感	0.6180

续表

项　　集	支　持　度
抑郁	0.2635
焦虑	0.3237
敌对	0.3093
恐惧	0.2313
偏执	0.3744
精神病性	0.2418

　　下一步在得到的频繁项集中挖掘正关联规则,表 9.7 中只展示部分置信度高于 80% 的规则,从中可以看到几乎所有的病症因子之间都存在联系。患有人际关系敏感的学生有 83.30% 的可能性患有强迫症,经常感到焦虑的学生中有 80.76% 的人会患有强迫症,抑郁症和焦虑症经常同时出现,并且患有抑郁症的学生中有 80.49% 的人患有焦虑症。

表 9.7　心理健康数据正关联规则

规　　则	置　信　度
人际关系敏感⇒强迫症	83.30%
焦虑⇒强迫症	80.76%
抑郁⇒焦虑	80.49%
强迫症、抑郁⇒人际关系敏感	85.82%
人际关系敏感、抑郁⇒强迫症	83.55%
强迫症、焦虑⇒人际关系敏感	82.46%
抑郁、敌对⇒偏执	81.32%
抑郁、焦虑⇒偏执	80.25%
人际关系敏感、抑郁、焦虑⇒强迫症	83.64%
强迫症、抑郁、焦虑⇒人际关系敏感	88.02%

　　强迫症、抑郁症、人际关系敏感这三者之间具有强关联性,同时发病的概率高于 82%。另外还发现,患有抑郁症和敌对症的同学更容易产生偏执的性格,

患有抑郁症和焦虑的同学也容易产生偏执的性格。患有人际关系敏感、抑郁、焦虑症的同学有 83.64% 的可能性患有强迫症。同时患有强迫症、抑郁症以及焦虑的同学中有 88.02% 的概率患有人际关系敏感症状。

　　下一步分析得到的负关联规则。负关联规则表示心理健康病症因子之间存在负相关关系。部分有代表意义的负关联规则如表 9.8 所示。从中可以发现，强迫症与敌对因子呈负相关关系，患有强迫症的学生中有 88.46% 的人不会有敌对心理。人际关系敏感与偏执呈负相关关系，患有人际关系敏感症的学生中有 76.23% 的人不会患有偏执症状。除此之外，还发现相比女生来说男生不容易产生焦虑与偏执的情况，相对于男生而言，女生不容易同时患有强迫症和人际关系敏感症状，而且患有强迫症的女生中 73.55% 的人不会患有人际关系敏感症状。

表 9.8　心理健康数据负关联规则

规　　　　则	置　信　度
强迫症⇒¬敌对	88.46%
女⇒¬(强迫症、人际关系敏感)	72.36%
(女、强迫症)⇒¬人际关系敏感	73.55%
女⇒¬(强迫症、人际关系敏感、偏执)	75.69%
男⇒¬焦虑	70.61%
男⇒¬偏执	79.85%
人际关系敏感⇒¬偏执	76.23%
¬人际关系敏感⇒¬抑郁	77.51%
¬人际关系敏感⇒¬焦虑	77.33%

　　综上所述，可以通过 PNARC 算法挖掘出强迫症、抑郁症、焦虑症等 10 个心理疾病因子之间存在的互相抑制或互相促进的关系，这对大学生的心理疾病的预防非常重要。例如，当一个学生患有强迫症和抑郁症时，根据规则，可以直接得出这位同学患人际关系敏感的可能性也比较大，学校的老师或者管理人员可以对其进行有效的开导与治疗，降低其得病的风险。

9.4　学生一卡通消费行为与成绩间的关联分析

9.4.1　数据预处理

　　本次收集的学生消费行为信息来源于一卡通数据,我们在原始数据中筛选了某学院二年级 559 名学生在其一学期内所产生的 221 596 条消费记录以及 7483 条期末学习成绩记录。之所以选择这些数据主要有以下两点原因。

　　(1)相比刚刚入学的大一新生和即将实习的大三学生以及课程很少的大四学生来说,二年级学生有着更稳定的生活节奏以及更多的学习时间。因此研究二年级的校园数据会更加有说服力。

　　(2)学校的不同专业之间所学习的课程不同,其难易程度也不同。相反,相同专业下学生所学习的课程相同,上课时间相同,为了减少多变量数据导致的实验结果的不可靠性,单独研究某一个学院的数据会是一个更好的选择。

　　表 9.9 表示的是一卡通数据库中的部分原始数据情况,表中第一列表示数据属性,除了第一列之外,每一列均表示一条消费记录。首先删除一些和本研究无关的数据属性,包括身份类型、证件号、银行卡号、部门代码、卡类型、系统代码、POS 号、操作类型代码、对方账号、操作员代码、用卡次数等信息。其次删除冗余信息,即名称不同但是却能代表相同信息的属性。

表 9.9　一卡通数据库中的部分原始数据

入账日期	20161015	20161015
持卡人账号	61 * * * * 5	12 * * * * 8
学工号	2733 * * * * 530	2733 * * * * 538
姓名	* *	* *
性别	男	女
身份类型	15	15
证件号	* *	* *
银行卡号	* *	* *

续表

部门代码	*	*
卡类型	800	800
系统代码	29	29
POS 号	15	13
发生时间	2016-10-15 07:08:37	2016-10-15 07:08:42
入账时间	2016-10-15 07:08:37	2016-10-15 07:08:42
交易额	−200 分	−300 分
账户余额	2042 分	11436 分
卡余额	2042 分	11436 分
操作类型代码	15	15
对方账号	＊＊	＊＊
操作员代码	＊＊	＊＊
用卡次数	7119	1485
部门	信息学院	信息学院

　　我们分别从早餐规律、午餐规律、晚餐规律以及消费金额 4 个方面来找寻对学生成绩产生的影响。针对该校的本科生消费习惯做如下分析。

　　早餐规律性：如果学生在早上 8 点之前吃早餐，并且这一个学期之内吃早餐次数大于或等于 75 次（去除国家法定节假日及周六周末），认为该生早餐用餐规律；反之，如果学生经常 8 点之后吃早餐，或者其吃早餐次数小于 75 次，那么认为该生早餐用餐不规律。

　　午餐规律性：如果学生在中午 11 点半到 12 点半之间吃早餐，并且这一个学期之内吃午餐次数大于或等于 75 次，认为该生午餐用餐规律；反之，如果学生不在这个时间范围吃午餐，或者其吃午餐次数小于 75 次，那么认为该生午餐用餐不规律。

　　晚餐规律性：如果学生在晚上 5 点到 6 点半之间吃晚餐，并且这一个学期之内吃晚餐次数大于或等于 75 次，认为该生晚餐用餐规律，反之，如果学生不在这个时间范围吃晚餐，或者其吃晚餐次数小于 75 次，那么认为该生晚餐用餐不规律。

消费水平：对目标学生本学期的消费金额取平均值,如果其消费大于平均值,则其属于高消费群体,若小于平均值,则其属于低消费群体。

然后根据以上的分析进行消费行为数据的离散化处理,如表9.10所示。

表9.10　离散化后的一卡通数据

学号	性别	早餐	午餐	晚餐	消费金额
2733＊＊＊＊530	男	规律	规律	不规律	高
2733＊＊＊＊538	女	不规律	不规律	规律	低
2733＊＊＊＊539	女	规律	规律	规律	高

学生的期末成绩原始数据如表9.11所示,"—"表示数据为空。首先将数据库中的空值以及对本研究无关的属性删除,如表9.12所示。本学期课程包括公共课和专业课,因此分别计算学生的总平均成绩和专业课平均成绩。本章采用学校评定奖学金的成绩计算方式,分别对总平均成绩和专业课平均成绩进行计算,如公式(9.1)和公式(9.2)所示。

$$\sum 成绩 = \sum 单科成绩 \times 学分 / \sum 总学分 \tag{9.1}$$

$$\sum 专业课成绩 = \sum 单科专业课成绩 \times 学分 / \sum 专业课总学分 \tag{9.2}$$

表9.11　学生成绩原始数据信息

学年	2016	2016
学期	1	1
开课通知单号	—	—
学号	2733＊＊＊＊530	2733＊＊＊＊538
姓名	＊＊	＊＊
课程编号	X104007	X104007
课程名称	大学英语(3)	大学英语(3)
学分	4.0	4.0
总成绩	76.00	88.00

续表

备注	—	—
折算成绩	—	—
补考成绩	—	—
补考成绩备注	—	—
重修成绩		—
绩点	—	
课程性质	通识教育课	通识教育课
课程归属		
重修标志	—	—
任课老师工号	＊＊	＊＊
任课老师	＊＊	＊＊

表 9.12　规约处理后的成绩数据信息

学号	27336712530	27336712538
课程编号	X104007	X104007
课程名称	大学英语(3)	大学英语(3)
学分	4.0	4.0
总成绩	76.00	88.00
课程性质	通识教育课	通识教育课

　　若学生的平均成绩大于或者等于 80 分,则标记为 Good,若小于 80 分则标记为 Poor。最终离散化后的学习成绩数据库形式如表 9.13 所示。

表 9.13　离散化后学习成绩数据格式

学　　号	总　成　绩	专业课成绩
2733＊＊＊＊530	Good	Poor
2733＊＊＊＊538	Poor	Poor
2733＊＊＊＊539	Good	Good

最后,将表 9.10 和表 9.13 以学号为主键进行合并,结果如表 9.14 所示。

表 9.14　一卡通数据与学习成绩数据联合表

学　　号	性别	早餐	午餐	晚餐	消费金额	总成绩	专业课成绩
2733＊＊＊＊530	男	规律	规律	不规律	高	Good	Poor
2733＊＊＊＊538	女	不规律	不规律	规律	低	Poor	Poor
2733＊＊＊＊539	女	规律	规律	规律	高	Good	Good

9.4.2　挖掘结果分析

用 PNARC 算法来挖掘学习成绩与消费行为之间的正负关联规则。算法的输入数据集形式如表 9.14 所示,共包含 8 个属性。

表 9.15 包含学生的学习成绩与消费行为之间的部分正关联规则。早餐用餐规律的学生中有 92.20% 的学生总的平均成绩优秀,有 90.55% 的学生专业课取得较好的成绩。午餐用餐规律的学生中,总成绩优秀与专业课成绩优秀的比率分别是 52.25% 和 58.35%。晚餐用餐规律的学生中,有 62.80% 的学生成绩优秀。如果学生早餐、午餐、晚餐用餐都比较规律,则其有 94.52% 的可能性学习成绩比较好。不难发现,早餐的规律性在很大程度上影响着学生的学习成绩,而午餐和晚餐则不然。另外,通过规则 7 和规则 8 发现,学生的消费水平高低对其学习成绩的影响不是很大。

表 9.15　一卡通数据与学习成绩正关联规则

规　　　　则	置　信　度
早餐规律⇒总成绩优秀	92.20%
早餐规律⇒专业课成绩优秀	90.55%
午餐规律⇒总成绩优秀	52.25%
午餐规律⇒专业课优秀	58.35%
晚餐规律⇒总成绩优秀	62.80%
早餐规律、午餐规律、晚餐规律⇒总成绩优秀	94.52%
消费高⇒总成绩优秀	60.88%
消费低⇒总成绩优秀	55.45%

表 9.16 包含学生的学习成绩与消费行为之间的部分负关联规则。我们发现早餐的不规律性与学生的成绩存在着明显的负相关关系。在所有早餐用餐不规律的学生中,有 87.43% 的学生学习成绩不好。除此之外,如果学生的早餐、午餐以及晚餐用餐都不规律,其有 94.75% 的可能性不会有很好的成绩。

表 9.16　一卡通数据与学习成绩负关联规则

规　　　则	置　信　度
早餐规律⇒¬(总成绩好、专业课成绩好)	88.47%
¬早餐规律⇒总成绩不好	87.43%
¬(早餐规律、午餐规律、晚餐规律)⇒总成绩不好	94.75%

综上所述,良好的就餐习惯与学生的学习成绩成正相关关系,一日三餐中早餐是对学生学习成绩影响最大的因素。养成良好的就餐习惯是学习成绩提高的基本保证。另外,学生的消费水平与学习成绩并没有太大的关系。学校今后可以多督促学生养成良好的早餐习惯。

9.5　图书借阅行为与成绩间的关联分析

9.5.1　数据预处理

图书借阅从侧面反映了学生对学习的兴趣,将学生的图书借阅记录与其成绩结合起来,可以挖掘成绩与借阅行为的内在联系。

本章收集了同一批学生一学期内共 3024 条图书借阅数据用来进行关联规则分析。原始数据如表 9.17 所示,图书借阅数据库中包含学号、姓名、借书编号、借书名称、借阅时间、还书时间 6 个属性。为了简化数据,首先将数据进行规约处理,处理后的数据格式如表 9.18 所示。

表 9.17　原始图书借阅数据

学号	27336712530	27336712538
姓名	＊＊	＊＊

续表

借书编号	210671003	211673287
借书名称	Web 原理	雪国
借阅时间	2016-09-24 13:56:10	2016-12-20 17:58:22
还书时间	2016-10-17 15:24:55	2017-02-27 08:25:44

表 9.18 数据规约处理后的图书借阅数据

学　　号	借书编号	借书名称
2733 * * * * 530	210671003	Web 原理
2733 * * * * 538	211673287	雪国

　　与校园一卡通源数据表相似,图书借阅源数据表也是采用流水记录的方式对学生的图书借阅信息进行存储。即表 9.18 中的每一列代表每一个学生的一条消费记录。我们要将其转换为每一位同学在本学期的所有的借阅记录,关键步骤包括遍历整个数据库计算每个目标学生在本学期之内是否借阅过图书和专业课图书。最后的数据格式如表 9.19 所示。

表 9.19 离散化后的图书借阅数据

学　　号	借阅图书	借阅专业课书籍
2733 * * * * 530	是	是
2733 * * * * 538	是	否

　　下一步,将学生的成绩数据与图书借阅数据进行合并,如表 9.20 所示。

表 9.20 学生成绩数据与其图书借阅数据联合表

学号	性别	借阅图书	借阅专业课书籍	总成绩	专业课成绩
2733 * * * * 530	男	是	是	Good	Poor
2733 * * * * 538	女	是	否	Poor	Poor
2733 * * * * 539	女	是	是	Good	Good

196

9.5.2 挖掘结果分析

用 PNARC 算法来挖掘成绩数据与图书借阅数据之间可能存在的正负关联规则。如表 9.21 所示,通过分析正关联规则可以得到在所有借阅过图书的学生中,总成绩优秀的概率是 85.57%,专业课优秀的概率是 82.28%。

表 9.21　成绩数据与图书借阅数据之间的关联规则

规　　　则	置　信　度
借书⇒成绩优秀	85.57%
借书⇒专业课成绩优秀	82.28%
专业课借书⇒专业课成绩优秀	95.56%
没有借书⇒ ¬ 成绩优秀	83.38%

特别地,在所有借阅过专业书籍的学生中,有 95.56% 的学生专业课成绩优秀。分析负关联规则发现在所有一学期内没有借阅过与本专业相关的书籍的学生中,有 83.38% 的学生专业课成绩不会很好。

通过以上分析可以发现,学生的成绩与借书习惯之间存在一定的正相关关系。一般来说,借书比较多的学生能说明其对待学习的态度比较认真。专业课借书与学生的专业成绩存在强相关关系,如果学生对自己专业比较感兴趣,那么通常情况下借阅的同类型的书籍会比较多,可见多看一些专业书籍能够很大程度上提升专业课的成绩。

9.6　心理健康与成绩间的关联分析

9.6.1 数据预处理

在 9.3 节中详细讨论了基于 SCL-90 量表的各个心理健康病症因子之间的关联关系,但是没有将其与成绩数据进行结合分析心理健康状况对学生成绩有何影响。本节将心理健康数据库与学生成绩数据库联合起来,分析各个病症因子对学生学习成绩的影响,有利于从心理健康方面来帮助学生提高学习成绩。

心理健康数据表如表 9.22 所示。

表 9.22　心理健康数据表

性别	男	男	男	女
躯体化	是	否	否	否
强迫症	是	否	是	是
人际关系敏感	是	否	是	否
抑郁	是	否	是	否
焦虑	是	否	是	否
敌对	是	否	是	否
恐惧	是	否	否	否
偏执	是	否	否	否
精神病性	是	否	是	是
是否心理健康	否	是	否	否

与表 9.5 不同的是,表 9.22 增加了"是否心理健康"这一属性,根据 SCL-90 量表的说明,如果被试者的测试结果中患有任何一种心理疾病,则认为该被试者患有心理疾病,如果被试者任何因子都没有症状,则认为其心理健康。

接下来将心理健康表与学生成绩数据表联合,如表 9.23 所示。

表 9.23　心理健康数据与学生成绩数据联合表

性别	男	男	男	女
躯体化	是	否	否	否
强迫症	是	否	是	是
人际关系敏感	是	否	是	否
抑郁	是	否	是	否
焦虑	是	否	是	否
敌对	是	否	是	否
恐惧	是	否	否	否
偏执	是	否	否	否

精神病性	是	否	是	是
是否心理健康	否	是	否	否
成绩	Poor	Good	Good	Poor
专业课成绩	Poor	Poor	Poor	Good

9.6.2 挖掘结果分析

用 PNARC 模型来挖掘心理健康状况与学生成绩之间的关联关系。

表 9.24 包含部分正负关联规则,可以发现几乎任何心理疾病都会影响学生的学习成绩。患有抑郁症的学生中有 85.45% 的学生专业课成绩不好,有 92.55% 的学生总平均成绩不好。患有焦虑症的学生中有 91.36% 的学生成绩不好;患有恐惧症的学生中有 88.47% 的学生学习成绩不好;患有人际关系敏感的学生中,有 91.35% 的学生成绩不理想。另外可以看到,如果一个学生同时患有抑郁症、焦虑症以及恐惧症,则其有 95.69% 的可能性不会取得良好的成绩;同时患有抑郁症和焦虑症的学生,他们的总平均成绩与专业课平均成绩都不好的概率是 89.92%。相反地,在所有的被试者中如果他们没有患有任何的心理疾病,则取得好成绩的概率是 93.45%。通过分析负关联规则可以得到,如果学生患有心理疾病,则他有 87.67% 的可能性不会取得好成绩。在所有的病症中,抑郁是对学生成绩影响最大的心理疾病。

表 9.24 心理健康状况与学生成绩之间关联规则

规 则	置 信 度
抑郁⇒专业课成绩不好	85.45%
抑郁⇒成绩不好	92.55%
焦虑⇒成绩不好	91.36%
恐惧⇒成绩不好	88.47%
人际关系敏感⇒成绩不好	91.35%
心理健康⇒成绩优秀	93.45%

续表

规　　则	置　信　度
抑郁、焦虑、恐惧⇒成绩不好	95.69%
抑郁、焦虑⇒成绩不好、专业课成绩不好	89.92%
患有心理疾病⇒¬成绩优秀	87.67%
焦虑⇒¬成绩优秀	91.36%
抑郁⇒¬专业课成绩优秀	85.45%

9.7　消费行为、图书借阅行为、心理健康与成绩间的关联分析

9.7.1　数据预处理

前面分析了消费行为与成绩之间的关联关系、图书借阅行为与成绩之间的关系和心里健康状况与成绩之间存在的关联关系。本节将以上数据结合起来，试图找寻更多的具有决策指导意义的规则。

表 9.25 是消费行为数据、图书借阅数据、心理健康数据以及成绩数据的联合表结构。

表 9.25　联合表包含的属性

编　　号	属　　　性	离　散　化
1	学号	—
2	性别	男/女
3	学习成绩	Good/Poor
4	专业课成绩	Good/Poor
5	早餐规律	规律/不规律
6	午餐规律	规律/不规律
7	晚餐规律	规律/不规律
8	消费水平	高/低

续表

编　　号	属　　　　性	离　散　化
9	借书情况	是/否
10	专业课借书情况	是/否
11	躯体化	是/否
12	强迫症	是/否
13	人际关系敏感	是/否
14	抑郁	是/否
15	焦虑	是/否
16	敌对	是/否
17	恐惧	是/否
18	偏执	是/否
19	精神病性	是/否
20	心理健康状况	是/否

如表 9.25 所示,最终的数据表中包含学习成绩、借书情况以及心理健康状况等 20 个属性。

9.7.2　挖掘结果分析

在前面几节中,用 PNARC 算法对数据进行关联规则挖掘,原因是数据库中的项集(属性)较少,产生的规则长度以及数量不算太多,可以很容易地在结果集中挑选有兴趣的规则。但是由于本节的数据中属性达到了 20 个,这就导致挖掘的结果集中会存在大量的以及冗余的规则,从而不利于挑选有用的规则。因此在本节中使用无冗余关联规则算法——LOGIC 算法来挖掘正负关联规则。

表 9.26 中展示了部分具有代表性的包含学习成绩在内的项集之间的正关联规则。表 9.27 中展示了部分具有代表性的包含学习成绩在内的项集之间的负关联规则。通过分析规则,可以得到早餐的规律性、心理健康状况以及图书借阅行为均对学生的学习成绩产生影响。特别地,在早餐规律、午餐规律、晚餐规律以及经常借书的学生中有 94.6% 的学生取得优秀的学习成绩;在早餐规律、午

201

餐规律、晚餐规律以及心理健康的学生中有 93.52％的学生取得优秀的总成绩以及专业课成绩；在早餐规律、午餐规律、晚餐规律、借书、专业课借书并且心理健康的学生中有 95.6％的学生总成绩以及专业课成绩优秀。

表 9.26　联合分析的正关联规则

规　　　　则	置　信　度
早餐规律、午餐规律⇒成绩优秀	92.25％
早餐规律、晚餐规律⇒成绩优秀	91.36％
早餐规律、借书⇒成绩优秀、午餐	90.50％
借书、专业课借书⇒成绩优秀、专业课成绩优秀、早餐规律	91.35％
心理健康、借书⇒成绩优秀	92.70％
早餐规律、午餐规律、晚餐规律、借书⇒成绩优秀、专业课成绩优秀	94.60％
早餐规律、午餐规律、晚餐规律、心理健康⇒成绩优秀、专业课成绩优秀	93.52％
早餐规律、午餐规律、晚餐规律、借书、专业课借书、心理健康⇒成绩优秀、专业课成绩优秀	95.60％
成绩优秀、早餐规律⇒借书、心理健康	90.25％
成绩优秀、借书⇒早餐规律、心理健康	91.56％
成绩优秀、心理健康⇒早餐规律、借书	91.79％

表 9.27　联合分析的负关联规则

规　　　　则	置　信　度
早餐规律、借书⇒¬成绩不好	90.85％
借书、心理健康⇒¬成绩不好	92.70％
¬（早餐规律、借书、心理健康）⇒¬成绩优秀	91.56％
¬（早餐规律、借书、专业课借书）⇒¬专业课成绩优秀	88.70％
抑郁、焦虑、恐惧⇒¬成绩优秀	95.69％
抑郁、焦虑、人际关系敏感⇒¬成绩优秀	94.66％
抑郁、早餐不规律、不借书⇒¬成绩优秀	93.55％

规则"成绩优秀、早餐规律⇒借书、心理健康""成绩优秀、借书⇒早餐规律、

心理健康""成绩优秀、心理健康⇒早餐规律、借书"表明成绩优秀、早餐规律、借书、心理健康之间存在强相关性,早餐的规律性、借书行为以及心理健康状况对学生的成绩起着促进作用。相反地,通过对表9.27的研究发现,心理疾病以及早餐的不规律和学习成绩之间存在着负相关关系。患有抑郁症、经常不吃早餐并且同时无借书行为的学生有很大概率不会取得好的学习成绩。

根据以上的分析,可以给出提高学习成绩的方法,即养成良好的三餐习惯,特别要注意养成吃早餐的习惯,多阅读专业课相关的书籍以及注意保持良好的心理健康状况,特别要远离抑郁症。

小　　结

本章讨论正负关联规则在大学校园数据分析中的应用,详细分析了一卡通消费行为、图书借阅行为、心理健康与成绩间的关联关系,发现良好的三餐习惯(特别是按时用早餐)、尽量多的专业课参考书阅读以及注意保持心理健康与好的学习成绩之间具有很强的关联关系。

第 10 章　正负关联规则在医疗数据分析中的应用

本章介绍正负关联规则在医疗数据分析中的应用,主要分析了心脑血管疾病、糖尿病和类风湿关节炎三类数据用药间的关联分析。10.1 节对医疗数据分析的基本情况进行概述,10.2 节阐述诊疗数据的处理方法,10.3 节介绍心脑血管疾病用药间的关联分析,10.4 节介绍糖尿病用药间的关联分析,10.5 节介绍类风湿关节炎用药间的关联分析,最后是本章小结。

10.1　概　　述

医院信息系统在信息的采集、存储、查找、联网查询和数据管理等方面已十分成熟,综合医疗信息系统正在成为现代医疗体系的重要组成部分。目前医院信息系统基本已实现电子化、数字化,这些系统每天以 GB 甚至 TB 的速度产生大量数据,从这些海量的数据中挖掘有价值的信息、规律或者知识,为挖掘和分析医保数据中诊疗和用药记录的合理合法性提供数据支持,已成为一个具有很高的社会价值和应用价值的研究课题。在医院方面,可以对医院的资源配置、科室安排、医疗用品采购、医疗行为供需变化等方面提供决策;在政府方面,可以对社会保险政策研究、医院升级改造、政策评估等方面给出建议;在商业方面,也可以对某些相关行业的产品研发、医疗保险评估、风险预测、商品销售等方面发挥巨大影响。但是绝大数医疗信息系统的数据格式和功能仅满足日常管理功能,而不具备数据挖掘的能力,难以从中获取潜在的、有用的知识辅助医护人员的诊疗和医院管理人员的决策。基于此,本章选取了某医院的医疗数据作为研究对象(数据均脱敏处理),采用正负关联规则的研究方法,以期从中找出一些有价值的规则。

已经有很多组织和机构的专家发现了医保数据中隐藏的大量信息和知识,努力将关联规则与实际应用结合起来,为医院诊断系统提供新的决策支持信息,特别是能够发现各种疾病和药品之间、疾病与病人其他属性之间所隐藏的关联关系具有重要意义。在一些发达国家,数据挖掘技术已经广泛应用在辅助诊断、联合药物治疗、人类器官移植、人类基因组研究、人脸形象分析、康复治疗、新药物开发科学研究等方面。美国南加州大学脊椎病医院利用数据挖掘知识,提出了肿瘤、肝炎的成活概率的预测方法,以及对肝脏肿瘤的病理学分析,还涉及泌尿、甲状腺、类风湿性关节炎、心脏病、精神疾病、妇幼儿童疾病等医学领域的数据分析。在基础医学的领域,Vysis 公司为了药品开发所需要进行的蛋白质分析,利用神经网络技术对药物的副作用进行探索,Miroslav Kubat 等研究人员在心电图、脑电图等身体指标信号中进行了挖掘和分析,提出了一种基于决策树的方法来初始化神经网络,大大提高了对测试样本的分类准确率。

国内的研究中,有的学者采用 Apriori 算法分析医疗保险和相关因素的关联规则,并获得医疗保险成本分析的规则,从这些规则中可以提取到一些有价值的信息,如患者购买相关的药物费用和住院天数之间的关联关系;有的学者提出了一种基于频繁模式的检测医疗数据采集行为的方法;有的学者研究了社会医疗保险基金的收入和支出情况,并提出了一种建立数据仓库的维度建模方法,重组了元数据的星状模型;有的学者在医疗保险制度中设计和实施了一种 OLAM 模型,从中发现了一些能够监测部分"骗保行为"的规则,应用中得到了很好的效果;有的集中在临床合理用药的分析上,分析联合用药中的一些关联规则,从而发现在临床中可能会使用到的门诊药物,并最终将结果应用到了实际的药物治疗中;有的研究还给出了识别与糖尿病发病相关的危险因素的关联分析。但上述研究都只停留在正关联规则的层面,而没有涉及负关联规则。

医疗数据本身的特点也致使其处理与分析变得非常复杂。临床医疗信息、患者完备的身体各项指标信息、诊疗信息和用药记录等都具有模式多样性(如 SPECT,ECG,符号参数,书面记录等)、多态性、独特性、不完整性(由于人为因素可能导致错误和信息缺失)、及时性、冗余性和异质性等特点,通常包含模糊、嘈杂和冗余的信息,再结合其低数学特征、非标准化形式,均会为医疗信息的处理和分析带来很大的难度,而且医疗信息中涉及患者的隐私,涉及道德和法律问题,这些现状都为我们的分析提出了巨大的挑战,要求我们对数据处理时要格外慎重。

本章尝试从正负关联规则两个层面对医疗数据进行分析,以期从中找出一些更有价值的信息,为医护人员的诊疗和医院管理人员的决策提供依据。我们虽然查阅了很多医学方面的书籍,但限于作者对用药知识的匮乏,该部分的研究仅仅是一个有益的尝试,得到的分析模型还不一定合理,可能存在一些不专业的描述,还请读者谅解。

10.2 医疗数据预处理

10.2.1 医疗数据特征

本章采用的医疗数据包含病人的基本信息、门诊诊疗信息、医生处方单、费用清单等,信息量很大,具有以下几个方面的特征。

(1) 数据的模糊性。该数据具有容量大和复杂度高的特性,所有的诊疗、用药和住院记录都是靠手工录入,不同的医务人员对疾病症状和相关临床数据的阐述,以及对同一药品名可能都用不同的语言来描述,或者是缩写,或者是西药的同音译字,或者是输入错误,没有用统一的药品编码来收录,数据没有规范化,都造成了该医保数据的模糊性。

(2) 数据的不完整性。由于该数据只是某地市医院一年的数据,然而采集和保存医保数据的目的是为了记录投保人的诊疗和用药记录,而对于该数据的挖掘和分析可以发现疾病和用药的长期效果和医保费用的异常点。当然,任何医院的信息系统都不能全面反映一种疾病或者一个人的全部信息,这是由系统的客观局限性决定的。

(3) 数据的冗余性。该数据中涵盖多个表,包含医院的科室情况和划分,数据库的功能介绍,患者的私人信息,医院的等级认定等,而这些对于对疾病和用药的分析来说,都是多余和没有用的信息,不需要考虑,究竟需要哪些数据进行挖掘和分析,需要根据需求的规则来定。

(4) 数据的道德和法律性。医保数据中不仅包含私人信息和医保情况,而且关于患者的名誉权等问题也是数据分析时应该考虑的内容，并且在数据处理过程中要隐藏这些私人信息。

另外，数据中还有大量的空值和噪声，为了提高数据分析的质量，本章根据分析的需要，选取了心脑血管疾病、糖尿病和类风湿关节炎三类数据进行了预处理，并进行了相应的分析。

10.2.2 数据选择

本章使用的数据存储在关系型数据库中，很多信息对我们的研究并不一定有参考价值，例如，姓名、出生地等数据信息对数据挖掘的关联规则发现并没有作用，所以要删除与需求无关的数据，原始数据包含医院的科室情况和划分、数据库的功能介绍、患者的私人信息、医院的等级认定等，而这些对于对疾病和用药的分析来说都是多余的信息，处理后只保留与医保费用和疾病与用药相关的处方和诊疗结果的数据就可以了。数据主要包括报销费用单、糖尿病、心脑血管病和类风湿性关节炎的上万条数据，记录了患者的姓名、证件号、首次确诊时间、疾病名称、疾病类型、就诊科室、诊疗记录、所有医疗项目（药品、检查和器械等）等十几项属性，数据是 SQL Server 备份文件格式，需要将其还原到数据库中。具体对哪种疾病分析时选择哪种数据后面每一节会有详细介绍。图 10.1 说明了部分原始数据的情况。

	OrgCode	AccNo	Acc...	PersonName	Perso...	Sex	BirthDay	R...	IdentityCardNo	Fa...	Ye...	Payed	Check...	C...	D...	C...	ChronicIll	Memo	D...	marital_status	nationality	birthplace
1	301160	0010	01		YQG	1	1961-01-05 00:00:00.000	0	56017	1	1	1	2010-...	1	0	0	NULL	NULL	0	NULL	NULL	371481
2	301160	0010	02		YQQ	2	1982-07-22 00:00:00.000	3	20029	0	1	1	2010-...	1	0	0	NULL	NULL	0	NULL	NULL	371481
3	301160	0010	03		YTT	2	1988-10-06 00:00:00.000	3	60066	0	1	1	2010-...	1	0	0	NULL	NULL	0	NULL	NULL	371481
4	301160	0010	04		CXQ	2	1959-07-20 00:00:00.000	1	00068	0	1	1	2010-...	1	0	0	NULL	NULL	0	NULL	NULL	371481
5	310001	0001	01		FCS	1	1966-01-27 00:00:00.000	0	70618	1	1	1	2010-...	1	0	0	NULL	NULL	0	NULL	NULL	371481
6	310001	0001	02		ZLL	2	1983-05-06 00:00:00.000	9	60348	0	1	1	2010-...	1	0	0	NULL	NULL	0	NULL	NULL	371481
7	310001	0001	03		FHY	1	2010-10-14 00:00:00.000	4	40001	0	1	1	2010-...	1	0	0	NULL	NULL	0	NULL	NULL	371481
8	310001	0001	04		ZJF	2	1962-11-15 00:00:00.000	1	50629	0	1	1	2010-...	1	0	0	NULL	NULL	0	NULL	NULL	371481
9	310001	0001	05		FXB	1	1988-08-17 00:00:00.000	2	70610	0	1	1	2010-...	1	0	0	NULL	NULL	0	NULL	NULL	371481
10	310001	0002	01		FCZ	1	1956-07-27 00:00:00.000	0	70614	1	1	1	2010-...	1	0	0	NULL	NULL	0	NULL	NULL	371481
11	310001	0002	02		SHX	2	1983-05-03 00:00:00.000	9	30624	0	1	1	2010-...	1	0	0	NULL	NULL	0	NULL	NULL	371481
12	310001	0002	03		WCY	2	1959-11-08 00:00:00.000	1	80629	0	1	1	2010-...	1	0	0	NULL	NULL	0	NULL	NULL	371481
13	310001	0002	04		FTB	1	1980-11-24 00:00:00.000	2	40613	0	1	1	2010-...	1	0	0	NULL	NULL	0	NULL	NULL	371481
14	310001	0002	05		FTS	1	1984-01-22 00:00:00.000	2	20612	0	1	1	2010-...	1	0	0	NULL	NULL	0	NULL	NULL	371481
15	310001	0002	06		FZH	1	2007-06-29 00:00:00.000	4	90611	0	1	1	2010-...	1	0	0	NULL	NULL	0	NULL	NULL	371481
16	310001	0003	01		GPS	1	1965-04-13 00:00:00.000	0	30613	1	1	1	2010-...	1	0	0	NULL	NULL	0	NULL	NULL	371481
17	310001	0003	02		XXY	2	1964-09-29 00:00:00.000	1	90624	0	1	1	2010-...	1	0	0	NULL	NULL	0	NULL	NULL	371481
18	310001	0003	03		YXC	2	2009-09-22 00:00:00.000	4	20621	0	1	1	2010-...	1	0	0	NULL	NULL	0	NULL	NULL	371481
19	310001	0003	04		GGZ	1	1989-10-24 00:00:00.000	2	40638	0	1	1	2010-...	1	0	0	NULL	NULL	0	NULL	NULL	371481
20	310001	0003	05		GYQ	2	1987-02-09 00:00:00.000	3	90620	0	1	1	2010-...	1	0	0	NULL	NULL	0	NULL	NULL	371481
21	310001	0004	01		LHQ	1	1965-03-16 00:00:00.000	0	60618	1	1	1	2010-...	1	0	0	NULL	NULL	0	NULL	NULL	371481
22	310001	0004	02		XQY	2	1962-11-05 00:00:00.000	1	50628	0	1	1	2010-...	1	0	0	NULL	NULL	0	NULL	NULL	371481
23	310001	0004	03		LH	1	1982-10-07 00:00:00.000	2	70033	0	1	1	2010-...	1	0	0	NULL	NULL	0	NULL	NULL	371481
24	310001	0004	04		SN	2	1980-05-07 00:00:00.000	9	70069	0	1	1	2010-...	1	0	0	NULL	NULL	0	NULL	NULL	371481
25	310001	0004	05		LJR	2	2005-12-28 00:00:00.000	4	80044	0	1	1	2010-...	1	0	0	NULL	NULL	0	NULL	NULL	371481
26	310001	0005	01		GWQ	1	1970-06-27 00:00:00.000	0	70634	1	1	1	2010-...	1	0	0	NULL	NULL	0	NULL	NULL	371481
27	310001	0005	02		WQH	2	1968-01-15 00:00:00.000	1	50629	0	1	1	2010-...	1	0	0	NULL	NULL	0	NULL	NULL	371481
28	310001	0005	03		GDM	1	1991-01-26 00:00:00.000	2	60617	0	1	1	2010-...	1	0	0	NULL	NULL	0	NULL	NULL	371481
29	310001	0006	01		GWH	1	1942-02-01 00:00:00.000	0	63	1	1	1	2010-...	1	0	0	NULL	NULL	0	NULL	NULL	371481
30	310001	0006	02		WCL	2	1936-10-02 00:00:00.000	1	62	0	1	1	2010-...	1	0	0	NULL	NULL	0	NULL	NULL	371481
31	310001	0007	01		LSC	1	1941-10-02 00:00:00.000	0	20615	1	1	1	2010-...	1	0	0	NULL	NULL	0	NULL	NULL	371481

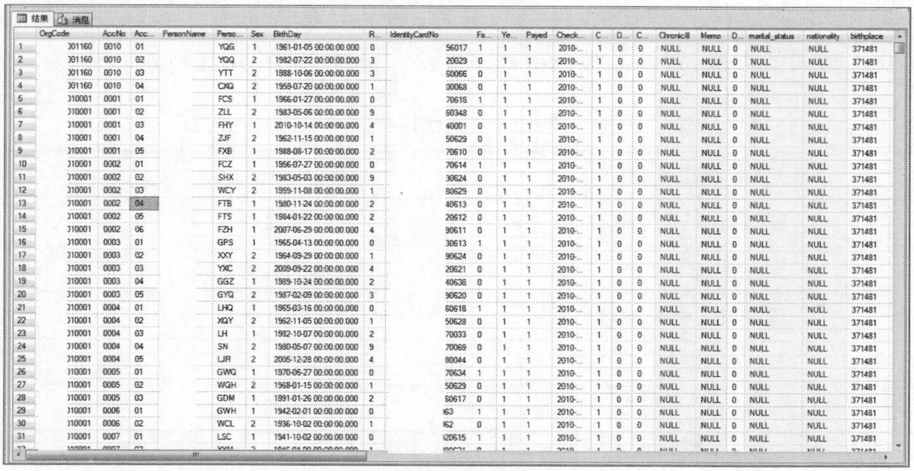

图 10.1 原始数据示例

10.2.3 数据规范化

本章采用的医疗数据涵盖病人的个人信息、就诊信息、用药信息、治疗记录和处方单等大量信息，整个数据库为传统的关系型数据库形式，由于数据量过于庞大，存在大量缺失值，如图 10.2 所示。不仅如此，数据还存在错误、冗余、含噪声和语义不一致的情况，本节针对我们分析的数据，对空缺值采取了忽略元组和删除不重要属性的方式，假若数据中的信息都是空缺值，则将该属性数据从数据样本中删除。对数据比较完整的心脑血管疾病、糖尿病和类风湿性关节炎患者的处方单和诊疗记录数据也进行了大量的预处理工作。

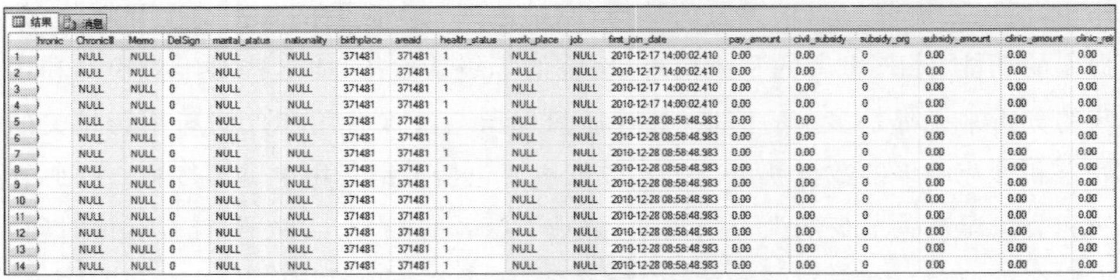
结果 消息

	hronic	Chronicll	Memo	DelSign	marital_status	nationality	birthplace	areaid	health_status	work_place	job	first_join_date	pay_amount	civil_subsidy	subsidy_org	subsidy_amount	clinic_amount	clinic_rei
1		NULL	NULL	0	NULL	NULL	371481	371481	1	NULL	NULL	2010-12-17 14:00:02.410	0.00	0.00	0	0.00	0.00	0.00
2		NULL	NULL	0	NULL	NULL	371481	371481	1	NULL	NULL	2010-12-17 14:00:02.410	0.00	0.00	0	0.00	0.00	0.00
3		NULL	NULL	0	NULL	NULL	371481	371481	1	NULL	NULL	2010-12-17 14:00:02.410	0.00	0.00	0	0.00	0.00	0.00
4		NULL	NULL	0	NULL	NULL	371481	371481	1	NULL	NULL	2010-12-17 14:00:02.410	0.00	0.00	0	0.00	0.00	0.00
5		NULL	NULL	0	NULL	NULL	371481	371481	1	NULL	NULL	2010-12-28 08:58:48.983	0.00	0.00	0	0.00	0.00	0.00
6		NULL	NULL	0	NULL	NULL	371481	371481	1	NULL	NULL	2010-12-28 08:58:48.983	0.00	0.00	0	0.00	0.00	0.00
7		NULL	NULL	0	NULL	NULL	371481	371481	1	NULL	NULL	2010-12-28 08:58:48.983	0.00	0.00	0	0.00	0.00	0.00
8		NULL	NULL	0	NULL	NULL	371481	371481	1	NULL	NULL	2010-12-28 08:58:48.983	0.00	0.00	0	0.00	0.00	0.00
9		NULL	NULL	0	NULL	NULL	371481	371481	1	NULL	NULL	2010-12-28 08:58:48.983	0.00	0.00	0	0.00	0.00	0.00
10		NULL	NULL	0	NULL	NULL	371481	371481	1	NULL	NULL	2010-12-28 08:58:48.983	0.00	0.00	0	0.00	0.00	0.00
11		NULL	NULL	0	NULL	NULL	371481	371481	1	NULL	NULL	2010-12-28 08:58:48.983	0.00	0.00	0	0.00	0.00	0.00
12		NULL	NULL	0	NULL	NULL	371481	371481	1	NULL	NULL	2010-12-28 08:58:48.983	0.00	0.00	0	0.00	0.00	0.00
13		NULL	NULL	0	NULL	NULL	371481	371481	1	NULL	NULL	2010-12-28 08:58:48.983	0.00	0.00	0	0.00	0.00	0.00
14		NULL	NULL	0	NULL	NULL	371481	371481	1	NULL	NULL	2010-12-28 08:58:48.983	0.00	0.00	0	0.00	0.00	0.00

图 10.2 原始数据空缺值示例

由于数据在录入时没有严格遵守规范的表达格式，造成了同一药品名、疾病名称有多个数据值表示，如三九胃泰和三九胃泰颗粒都代表了三九胃泰，因此本节将这些名称进行了规范化，将疾病名称、药品名称等进行了统一化处理，如表 10.1 所示。同时，对药品编码进行了统一化处理，如图 10.3 所示。

表 10.1 统一化表达

正则表达式	标　准　值
脑%血管%	脑血管
支%扩%	支气管扩张
清开灵%	清开灵
罗红霉素%	罗红霉素
%当归%	当归

A	B
FeeName	MedID
维C银翘片	CMM001
三九感冒灵颗粒	CMM002
急支糖浆	CMM003
金嗓子喉宝	CMM004
双黄连片、颗粒、口服液、注射液	CMM005
复方草珊瑚含片	CMM006
妇炎康复片	CMM007
复方丹参片	CMM008
香丹注射液	CMM009
黄芪注射液	CMM010
脉络宁注射液	CMM011
健胃消食片	CMM012
丹参	CMM013
血塞通	CMM014
丹参（含复方）	CMM015
冠心宁注射液	CMM016
银杏叶片	CMM017
地奥心血康胶囊	CMM018
胃康灵胶囊	CMM019

(a) 中成药编码

A	B
FeeName	MedID
葡萄糖	WM001
氯化钠	WM002
头孢曲松	WM003
利巴韦林	WM004
清开灵	WM005
乙酰螺旋霉素	WM006
头孢氨苄	WM007
地塞米松（氟美松）	WM008
复方甘草片	WM009
小儿氨酚黄那敏	WM010
红霉素	WM011
麦白霉素	WM012
复方氯酚烷胺	WM013
硫酸阿米卡星	WM014
甲硝唑	WM015
左氧氟沙星	WM016
头孢拉定	WM017
复方氨林巴比妥	WM018
小儿清肺化痰颗粒	WM019

(b) 西药编码

图 10.3 药品编码

10.2.4 数据归约

由于关联规则挖掘要求数据是离散型的，而原始数据一些值（如年龄）是连续型的，所以必须进行离散化处理。实际上，原始数据中存在病人的出生日期而没有年龄，需要适当处理。同时需要对年龄进行离散化，根据需要将年龄分成三部分，如表 10.2 所示。对性别也进行了编码。

表 10.2 年龄段划分

年 龄 范 围	代 码
小于或等于 45 岁	A1
大于 45 岁且小于 65 岁	A2
大于 65 岁	A3

另外，数据库中列出的疾病很多，如图 10.4 所示，并且这些疾病诊疗的病例也很多，如图 10.5 所示。但很难对所有的疾病进行分析，所以选择了数据比较完整的三种疾病进行分析，并对这些疾病名称进行了编码。

经过清理和筛选后，可用数据剩余 65 732 条。

sick_code	sick_name	sick_index	memo	sick_dm	updt
1	伤寒和付伤寒	SHHFSH	*NULL*	A01	2009-01-10 08:...
2	细菌性食物中毒	XJXSWZD	*NULL*	A02	2009-01-10 08:...
3	痢疾	LJ	*NULL*	A03	2009-01-10 08:...
4	甲型肝炎	JXGY	*NULL*	A04	2009-01-10 08:...
5	其他肠道传染病	QTCDCRB	*NULL*	A05	2009-01-10 08:...
6	结核病	JHB	*NULL*	A06	2009-01-10 08:...
7	破伤风	PSF	*NULL*	A07	2009-01-10 08:...
8	败血症	BXZ	*NULL*	A08	2009-01-10 08:...
9	麻疹	MZ	*NULL*	A09	2009-01-10 08:...
10	流行性乙型脑炎	LXXYXNY	*NULL*	A10	2009-01-10 08:...
11	流行性出血热	LXXCXR	*NULL*	A11	2009-01-10 08:...
12	乙型肝炎	YXGY	*NULL*	A12	2009-01-10 08:...
13	钩端螺旋体病	GDLXTB	*NULL*	A13	2009-01-10 08:...
14	非典型肺炎	FDXXFY	*NULL*	A14	2009-01-10 08:...
15	其他非肠道传...	QTFCDCRB	*NULL*	A15	2009-01-10 08:...
16	疟疾	NJ	*NULL*	B01	2009-01-10 08:...
17	血吸虫病	XXCB	*NULL*	B02	2009-01-10 08:...
18	其他寄生虫病	QTJSCB	*NULL*	B00	2009-01-10 08:...
19	鼻咽恶性肿瘤	BYEXZL	*NULL*	C01	2009-01-10 08:...
20	食管恶性肿瘤	SGEXZL	*NULL*	C02	2009-01-10 08:...

图 10.4　疾病列表

RegNo	TranHospName	病例个数
022CC1106080001RS	上呼吸道感染	109433
193CC110320001967	急性鼻咽炎（普通感冒）	85402
193CC110320002067	高血压病	40320
193CC110320002167	胃炎	24743
412CC1104060007C6	冠心病	17491
244CC1102050002E5	急性咽、喉、扁桃体和气管等上呼吸道感染	16178
539CC1108180004TB	脑血管病	13930
440CC1108080002D1	急、慢性胃肠炎	12708
440CC1108090005D1	脑梗塞	10272
108CC110110002603	类风湿性关节炎	9776
011CC1104090008GH	妇科疾病	9469
022CC1107110058RS	流行性感冒	8267
477CC1102030000065A	糖尿病	7837
004CC1105290002GJ	扁桃体	6259
015CC1107290020KL	肺炎	5901
103CC1105250002DL	支气管炎	3911

图 10.5　各种疾病病例个数

10.3　正负关联规则在心脑血管疾病分析中的应用

我国人口老龄化及城镇化迅速发展的今天,心脑血管疾病危险因素和突发情况流行趋势明显,而随着生活水平的提高,普遍存在"三高"、营养过剩、不健康饮食、超重和肥胖、酗酒以及缺乏室外活动、生活及工作压力等现象,通过数据统计和预测显示,在接下来的 10 年,心脑血管患病人数仍将快速增长。

心脑血管疾病的前期诊断确诊难度较大、检查较多(而现代人很少有集中时间进行检查)、费用高,所以很难在普通社区人群和居民中收集数据进行列队监测,鉴于此,有地区开启了基于人群的脑卒中长期监测研究,并采集了近万例城镇医保居民信息,一一进行登记和采样,形成了《中国心血管病报告》。

国家"十二五"规划完成了一项全国脑卒中调查,结果显示,中国心脑血管疾病死亡率仍高居各种疾病死亡原因之首,死亡占比在居民中达到一半。同时还推出了新的医改政策,到 2014 年年底全国超过九千万心脑血管患者纳入医保管理干预,这是我国具有里程碑意义的工作。

疾病的诊疗是一方面,在治疗过程中的严格用药也是很重要的,合理安全的用药可以保证患者的救治过程顺利进行,而通过建立"症状-用药-患者"这种架构可以真正实现"对症下药,因人而异",可以有效提高治疗效果,降低用药成本。例如,有一项这样的研究,它以广东省和江苏省药物不良反应信息平台为依托,以心脑血管疾病用药为研究对象,运用数据挖掘技术,研究药物、药物使用者与不良反应之间的关系,筛查药物、用药人群和不良反应,三者间的强烈相关性,为及时、快速、有效地预测发生药物不良反应高风险群体、安全使用药物、有效减少药物性疾病造成的额外经济负担提供了依据。

还有一项研究,它通过频率分析方法分析疏血通注射在患者中相关指标的分布情况,根据国内二十家三甲医院的疏血通患者使用情况和住院患者资料,建立了数据库并按照综合数据仓库建设模式选择人群特征,采用频率分析法选择患者,使用关联规则方法对患者的药物管理、给药途径和联合用药等分布进行统计分析。

本章进行的数据分析过程和结果如下。

我们从清理和筛选后的 65 732 条数据中提取了诊断为心脑血管疾病的患者记录和相应的处方单,共有 516 条。图 10.6 示意了处方单,图中右侧相同的数据代表一张处方单。

在 516 条处方信息中,我们对用药情况进行挖掘和分析,得到频繁项集和非频繁项集,找到正负关联规则,有 498 条联合用药较为合理,符合心脑血管的常

葡萄糖	CC110116000188
脉络宁注射液	CC110116000188
黄芪注射液	CC110116000188
注射器	CC110116000188
输液器	CC110116000188
静脉输液	CC110116000188
利血平	CC110116000188
复方罗布麻	CC110116000188
葡萄糖	CC110116000288
脉络宁注射液	CC110116000288
曲克芦丁（维脑路通）	CC110116000288
曲克芦丁（维脑路通）	CC110116000288
注射器	CC110116000288
输液器	CC110116000288
静脉输液	CC110116000288
利血平	CC110116000288
复方丹参片	CC110116000288
葡萄糖	CC110116000388
脉络宁注射液	CC110116000388
曲克芦丁（维脑路通）	CC110116000388
维生素B6	CC110116000388
维生素B6	CC110116000388
维生素C	CC110116000388
注射器	CC110116000388
输液器	CC110116000388
静脉输液	CC110116000388
利血平	CC110116000388
复方罗布麻	CC110116000388
葡萄糖	CC110116000488
脉络宁注射液	CC110116000488
黄芪注射液	CC110116000488
注射器	CC110116000488
输液器	CC110116000488
静脉输液	CC110116000488
复方丹参片	CC110116000488
利血平	CC110116000488

图 10.6　心脑血管疾病患者处方单

规用药,有 18 条用药情况表现出一些异常,其用药的合理性有待核实。具体说明如下。

表 10.3 列出了几个支持度和置信度较高的联合用药的正关联规则(除了常规用药搭配以外)。从中可以看出：规则"利血平⇒复方罗布麻""利尿剂⇒β受体阻滞剂"的置信度分别是 88.75％、75.67％,根据医学知识,可以肯定这些联合用药都是合理的,利血平是普通门诊的常用降压药,和复方罗布麻联合使用可以降低和减轻用药期间产生的手脚麻木的药效反应,所以门诊医生会一同开在一张方子上,这也是经过长期诊疗经验得出的结论,这里通过数据分析也为这一结论提供了数据支持,充分说明这种用药搭配是合理的。

另外,"脑蛋白水解物,三磷腺苷类药物⇒卡托普利"的置信度为 68.32％,根据相关资料显示,脑蛋白水解物、三磷腺苷类药物可通过自身的一些化学反应,降低血压,这是对心脑血管疾病的预防和治疗,而卡托普利对多种类型高血压均有明显降压作用,并能改善充血性心力衰竭,减轻心脏负荷,改善心衰患者的心功能,配合调节血压。"曲克芦丁⇒脑蛋白水解物"的置信度为 52.65%,虽然从数据来看不算太高,但是临床研究表明,这种组合在脑血栓、脑出血、脑痉挛等急慢性脑血管疾病中成效显著,曲克芦丁可抑制血小板聚集,防止血栓形成,而脑蛋白水解物是一种肽能神经营养药物,具有改善脑缺氧、增强脑对缺氧的耐受性等作用,这两种药物的联合使用能够解决各种各样的脑血管疾病,所以,现在曲克芦丁脑蛋白水解物已经作为一种复方制剂使用。但是,规则"脑蛋白水解物⇒醋酸地塞米松"的置信度为 21.5%,脑蛋白水解物是心脑血管疾病的常用药,而后项——醋酸地塞米松则针对于一些过敏性病症都有很好的效果,表面上来看这种联合用药搭配是比较奇怪的,但是查阅资料后可以发现,有些患者会对脑蛋白水解物等药物有不良反应,会导致皮肤瘙痒、皮疹等症状,所以部分医生会同时开这类药物,虽然置信度不高,但这种联合用药是合理的。

表 10.3　心脑血管疾病联合用药规则(正关联规则,$s(*)\geqslant 20\%$)

药物搭配(关联规则)	置　信　度
利血平⇒复方罗布麻	88.75%
利尿剂⇒β受体阻滞剂	75.67%
脑蛋白水解物,三磷腺苷类药物⇒卡托普利	68.32%
脑蛋白水解物⇒醋酸地塞米松	21.5%
曲克芦丁⇒脑蛋白水解物	52.65%

挖掘结果中还存在一些从非频繁项集中得到的负关联规则,表 10.4 列出了几个代表性的规则,我们来分析一下。"地西泮⇒¬硫酸阿托品(注射液)"的置信度为 98.01%,也就是说,医生开地西泮,是为了病人安神用,用于心脑血管疾病前期的一些头疼失眠病症,但是,地西泮不易溶解,尤其是注射用,所以多数采取二丙醇作为溶媒溶解其注射液,但是硫酸阿托品这种水溶性注射剂,将地西泮放入其中会出现沉淀现象,基本是不允许的。

"卡托普利⇒¬地高辛"的置信度为 83.36%,卡托普利的功效就是降低血压,减轻心脏负担,地高辛属于洋地黄类强心药物,用于心衰、心衰伴房颤等患者,有强心、控制心率的作用,而卡托普利会增加洋地黄类的中毒发生率,所以按照规定的联合用药,是不允许这种搭配出现的,可能个别几张处方单是为了增强患者的心率来消化卡托普利,从而降压,建议在同时用药前需要评估心率、心电图、心脏彩超、视力情况等,服药时需要监测患者的血压、心率、心律、胃肠道反应等情况,警惕洋地黄类药物中毒,而此类搭配必须遵照医嘱才可以,医生一定要对其进行长期监测,适合住院患者使用。

表 10.4　心脑血管疾病用药分析(负关联规则,$s(*) \geqslant 30\%$)

药物搭配(关联规则)	置　信　度
地西泮⟹¬硫酸阿托品(注射液)	98.01%
卡托普利⟹¬地高辛	83.36%
胺碘酮⟹¬卡托普利	68.32%

10.4　正负关联规则在糖尿病分析中的应用

全世界糖尿病患者已经超过 5 亿人,甚至每降生两名新生儿的同时就会有一位死于糖尿病的患者,这样的现实是十分恐怖的。我国糖尿病形势同样严峻,患病人数已经呈指数爆炸形态,不仅是对社会和人类的威胁,也是对世界卫生公共事业的沉重挑战,尤其是对于发展中国家。由糖尿病导致的死亡占比并不高,但因不当使用药物因其他并发症而死亡的总占比达到 43%,这已经是很高的比例了,尤其呈现年轻化趋势,主要与现在年轻人的生活和饮食习惯有关。

目前虽然已经存在许多糖尿病的辅助决策支持系统,但是真正基于大数据技术和关联规则的研究尚处于起步阶段,其原因很大程度上在于医保数据难获取、难处理的问题。一些机构对糖尿病的用药规律进行了研究,他们对 110 例糖尿病案例中 173 个药物(主要是中草药)的频次进行统计,从中发现以中医理论为指导的中药疗法,在对 Ⅱ 型糖尿病的临床观察中被证实确有较好疗效。吕振红等运用改进的 FP-Growth 算法对预处理后的数据进行关联规则挖掘,在对FP-tree 生成的过程中提出了共享前缀的思想,从而减少了遍历的子孙节点的个数,并结合自身专业特点探讨其主要症状特征特点、中医特点、治法方剂等中药应用情况,为中医治疗糖尿病提供参考。还有研究人员开发了一款 PULSE 系

统,旨在利用大数据计算对电子病历及疾病的相关数据进行分析和处理,有助于
发掘有效的临床诊疗路径,可在医疗资源有限的社区医院筛查更多的病例。

本章进行的数据分析过程和结果如下。

从 65 732 条数据中提取了诊断为糖尿病的患者记录和相应的处方单,共
962 条,图 10.7 示意了处方单,图中右侧相同的数据代表一张处方单。从图中可
以看出有些处方单比较简单,只有一两种药物,这也说明了糖尿病是一种慢性
病,需要长期用药,所以对于糖尿病的处方还是比较稳定的,大部分都是符合规
定的联合用药,存在很多的正关联规则。

FeeNameRegNo	
头孢拉定	CC110304001483
复方氨林巴妥	CC110304001483
地塞米松（氟美松）	CC110304001483
盐酸利多卡因	CC110304001483
注射器	CC110304001483
治疗费	CC110304001483
消渴丸	CC110304001483
盐酸二甲双胍	CC110304001483
消渴丸	CC110402000283
盐酸二甲双胍	CC110402000283
消渴丸	CC110407000883
盐酸二甲双胍	CC110407000883
头孢拉定	CC110407000883
复方氨林巴妥	CC110407000883
地塞米松（氟美松）	CC110407000883
盐酸利多卡因	CC110407000883
注射器	CC110407000883
治疗费	CC110407000883
消渴丸	CC110412000683
盐酸二甲双胍	CC110412000683
消渴丸	CC110413002288
盐酸二甲双胍	CC110413002288
消渴丸	CC110414000183
盐酸二甲双胍	CC110414000183
消渴丸	CC110414001183
盐酸二甲双胍	CC110414001183
消渴丸	CC110417001183
盐酸二甲双胍	CC110417001183
消渴丸	CC110418001683
盐酸二甲双胍	CC110418001683
消渴丸	CC110420001383
盐酸二甲双胍	CC110420001383
消渴丸	CC110420001683
盐酸二甲双胍	CC110420001683
盐酸二甲双胍	CC110424000683
消渴丸	CC110424000683
消渴丸	CC110504000683
盐酸二甲双胍	CC110504000683

图 10.7 糖尿病患者处方单

经过对糖尿病的用药处方进行挖掘与分析,找到了一些药物之间的正负关
联规则(除了常规用药搭配以外),表 10.5 列出了几条有代表性的规则。

从中医的角度分析,糖尿病首要即需"消渴",主要表现是"气阴虚,燥热淤",

故用药以补气养阴为主,再辅以清热、活血。所以"消渴丸"的支持度几乎是100％,而"消渴丸⇒盐酸二甲双胍"的置信度也达到了98.63％,消渴丸滋肾养阴,益气生津,盐酸二甲双胍容易产生依赖性,而从处方单的情况来看,几乎每张处方都有该药物,说明消渴丸和盐酸二甲双胍是合理的联合用药。规则中还有这样一条"消渴丸,盐酸二甲双胍⇒格列吡嗪",置信度是68.32％,乍一看像是条违规用药,因为盐酸二甲双胍和格列吡嗪的药效都是帮助患者控制饮食,为什么前期是盐酸二甲双胍,后来就变成了格列吡嗪,而且费用也相对增高了。但经研究发现,格列吡嗪的作用是辅助病人进行饮食控制,主要针对轻、中度非胰岛素依赖型病人,也就是前期已经对盐酸二甲双胍形成依赖而药效减弱的病人,如果他们无法控制好自己的饮食,该药可以达到良好效果。

表 10.5　糖尿病用药分析(正关联规则,$s(*)\geqslant20\%$)

药物搭配(关联规则)	置　信　度
消渴丸,达美康⇒盐酸利多卡因	34.98％
消渴丸⇒盐酸二甲双胍	98.63％
消渴丸,盐酸二甲双胍⇒格列吡嗪	68.32％
头孢拉定⇒六味地黄丸	21.5％

　　表 10.6 展示的是几种药物间的负关联规则,下面来分析下。麦白霉素是针对糖尿病期间的一些并发症的,它广泛分布于各器官中,属于弱碱性药物,有良好的组织转运性,它会随着尿液流失,尤其是糖尿,不易通过血脑屏障。但是在962 张处方单中,有 356 张处方含有麦白霉素或者红霉素。资料显示,麦白霉素与红霉素的药效一样,甚至麦白霉素是红霉素的替代品,那问题在于为什么不能只是用红霉素呢?为什么有了麦白霉素就不再开红霉素呢?研究得知,有一部分人对红霉素过敏,对麦白霉素却不会,所以同样的效果,都可以应对敏感菌所致的口咽部、呼吸道和皮肤等部位感染,弥补因糖尿而流失的某些必要元素,但是麦白霉素对消化道的刺激较红霉素小得多,所以,能用麦白霉素代替的处方基本都使用了麦白霉素。

　　同样可以看出,"﹁波尼松⇒卡托普利"也是一条很有研究意义的负关联规则。感冒虽然看起来是很平常的流行病,而且感冒药种类繁多,但是糖尿病患者如果感冒了用药就需要特别注意，因为有些药物(如泼尼松)，本身就能够升高血糖，增加肝糖原、减少糖的分解，会促使血糖升高。所以，如果同时和降糖药使用，那么降糖药的药效就会得到抑制，达不到效果。

表 10.6　糖尿病用药分析(负关联规则，$s(*) \geqslant 20\%$)

药物搭配(关联规则)	置　信　度
¬红霉素⇒麦白霉素	77.65%
¬雌激素、黄体酮⇒胰岛素	42.56%
¬泼尼松⇒卡托普利	21.47%

10.5　正负关联规则在类风湿性关节炎中的应用

类风湿性关节炎是一种自身免疫系统攻击性疾病，主要表现为关节疼痛、肿胀、功能下降、病变持续，而且反复发作。经不完全统计，我国一般发病率25~55岁的78%的女性较高。

西医治疗类风湿性关节炎主要是控制症状，延缓或阻断病情继续发展，主要是止痛，目前尚无特效药可以彻底治愈，所以又被称为"不死癌症"。西药以非自体类抗炎药、抗风湿药、免疫控制剂等对症处理为主，但这些药物副作用较多，长期食用反而对身体会有其他危害，出现呼吸消化道出血、肝功能、肾功能损伤等，因此本章更关注处方中出现的药物副作用是否会影响到患者的其他病症。

调查显示，在诊断疾病和护理的阶段，如果医护人员对其是否患病有不确定性，患者自身的感觉就会不断升高，所以医护人员要对病人提出的疑问耐心解答，告知他们会出现的副作用和处理方式，缓解不安情绪。而且，类风湿性关节炎患者到医院就诊的时间中位数为25天，也就是说，某些患者出现前兆时可能有近一个月的延迟，不会马上去医院就诊。鉴于该病的前驱症状不明显，也可以通过分析同一名患者的所有诊疗记录来分析，对医务人员进行有效干预，降低就诊延迟率，早日将病情控制住。

本章进行的数据分析过程和结果如下。

数据中明确标明是"类风湿性关节炎"的病患处方单共9776个，处方单如

图 10.8 所示。但有 64% 的病人初诊并不是类风湿性关节炎，当得知自己患此病时，已经用长期止痛药物一段时间了，并没有长时间的住院信息。从这里也可以反映出，该病症确实是"不死癌症"。

FeeName	RegNo
骨通贴膏	004CC1101100008GJ
双氯芬酸	004CC1101110002GJ
腰腿痛丸	004CC1101110002GJ
骨通贴膏	004CC1101130010GJ
云南白药	004CC1101170008GJ
跌打丸	004CC1101170008GJ
麝香壮骨膏	004CC1101170008GJ
其他费用	004CC1101170008GJ
跌打丸	004CC1101170008GJ
治疗费	004CC1101170008GJ
治疗费	004CC1101170008GJ
尼美舒利	004CC1101300013GJ
骨通贴膏	004CC1101300013GJ
吲达帕胺	004CC1102020014GJ
治疗费	004CC1102020014GJ
骨通贴膏	004CC1102090017GJ
骨通贴膏	004CC1102090018GJ
骨通贴膏	004CC1102090019GJ
骨通贴膏	004CC1102090020GJ
治疗费	004CC1102090020GJ
壮骨关节丸	004CC1102150013GJ
治疗费	004CC1102150013GJ
骨通贴膏	004CC1102150017GJ
头孢氨苄	004CC1102150017GJ
治疗费	004CC1102150017GJ
麝香壮骨膏	004CC1102160007GJ
骨通贴膏	004CC1102160007GJ
壮骨关节丸	004CC1102160007GJ
治疗费	004CC1102160007GJ
治疗费	004CC1102160007GJ
骨通贴膏	004CC1102160021GJ
治疗费	004CC1102160021GJ
壮骨关节丸	004CC1102160023GJ
双氯芬酸	004CC1102160023GJ
骨通贴膏	004CC1102160023GJ
骨通贴膏	004CC1102160023GJ
治疗费	004CC1102160023GJ

图 10.8　类风湿性关节炎患者处方单

通过对类风湿性关节炎的处方进行挖掘与分析，找到几种药物之间的正负关联规则（除了常规用药搭配以外），结果如表 10.7 所示。

表 10.7　类风湿性关节炎用药分析($s(*) \geqslant 30\%$)

药物搭配（关联规则）	置信度
头孢氨苄⇒骨通贴膏（膏药）	88.41%
布洛芬,强的松⇒六味地黄丸	45.43%
氨苄西林钠⇒醋酸地塞米松	57.63%

类风湿性关节炎的主要症状就是关节疼痛,所以几乎每张处方单都会有骨通贴膏、云南白药等膏药类,"头孢氨苄⇒骨通贴膏(膏药)"的置信度高达88.41%,查阅资料可知,类风湿性关节炎需要注射一些炎症类的药物,而青霉素等注射类抗生素需要做皮试,头孢氨苄和阿司匹林均属于口服型药物,很多患者不会因为类风湿性关节炎而住院或者在医院注射点滴,于是就有很多人会在门诊开这类抗生素。

"布洛芬,强的松⇒六味地黄丸"的前项是缓解疼痛类药物,且强的松含有不少的激素,而六味地黄丸是滋阴补肾的药物,多为女性使用。其实这条规则的前项和后项从治疗的疾病来看没有什么关联,貌似是一个不合理的用药组合,但是置信度还达到比较高的45.43%,其原因可能是因为患者去开治疗类风湿性关节炎药的同时,顺便开一些六味地黄丸当作一般的保健药品服用。

类风湿性关节炎属于自身免疫系统性疾病,所以醋酸地塞米松可以用于过敏性和自身免疫性炎症,而"氨苄西林钠⇒醋酸地塞米松"前者用于呼吸道感染、胃肠道感染等细菌感染导致的疾病,从此也可以看出,类风湿性关节炎会导致自身免疫出现攻击自身的问题,从而会产生皮肤过敏、溃疡、皮疹皮炎等症状,而这种预防过敏的搭配、治疗加预防的搭配也是非常合理的,让患者免受很多痛苦。

与前两例病症不同,下面看一下类风湿性关节炎患者在确诊前,或者是确诊前中期会出现哪些先兆性疾病和并发症,看看它们是否与类风湿性关节炎有关系,这样对该病的先兆性诊断有很高的参考价值。在下面的分析中,我们刻意将支持度阈值设置的比较小,便于发现更多的频繁项集。挖掘结果如图 10.9 所示。

164CC1105160001D3	椎间盘疾病	上感	2
164CC1105190003D3	椎间盘疾病	气管哮喘	2
164CC1105200001D3	椎间盘疾病	皮下组织疾病	2
164CC1105210006D3	椎间盘疾病	脓胸	2
164CC1105210007D3	椎间盘疾病	脑瘫	2
164CC1105210008D3	椎间盘疾病	静脉曲张	2
164CC1105220011D3	椎间盘疾病	急性咽炎	2
164CC1105240010D3	椎间盘疾病	急性胃肠炎	2
164CC1105260006D3	椎间盘疾病	关节肿痛	2
164CC1106020010D3	椎间盘疾病	风湿性关节炎	2
164CC1106030001D3	椎间盘疾病	肺栓塞	2
164CC1106040002D3	椎间盘疾病	低钾麻痹	2
164CC1106030011D3	椎间盘疾病	丹毒	2

图 10.9　类风湿性关节炎患者确诊前病症

我们还得到了一条规则"类风湿性关节炎⇒肺炎，冠心病"，其置信度是54.66%，这说明"类风湿性关节炎、肺炎和冠心病"之间存在一定的关系，基于一般医学知识，肺炎不能引起冠心病，但很多研究表明冠心病可导致肺炎衣原体感染，然后导致肺炎。

还有一条规则是"椎间盘突出症⇒脑血管"的结论。在人们的日常生活中，通常认为类风湿性关节炎会导致中风或脑血管疾病。然而，从这里的数据可以看到，颈椎病不会导致上述两种疾病，患者可以免除一些不必要的检查。

小　　结

本章将关联规则在医疗数据上进行了应用。由于医疗数据具有不完整性、冗余性等特点，包含模糊、嘈杂的信息，数据语义也不统一，还涉及道德和法律问题，为此，本章先对数据行了预处理，包括数据选择、数据规约等将数据进行清洗和规范，然后选取了心脑血管疾病、糖尿病和类风湿关节炎三种疾病的数据进行关联规则挖掘和分析，挖掘了一些有意义的正负关联规则，得到了一些有意义的分析结果。

缩 略 语 表

缩　　写	含　　义
AR	关联规则
2LS	两级支持度
c	置信度
corr	相关性
CTFS	定制时间的频繁项集
CTP	定制时间的 PNARC 模型
D/TD	事务数据库
GTFS	泛化时态频繁项集
I	属性(项目)组成的集合
i	项目
inFIS	非频繁项集
FIS	频繁项集
mc	最小置信度
MCS	最小相关度
mi	最小兴趣度
min.γ effective	最小有效投票率
MIS	多项支持度
MLMS	多级最小支持度
ms	最小支持度
NAR	负关联规则
NCIS	负候选项集
NFIS	负频繁项集
PAR	正关联规则

续表

缩　　写	含　　义
PFIS	正频繁项集
PNARC	正负关联规则相关模型
PR	比例比率模型
s	支持度
TF	时间特征
XMIS	扩展的多项支持度

参 考 文 献

[1]　Acharya A，Vellakkal S，Taylor F，et al. The Impact of Health Insurance Schemes for the Informal Sector in Low-and Middle-income Countries：A Systematic Review[J]. The World Bank Research Observer，2012，28：236-266.

[2]　Agarwal R，Aggarwal C，Prasad V. A tree projection algorithm for generation of frequent itemsets[J]. Journal of Parallel and Distributed Computing，2001，61(3)：350-371.

[3]　Aggarwal C C，Sun Z，Yu P S. Online algorithms for finding profile association rules [C]. Proceedings of the ACM CIKM Conference. 1998：86-95.

[4]　Aggarwal C C，Wolf J L，Yu P S，et al. Online generation of profile association rules [C]. Proceedings of the International Conference on Knowledge Discovery and Data Mining，August 1998.

[5]　Aggarwal C C，Yu P S. A new approach to online generation of association rules[J]. IEEE TransKnowl Data Eng 2001，13(4)：527-540.

[6]　Agrawal R，Imielinski T，Swami A. Mining association rules between sets of items in large databases[C]. Proceedings of the ACM SIGMOD Conference on Management of data. 1993：207-216.

[7]　Agrawal R，Mannila H，Srikant R，et al. Fast discovery of association rules. Advances in Knowledge Discovery and Data Mining[C]. Menlo Park，AAAI Press，CA，1996：307-328.

[8]　Agrawal R，Shafer J C. Parallel mining of association rules[J]. IEEE Transactions on Knowledge and Data Engineering，1996，8(6)：962-969.

[9]　Agrawal R，Srikant R. Fast Algorithms for Mining Association Rules[C]. Proceedings of the 20th International Conference on Very Large Databases. Santiago，1994：478-499.

[10]　Ale J M，Rossi G H. An approach to discovering temporal association rules[C]. In Proc. of the 2000 ACM Symposium on Applied Computing. 2000：294-300.

[11]　Alison L Barton，Michael S，et al. Gender Differences in the Relationships Among Parenting Styles and College Student Mental Health[J]. Journal of American College Health，2012，60(1)：21-26.

[12]　Alvarez S A. Chi-squared computation for association rules: preliminary results[R]. Technical Report BC-CS-2003-01 July 2003, Computer Science Dept. Boston College Chestnut Hill, MA 02467 USA, 2003.

[13]　Anthony K H T, Lu H J, Han J W. Efficient Discovery of Inter-Transaction Association Rules [J]. IEEE Transactions on Knowledge and Data Engineering, 2001,3.

[14]　Antonie M L, Zaiane O. Mining Positive and Negative Association Rules: An Approach for Confined Rules [C]. Proceedings of 8th European Conference on Principles and Practice of Knowledge Discovery in Databases (PKDD04). LNCS 3202, Springer-Verlag Berlin Heidelberg, Pisa, Italy 2004: 27-38.

[15]　Antunes C M, Arlindo L. Temporal Data Mining an overview[C]. Workshop on Temporal Data Mining-7th ACM SIGKDD International Conference on Knowledge Discovery and Data Mining, 2001.

[16]　Bakir N. A Decision Tree Model for Evaluating Countermeasures to Secure Cargo at United States Southwestern Ports of Entry[J]. Decision Analysis, 2016, 5 (5): 230-248.

[17]　Balcázar J L. Deduction Schemes for Association Rules [M]. Lecture Notes in Computer Science, 5255, 2008: 124-135.

[18]　Banswal R, Madan V. SPACS: Students' Performance Analysis and Counseling System using Fuzzy logic and Association Rule Mining[J]. International Journal of Computer Applications, 2016, 134(6): 732-742.

[19]　Bastide Y, Pasquier N, Taouil R, et al. Mining minimal non-redundant association rules using frequent closed itemsets[J]. In: Computational Logic, 2000: 972-986.

[20]　Bayardo R J, Agrawal R, Gunopulos D. Constraint-based rule mining in large, dense databases. Proceedings of the 15th International Conference on Data Engineering[C]. Sydney, Australia, March 23-26, 1999: 188-197.

[21]　Bettini C, Jajodia S, Wang X S. Time granularities in databases, data mining, and temporal reasoning[J]. Springer-Verlag, 2000.

[22]　Boulicaut J, Bykowski A, Jeudy B. Towards the tractable discovery of association rules with negations[C]. Proceedings of the Fourth International Conference on Flexible Query Answering Systems FQAS'00. Heidelberg: Physica-Verlag, 2000: 425-434.

[23]　Brin S, Motwani R, Silverstein C. Beyond Market: Generalizing Association Rules to

Correlations[C]. Processing of the ACM SIGMOD Conference. New York: ACM Press, 1997: 265-276.

[24] Brin S, Motwani R, Ullman J, et al. Dynamic itemset counting and implication rules for market basket data[J]. In ACM SIGMOD International Conference On the Management of Data, 1997, 6(2): 255-264.

[25] Cai C H, Fu A W, Cheng C H, et al. Mining association rules with weighted items[C]. IEEE Int'l Database Engineering and Applications Symposium. Cardiff, 1998.

[26] Calders T, Goethals B. Mining all non-derivable frequent itemsets[C]. In: Proceedings of the European conference on principles of datamining and knowledge discovery (PKDD), 2002: 74-85.

[27] Chen F P, Chen T J, Kung Y Y, et al. Use Frequency of Traditional Chinese Medicine in Taiwan[J]. BMC Health Services Research, 2007, 7: 26.

[28] Chen X, Petrounias I, Heathfield H. Discovering Temporal Association Rules in Temporal Databases[C]. Proc. of IADT'98. Berlin, Germany: 312-319.

[29] Chen X, Petrounias I. A framework for temporal data mining[C]. In Proc. of the 9th Int'l Conf. on Database and Expert Systems Applications, 1998: 796-805.

[30] CHEN X, Petrounias I. Mining Temporal Features in Association Rules[C]. Proc. of PKDD'99. Prague, Czech Republic: 295-300.

[31] Cheng J, Ke Y, Ng W. Effective elimination of redundant association rules[J]. Data Min Knowl Disc, 2008, 16: 221-249.

[32] Cheng J, Ke Y, Ng W. FG-Index: towards verification-free query processing on graph databases[C]. In: Proceedings of the 26th ACM conference on the management of data (SIGMOD): 857-872.

[33] Cheng J, Ke Y, Ng W. δ-Tolerance closed frequent itemsets[C]. In: Proceedings of the 6th IEEE international conference on data mining (ICDM).

[34] Cheung D W, Han J W, Ng V T, et al. Maintenance of discovered association rules in large databases: An incremental updating technique[C]. Proceedings of the 12th IEEE International Conference on Data Engineering, February 1996: 106-114.

[35] Cheung D W, Han J W, Ng V, et al. A fast distributed algorithm for mining association rules[C]. Proceedings of PDIS, 1996.

[36] Cheung D W, Hu K, Xia S W. Asynchronous parallel algorithm for mining association rules on a shared memory multi-processors[C]. Proceedings of the tenth annual ACM

symposium on Parallel algorithms and architectures. Puerto Vallarta，Mexico，June 28-July 2，1998：279-288.

[37] Cheung D W，Lee S D，Kao C M. A general incremental technique for maintaining discovered association rules[C]. Proceedings of the DASFAA，1997：185-194.

[38] Cheung D W，Ng V T，Fu A W，et al. Efficient mining of association rules indistributed databases[J]. In IEEE Trans. On Knowledge and Data Engineering，1996，8(6)：911-922.

[39] Cheung D W，Ng VT，Tam B W. Maintenance of discovered knowledge：A case in multi-level association rules［C］. Proceedings of the Second International KDD Conference，1996：307-310.

[40] Cheung D W，Xiao Y Q. Effect of data skewness in parallel mining of association rules［C］. Proceedings of the 2nd Pacific-Asia Conference on Knowledge Discovery and Data Mining. Melbourne，Australia，April，1998：48-60.

[41] Dong G，Li J. Interestingness of discovered association rules in terms of neighborhood-based unexpectedness［C］. Proceedings of the 2nd pacific-asia conf. on knowledge discovery and data mining，1998：72-86.

[42] Dong X J，Hao F，Zhao L，et al. An Efficient Method for Pruning Negative and Positive Association Rules[J]. Neurocomputing，2018.

[43] Dong X J，Ma L，Han X Q. e-NFIS：Efficient Negative Frequent Itemsets Mining only based on Positive Ones[C]. 2011 IEEE 3rd International Conference on Communication Software and Networks. Xi'an，China，2011：517-519.

[44] Dong X J，Niu Z D，Shi XL，et al. Mining both Positive and Negative Association Rules from Frequent and Infrequent Itemsets［C］. IN precceedings of ADMA07，Harbin，China，2007. LNAI 4632，Springer-Verlag Berlin Heidelberg，2007：122-133.

[45] Dong X J，Sun F R，Han X Q，et al. Study of positive and negative association rules based on multi-confidence and chi-squared test［C］. International Conference on Advanced Data Mining and Applications. Xi'an：Springer-Verlag，2006：100-109.

[46] Feldman R，Aumann Y，Amir A，et al. Efficient algorithms for discovering frequent sets in incremental databases[C]. Proceedings of the 1997 SIGMOD Workshop on DMKD，May 1997：248-254.

[47] Feng L Y. Review of Data Mining Application in Medical Insurance in Our Country[J]. Technology，Knowledge and Learning，2014，21：880-882.

[48] Feng L，Dillon T，Liu J. Inter-Transactional Association Rules for multi-dimensional context for Prediction and their Applications to Studying Meteorological Data［J］. International Journal of Data and Knowledge Engineering，2000，37.

[49] Feng L，Li Q，Wong A. Mining Inter-Transcational Association Rules：Generalization and Empirical Evaluation［C］. Proc. of the 3rd International Conference on Data Warehousing and Knowledge Discovery (DaWak01)，Germany，September，2001.

[50] Fukuda T，Morimoto Y，Morishita S，et al. (SONAR)：system for optimized numeric association rules［C］. Proceedings of the 1996 ACM SIGMOD International Conference on Management of Data，June 4-6，1996：553.

[51] Fukuda T，Morimoto Y，Morishita S，et al. Constructing efficient decision trees by using optimized numeric association rules［C］. Proceedings of the 22nd International Conference on Very Large Databases，1996：146-155.

[52] Fukuda T，Morimoto Y，Morishita S，et al. Mining optimized association rules for numeric attributes［C］. Proceedings of the Fifteenth ACM SIGACT-SIGMOD-SIGART Symposium on Principles of Database Systems，Montreal，Quebec，Canada，1996：182-191.

[53] Galiano F B，Blanco I J，Sánchez D，et al. Measuring the accuracy and interest of association rules：A new framework［J］. Intelligent Data Analysis，2002，6（2）：221-235.

[54] Geng L，Hamilton H J. Interestingness Measures for Data Mining：A Survey［J］. ACM Computing Surveys，Article 9，September 2006，38(3)：9-es.

[55] Goethals B，Muhonen J. Mining non-derivable association rules［C］. In：Proceedings of the SIAM international conference on data mining (SDM).

[56] Gong L F，Lei H，Li Z. The application of association rules of data mining in book-lending service［C］. International Conference on Fuzzy Systems and Knowledge Discovery.Chongqing：IEEE Computer Society，2012：761-764.

[57] Han E H，Karypis G，Kumar V. Scalable parallel data mining for association rules［C］. Proceedings of the ACM SIGMOD Conference，1997：277-288.

[58] Han J W，Fu Y J. Discovery of multiple-level association rules from large databases ［C］. Proceedings of the 21nd International Conference on Very Large Databases，Zurich，Swizerland，1995：420-431.

[59] Han J W，Mieheline K，Pei J.数据挖掘：概念与技术. 3 版［M］.范明，孟小峰，译.北

京：机械工业出版社，2012.

[60] Han J W, Pei J, Yin Y W. Mining frequent patterns without candidate generation[C]. Proceeding of the 2000 ACM SIGMOD International Conference on Management of Data, New York, USA: ACM Press, 2000: 1-12.

[61] Han J, Chiang J, Chee S, et al. DBMiner: a system for data mining in relational databases and data warehouses[C]. Proc. CASCON'97: Meeting of Minds, Toronto, Canada, November 1997.

[62] Han J, Fu Y. Mining Multiple-Level Association Rules in Large Databases[J]. IEEE Transactions on Knowledge and Engineering, Sep. /Oct. 1999, 11(5): 798-805.

[63] Harada L, Akaboshi N, Ogihara K, et al. Dynamic skew handling in parallel mining of association rules[C]. Proceedings of the 7th International Conference on Information and Knowledge Management, Bethesda, Maryland, USA, 1998: 76-85.

[64] Hidber C. Online association rule mining[C]. SIGMOD 1999, Proceedings ACM SIGMOD International Conference on Management of Data, Philadephia, Pennsylvania, June 1-3, 1999: 145-156.

[65] Hilderman R J, Hamilton H J. Applying Objective Interestingness Measures in Data Mining Systems[C]. In Proceedings of the 4th European Symposium on Principles of Data Mining and Knowledge Discovery (PKDD'00). Lecture Notes in Computer Science, Springer-Verlag, Lyon, France, September 2000: 432-439.

[66] Hilderman R J, Hamilton H J. Evaluation of interestingness measures for ranking discovered knowledge[C]. In: Proceedings of PAKDD, 2001.

[67] Hilderman R J, Hamilton H J. Knowledge discovery and interestingness measures: A survey[J]. Department of Computer Science, University of Regina, Saskatchewan, Canada, Tech. Rep. CS 99-04, Oct 1999.

[68] Hong T P, Lin K Y, Chien B C. Mining Fuzzy Multiple-Level Association Rules from Quantitative Data[J]. Applied Intelligence, Jan 2003, 18: 79-90.

[69] Jiang N, Xu W S. Student Consumption and Study Behavior Analysis Based on the Data of the Campus Card System[J]. Microcomputer Applications, 2015, 31(2): 35-38.

[70] Jiang Q H. Data Mining and Management System Design and Application for College Student Mental Health[C]. International Conference on Intelligent Transportation, Big Data & Smart City. Changsha: Institute of Electrical and Electronics Engineers Inc,

2017：410-413.

[71] John S. College health and mental health outcomes on student success[J]. Dissertations & Theses-Gradworks，2014.

[72] Kaya M，Alhajj R. Mining multi-cross-level fuzzy weighted association rules[C].In 2nd International IEEE Conference on Intelligent Systems，2004：225-230.

[73] Kiran R U，Reddy P K. Novel techniques to reduce search space in multiple minimum supports-based frequent pattern mining algorithms[C]. ACM International Conference Proceeding Series，2011：11-20

[74] Koh H C，Tan G. Data Mining Applications in Healthcare[J]. Journal of Healthcare Information Management，2011，19：65-72.

[75] Kuok C M，Fu A W，Wong M H. Mining Fuzzy Association Rules in Databases[J]. ACM SIGMOD RECORD，March 1998，27(1).

[76] Lan C. Improvement of Aprioritid Algorithm for Mining Frequent Items[J]. Computer Applications & Software，2010，3：74.

[77] Leban B，Mcdonald D，Foster D. A representation for collections of temporal intervals [C]. In Proc. of AAAI-1986 5th Int'l Conf. on Artifical Intelligence，1986：367-371.

[78] Lee Y C，Hong T P，Lin W Y. Mining association rules with multiple minimum supports using maximum constraints [J]. International Journal of Approximate Reasoning，2005，40(1-2)：44-54.

[79] Li R，Shen Z L. The design and implementation of a campus data center[J]. ICIC Express Letters，2012，3(1)：189-194.

[80] Li Y，Ning P，Wang X S，et al.Discovering calendar-based temporal association rules [C]. In Proc. of the 8th Int'l Symposium on Temporal Representation and Reasoning，2001.

[81] Lisp S P，Rachana S，Courtney A K，et al. Student Access to Mental Health Information on California College Campuses[J]. Rand Health Q，2018，7(2)：7-15.

[82] Liu B，Hsu W，Ma Y. Identifying Non-Actionable Association Rules[C]. Proceedings of the ACM SIGKDD International Conference on Knowledge Discovery & Data Mining (KDD-2001)，San Francisco，CA，Aug 20-23，2001.

[83] Liu B，Hsu W，Ma Y. Mining association rules with multiple minimum supports[C]. In Proceedings of the fifth ACM SIGKDD international conference on Knowledge discovery and data mining，San Diego，USA，1999：337-341.

［84］ Liu B，Hsu W，Ma Y. Pruning and summarizing the discovered associations［C］. In Proc. of the Fifth Int'l Conference on Knowledge Discovery and Data Mining，San Diego，CA，August 1999.

［85］ Liu B，Hu M，Hsu W. Mining association rules with multiple minimum supports：a new mining algorithm and a support tuning mechanism［C］. In Conference on Knowledge Discovery in Data，Boston，Massachusetts，USA：ACM Press，2000.

［86］ Liu B. Web data mining［M］. 2nd ed. Springer-Verlag Berlin Heidelberg，2011.

［87］ Liu D，Huang R，Wosinski M. Smart Learning in Digital Campus［M］. Springer Singapore，2017：51-90.

［88］ Liu H，Lu H，Yao J. Identifying relevant databases for multidatabase mining［C］.In：Proceedings of Pacific-Asia Conference on Knowledge Discovery and Data Mining，1998：210-221.

［89］ Liu J，Pan Y，Wang K，et al.Mining frequent item sets by opportunistic projection［C］. The 8th ACM SIGKDD International Conference on Knowledge Discovery and Data Mining，Alberta，Canada，2002：229-238.

［90］ Lu H，Feng L，Han J. Beyond Intra-Transaction Association Analysis：Mining Multi-Dimensional Inter-Transaction Association Rules［J］. ACM Transactions on Information Systems，2000，18(4)：423-454.

［91］ Lzden B，Ramaswamy S，Silberschatz A. Cyclic association rules［C］. In Proc. of the 14th Int'l Conf. on Data Engineering，1998：412-421.

［92］ Mannila H，Toivonen H，Verkamo A. Efficient algorithm for discovering association rules［C］. AAAI Workshop on Knowledge Discovery in Databases，1994：181-192.

［93］ MöRchen F，Ultsch A. Efficient mining of understandable patterns from multivariate interval time series［J］. Data Min Knowl Disc (DMKD)，15(2)：107-296.

［94］ Murugananthan V，Kumar B L S. Educational Data Mining Life Cycle Model for Student Mental Healthcare and Education in Malaysia and India［J］. Journal of Medical Imaging & Health Informatics，2017，7(3)：554-560.

［95］ Ng R，Lakshmanan L V S，Han J，et al. Exploratory mining and pruning optimizations of constrained associations rules［C］. Proceedings of ACM SIGMOD International Conference on Management of Data，Seattle，Washington，June 1998.

［96］ Oladapo O H. Improving book lending service in UTM Library using apriori rule-mining technique［J］. 2014.

[97]　Oladipupo O，Oyelade O J，Aborisade D O. Application of Fuzzy Association Rule Mining for Analysing Students Academic Performance［J］. International Journal of Computer Science Issues，2012，9(6)：216-223.

[98]　Ong K L，Ng W K，Lim E P. Mining Multi-Level Rules with Recurrent Items Using FP'Tree［C］. In 3rd International Conference on Information，Communications and Signal Processing，Singapore，2001.

[99]　Palshikar G A，Kale M S，Apte M M. Association rules mining using heavy itemsets ［J］. Data Knowl Eng，61(1)：93-113.

[100]　Park J S，Chen M S，Yu P S. An effective hash-based algorithm for mining association rules［C］. Proceedings of ACM SIGMOD International Conference on Management of Data，San Jose，CA，May 1995.

[101]　Park J S，Chen M S，Yu P S. Efficient parallel data mining of association rules［C］. 4th International Conference on Information and Knowledge Management，Baltimore，Maryland，November 1995.

[102]　Pasquier N，Bastide Y，Taouil R，et al. Discovering Frequent Closed Itemsets for Association Rules［J］. Lecture Notes in Computer Science，1999，15(40)：398-416.

[103]　Pasquier N，Taouil R，Bastide Y，et al. Generating a condensed representation for association rules［J］. J Intell Inform Syst (JIIS) 24(1)：29-60.

[104]　Pei J，Han J. Constrained Frequent Pattern Mining：A Pattern-growth View［J］. ACM SIGKDD Explorations Newsletters，2002，4：31-39.

[105]　Peng X S，Wu Y Y. Research and application of algorithm for mining positive and negative association rules［C］. International Conference on Electronic & Mechanical Engineering and Information Technology，Harbin：IEEE Computer Society，2011：4429-4431.

[106]　Ping H. The Research on Personalized Recommendation Algorithm of Library Based on Big Data and Association Rules［J］. Open Cybernetics & Systemics Journal，2015，9(1)：2554-2558.

[107]　Qi W J，Yan J，Huang S C，et al. The Application of Association Rule Mining in College Students'Mental Health Assessment System［J］. Journal of Hunan University of Technology，2013，6：94-99.

[108]　Rainsford C P，Roddick J F. Adding temporal semantics to association rules［C］. In Proc. of the 3rd European Conference on Principles and Practice of Knowledge

231

Discovery in Databases. Springer，1999：504-509.

[109] Ramaswamy S，Mahajan S，Silberschatz A. On the discovery of interesting patterns in association rules[C]. In Proc. of the 1998 Int'l Conf. on Very Large Data Bases，1998：368-379.

[110] Roddick J F，Stewart K，Spiliopoulou M. An Updated Bibliography of Temporal，Spatial，and Spatio-temporal Data Mining Research[J]. TSDM 2000：147-164.

[111] Rosenbaum P J，Liebert H. Reframing the Conversation on College Student Mental Health[J]. Journal of College Student Psychotherapy，2015，29(3)：179-196.

[112] Savasere A，Omiecinski E，Navathe S. An efficient algorithm for mining association rules in large databases[C]. In Proceedings of 21th International Conference on Very Large Data Bases，VLDB，Sept. 11-15，1995：432-444.

[113] Savasere A，Omiecinski O，Navathe S. Mining for Strong Negative Associations in a Large Database of Customer Transaction [C]. Proceedings of the IEEE 14th International Conference on Data Engineering，Los Alamitos：IEEE-CS，1998：494-502.

[114] Savasere A. A fast distributed algorithm for mining association rules[C]. In Proc. of 1996 Int'l. Conf. on Parallel and Distributed Information Systems，1995：31-44.

[115] Schroeder B，Gibson G. A Large-Scale Study of Failures in High-Performance Computing Systems[J]. IEEE Transactions on Dependable & Secure Computing，2010，7(4)：337-350.

[116] SHAPIRO G P. Discovery，analysis，and presentation of strong rules[M]. G. f-Shapiro and W. Frawley (Eds.). In：Knowledge discovery in Databases. AAAI Press/MIT Press，1991：229-248.

[117] Shaw G，Xu Y，Geva S. Eliminating Redundant Association Rules in Multi-level Datasets[C]. In Proceedings of the 4th International Conference on Data Mining (DMIN'08)，Las Vegas，USA，2008.

[118] Shaw G，Xu Y，Geva S. Extracting Non-redundant Approximate Rules from Multi-level Datasets [C]. IEEE International Conference on TOOLS with Artificial Intelligence，Dayton：IEEE Computer Society，2008：333-340.

[119] Silverstein C，Brin S，Motwani R. Beyond market baskets：Generalizing ssociation rules to dependence rules[J]. Data Mining and Knowledge Discovery，2(1)，1998：39-68.

[120] Slowinski R, Zopounidis C, Dimitras I. Prediction of company acquisition in Greece by means of rough set approach[J]. EuroJ of Operational Research, 1997: 1-15.

[121] Smitherman T A, Burch R, Sheikh H, et al. The Prevalence, Impact, and Treatment of Migraine and Severe Headaches in the United States: A Review of Statistics from National Surveillance Studies[J]. Headache: The Journal of Head and Face Pain, 2013, 53: 427-436.

[122] Smyth P, Goodman R M. An information theoretic approach to rule induction from database[J]. IEEE Trans. knowledge Data Eng, 1992, 4 (4): 301-316.

[123] Srikant R, Agrawal R. Mining generalized association rules[C]. Proceedings of the 21st International Conference on Very Large Database, 1995: 407-419.

[124] Srikant R, Agrawal R. Mining quantitative association rules in large relational tables [C]. Proceedings of the ACM SIGMOD Conference on Management of Data, 1996: 1-12.

[125] Suzuki E.Autonomous Discovery of Relation Exception Rules[C]. In Proc.of KDD-97, 1997: 259-263.

[126] Tan P N, Kumar V, Srivastava J. Selecting the Right Interestingness Measure for Association Patterns[C]. In: Proceedings of the 8th ACM SIGKDD International Conference on Knowledge Discovery and Data Mining, Edmonton (CA), 2002: 32-41.

[127] Tan P N, Kumar V, Srivastava J. Selecting the right objective measure for association analysis[J]. Information Systems, 2004, 29: 293-313.

[128] Tan P, Kumar V. Interestingness measures for association patterns: a perspective [C]. KDD-2000 Workshop on Post-processing in Machine Learning and Data Mining, 2000.

[129] Teng W G, Hsieh M J, Chen M S. On the mining of substitution rules for statistically dependent items [C]. Proceedings. 2002 IEEE International Conference on. Data Mining, 2002, ICDM 20029-12 Dec 2002.

[130] Thakur R S, Jain R C, Pardasani K P. Mining Level-Crossing Association Rules from Large Databases[J]. Journal of Computer Science, 2006, 12: 76-81.

[131] Toivonen H. Sampling large databases for association rules[C]. Proceedings of the 22nd International Conference on Very Large Database, Bombay, India, 1996: 134-145.

[132] Wang H，Liu P，Li H. Application of improved association rule algorithm in the courses management[C]. IEEE International Conference on Software Engineering and Service Science，Beijing：IEEE Computer Society，2014：804-807.

[133] Wang W，Yang J，Muntz R R. TAR：Temporal Association Rules on Evolving Numerical Attributes[C]. ICDE 2001：283-292.

[134] Wang W，Yang J，Yu P S. Efficient mining of weighted association rules (WAR)[C]. KDD，2000：270-274.

[135] Wang X C，Chen X H. An application of statistical association rules decision tree in medical treatment data[J]. Microcomputer & Its Applications，2016，35(15)：78-81.

[136] Wu X D，Zhang C Q，Zhang S C. Efficient mining of both positive and negative association rules[J]. Acm Transactions on Information Systems，2004，22(3)：381-405.

[137] Wu X D，Zhang C Q，Zhang S C.Mining both positive and negative association rules. Proceedings of the 19th international conference on machine learning[C]. SanMateo：Morgan Kaufmann Publishers，2002：658-665.

[138] Wu Y C，Long X J，University J. Book Lending Data Mining Based on Association Rules[J]. Jiangsu Science & Technology Information，2016，1(2)：239-242.

[139] Xi X L. Statistical Analysis on the Book Circulation Data of University Library—Taking Jiangjunlu Campus Branch Library of NUAA (Nanjing University of Aeronautics and Astronautics) as an Example[J]. Sci-Tech Information Development & Economy，2010，20 (35)：6-8.

[140] xu y，li y，shaw G. Concise Representations for Approximate Association Rules[C]. In Proceedings of the 2008 IEEE International Conference on Systems，Man & Cybernetics (SMC'08)，Singapore，2008.

[141] Xu Y，Li Y. Generating Concise Association Rules[C].In 16th ACM Conference on Conference on Information and Knowledge Management (CIKM'07)，Lisbon，Portugal，2007：781-790.

[142] Xu Y，Li Y. Mining Non-Redundant Association Rules Based on Concise Bases[J]. International Journal of Pattern Recognition and Artificial Intelligence，Jun 2007，21：659-675.

[143] Yan J. Research on Decision Tree and Its Application on Students' Mental Health Data Treatment[J]. Journal of Jianghan University，2015，43(4)：371-375.

[144] Yan R, Li C, Lei Y Y, et al. Improvement of Apriori Algorithm based on Association Rules and the Application in the Insurance CRM of China[J]. Science Technology and Engineering, 2009, 21: 40.

[145] Yao J, Liu H. Searching multiple databases for interesting complexes [C]. In: Proceedings of Pacific-Asia Conference on Knowledge Discovery and Data Mining, 1997: 198-210.

[146] Yu P. Data Mining in Library Reader Management[C]. International Conference on Network Computing and Information Security, Guilin: IEEE Computer Society, 2011: 54-57.

[147] Yuan B G, Chen L, Jin Y. Mining of negative frequent patterns in databases[J]. Computer Engineering and Applications, 2010, 46(8): 117-119.

[148] Yuan C. Data mining techniques with its application to the dataset of mental health of college students[C]. Advanced Research and Technology in Industry Applications. Ottawa: Institute of Electrical and Electronics Engineers Inc, 2014: 391-393.

[149] Zaki M J, Parthasarathy S, Li W. A localized algorithm for parallel association mining [C]. 9th Annual ACM Symposium on Parallel Algorithms and Architectures, Newport, Rhode Island, June 1997.

[150] Zaki M J, Parthasatathy S, Ogihara M, et al. New algorithms for fast discovery of association rules [C]. In Intl. Conf. on Knowledge Discovery and Data Mining, August 1997.

[151] Zaki M J. Mining non-redundant association rules[J]. Data Min Knowl Disc, 2004, 9 (3): 223-248.

[152] Zaki M J. Scalable algorithms for association mining [J]. IEEE Transactions on Knowledge and Data Engineering, 2000, 12(3): 372-390.

[153] Zhan L Q, Liu D X. Study on fast algorithm of frequent item-set mining[J]. Journal of Harbin Engineering University, 2008, 29(3).

[154] Zhang C Q, Liu M L, Nie W L, et al. Identifying global exceptional patterns in multi-database mining[J]. IEEE computational Intelligence bulletin, 2004: 19-24.

[155] Zhang C Q, Zhang S C. Association rule mining[M]. Heidelberg: Springer—Verlag, 2002: 47-84.

[156] Zhang S C, Zhang C Q, Wu X D. Knowledge Discovery in Multiple Databases[M]. Springer, ISBN: I-85233-703-6, 2004: 233.

[157] Zhang S，Geoffrey I. Webb：Further Pruning for Efficient Association Rule Discovery [C]. Australian Joint Conference on Artificial Intelligence. 2001：605-618.

[158] Zhang T，Yin C C，Lin P. Improved clustering and association rules mining for university student course scores. International Conference on Intelligent Systems and Knowledge Engineering[C]. 2017：1-6.

[159] Zhang Y F，Xiong Z Y，Peng Y，et al. Mining Frequent Itemsets with Positive and Negative Items Based on FP-Tree[J]. Pattern Recognition and Artificial Intelligence，Apr，2008，21(2).

[160] Zhang Y，Guo Y L，Han L N，et al. Application and Exploration of Big Data Mining in Clinical Medicine[J]. Chinese Medical Journal，2016，129：731-738.

[161] Zhang Z，Zhang C，Zhang S. An Agent-Based Hybrid Framework for Database Mining[J]. Applied Artificial Intelligence，2003，17(526)：383-398.

[162] Zhao H. Data Mining Technologies in Medical Applications[J]. China Science and Technology Information，2009(15).

[163] Zhao L，Hao F，Xu T T，et al. Positive and negative association rules mining for mental health analysis of college students[J]. Eurasia Journal of Mathematics Science & Technology Education，2017，13(8)：5577-5587.

[164] Zhong N，Yan Y，Ohsuga S. Peculiarity oriented multi-database mining. Proceedings of PKDD'99[C]. Berlin：Springer-Verlag，1999：251-254.

[165] Zhou X H，Zhang X M. The application of OLAP and Data mining technology in the analysis of book lending[C]. International Conference on Automation，Mechanical Control and Computational Engineering. Beijing：ATLANTIS，2017：368-373.

[166] ZimbrãO G，Desouza J M，Dealmeida V T，et al. An Algorithm to Discover Calendar-based Temporal Association Rules with Item's Lifespan Restriction[C]. Proceedings ofthe Second Workshop on Temporal Data Mining—The Eighth ACM SIGKDD International Conference on Knowledge Discovery and Data Mining. July 23，2002-Edmonton，Alberta，Canada.

[167] 蔡晓菡. 超声评分法和超声造影在类风湿关节炎的应用研究[D]. 福州：福建医科大学，2015.

[168] 曾秋凤. 数据挖掘在校园一卡通数据库中的应用研究[D]. 江西：江西师范大学，2008.

[169] 陈燕萍. 数据挖掘在广西城镇居民大病保险试点中的分析和应用[D]. 南宁：广西医

科大学，2015.

[170] 陈茵，闪四清，刘鲁，等.最小冗余的无损关联规则集表述[J].自动化学报，2008，34(12)：1490-1496.

[171] 陈有统.阳和汤治疗类风湿性关节炎34例[J].天津中医药大学学报，2003，22(3)：27-27.

[172] 程继华，施鹏飞.多层次关联规则的有效挖掘算法[J].软件学报，1998，12：938-941.

[173] 程继华，施鹏飞.多层次规则挖掘的约略集方法[J].上海交通大学学报，1998，9：79-81.

[174] 崔立新，苑森淼，赵春喜.约束性相联规则发现方法及算法[J].计算机学报，2000，2：1216-220.

[175] 丁宏，赵观军.一种快速网络入侵检测的关联规则挖掘算法[J].计算机工程与应用，2006，42(11)：153-156.

[176] 丁祥武.挖掘时态关联规则[J].武汉交通科技大学学报，1999：365-367.

[177] 董祥军，陈建斌，宋丽哲，等.基于定制时间约束的正负时态关联规则挖掘[J].计算机工程与应用，2004，10(28)：40-43.

[178] 董祥军，崔林，陈建斌，等.正负关联规则间的置信度关系研究[J].计算机应用研究，2005，7.

[179] 董祥军，宋瀚涛，姜合，等.基于最小兴趣度的正负关联规则挖掘[J].计算机工程与应用，2004，9(27)：24-25.

[180] 董祥军，宋瀚涛，姜合，等.时态关联规则的研究[J].计算机工程，2005，8.

[181] 董祥军，王淑静，宋瀚涛，等.负关联规则的研究[J].北京理工大学学报，2004，24(11)：978-981.

[182] 董祥军，王淑静，宋瀚涛.基于两级支持度的正、负关联规则挖掘[J].计算机工程，2005，31(10)：16-18.

[183] 冯变玲.基于数据挖掘技术的心脑血管用药 ADR 关联模型构建研究[D].天津：天津大学，2012.

[184] 皋军，王建东.关联规则挖掘算法更新与拓展[J].计算机工程与应用，2003，2(35)：178-180.

[185] 高峰，谢剑英.大型数据库中多层关联规则的挖掘算法[J].计算机工程，2000，10：75-76.

[186] 高峰，谢剑英.多值属性关联规则的理论基础[J].计算机工程，2000，11：47-49.

[187] 高峰，谢剑英.一种无冗余的关联规则发现算法[J].上海交通大学学报，2001，35

(2)：256-258.

[188] 黄晶晶. 数据挖掘技术在医院医保费用分析中的研究与应用[D]. 广州：南方医科大学，2009.

[189] 黄雯. 数据挖掘算法及其应用研究[D]. 南京：南京邮电大学，2013.

[190] 荆振宇. 基于校园一卡通数据挖掘的学校食堂管理的研究[D]. 北京：华北电力大学，2017.

[191] 况莉莉. 关联规则在高校图书馆读者数据处理中的应用研究[D]. 合肥：合肥工业大学，2010.

[192] 李刚. 基于多支持度的正负关联规则挖掘技术的研究[D]. 济南：山东轻工业学院，2008.

[193] 李杰，徐勇，王云峰，等. 最简关联规则及其挖掘算法[J]. 计算机工程，2007，33(13)：46-48.

[194] 李铭. 关联规则的多支持度挖掘在销售数据中的应用[J]. 计算机工程，2003，8：92-93.

[195] 李学明，刘勇国，彭军，等. 扩展型关联规则和原关联规则及其若干性质[J]. 计算机研究与发展，2002，39(12)：1740-1750.

[196] 廖海波. 关联规则挖掘在病案数据分析中的应用研究[D]. 合肥：合肥工业大学，2008.

[197] 刘乃丽，李玉忱，马磊. 一种有效且无冗余的快速关联规则挖掘算法[J]. 计算机应用，2005，25(6)：1396-1397.

[198] 刘树国，张传芳. 引起血糖升高的疾病[J]. 家庭医学月刊，2004，(19)：46-46.

[199] 刘巍. 正、负关联规则挖掘算法的研究与实践[D]. 桂林：桂林电子科技大学，2007.

[200] 刘云生，李国微. 实时数据库数据特征对事务处理的影响[J]. 计算机研究与发展，1999，(3)：364-368.

[201] 楼晓鸿，丁宝康. 一种多支持度的关联规则采集算法[J]. 计算机工程，2001，27(6)：102-103.

[202] 卢生炎，饶丹. 一种挖掘带否定关联规则的算法[J]. 计算机工程与科学，2004，26(10)：63-65.

[203] 路松峰，卢正鼎. 快速开采意外的规则[J]. 计算机工程与应用，2000，36(6)：21-23.

[204] 吕振红. 糖尿病中医临床数据预处理及关联规则应用的研究[D]. 昆明：昆明理工大学，2014.

[205] 马青霞，李广水，孙梅. 频繁模式挖掘进展及典型应用[J]. 计算机工程与应用，2011，

47(15)：138-144.

[206] 孟志青.时态关联规则采掘的若干性质[J].计算机工程与应用，2001，10：86-87.

[207] 欧阳为民，蔡庆生.在数据库中发现具有时态约束的关联规则[J].软件学报，1999，5：527-532.

[208] 钱铁云，冯小年，王元珍.超越支持度-置信度框架的负相关对规则挖掘[J]，计算机科学，2005.

[209] 秦吉胜，宋瀚涛.关联规则挖掘 AprioriHybrid 算法的研究和改进[J].计算机工程，2004，30(17)：7-8.

[210] 秦吉胜，宋瀚涛.基于商品主键的关联规则挖掘思想与算法研究[J].北京理工大学学报.2004，24(7)：600-603.

[211] 秦敏，李治柱.对数据挖掘关联分析的剪裁[J].上海交通大学学报，2001，35(9)：1373-1376.

[212] 孙海洪，夏克俭，杨炳儒，等.一种挖掘意外规则的快速算法[J].计算机工程与应用，2001，19：49-51.

[213] 唐懿芳，牛力，张师超.多数据源关联规则挖掘算法研究[J].广西师范大学学报(自然科学版)，2002，20(4)：27-31.

[214] 唐懿芳，牛力，钟智，等.多数据库挖掘中独立于应用的数据库分类研究[J].广西师范大学学报(自然科学版)，2003，(04).

[215] 涂星原.基于数值属性的关联规则的挖掘[J].郑州工业大学学报，1998，9：72-75.

[216] 王冬菊.2010—2013 年泰安市居民心脑血管疾病死亡及其寿命影响因素分析[D].泰安：泰山医学院，2015.

[217] 王萌.基于校园一卡通系统的数据挖掘研究[D].哈尔滨：哈尔滨工程大学，2016.

[218] 王玮，陈恩红，王煦法.关联规则的相关性研究[J].计算机工程，2000，7：6-9.

[219] 韦素云，吉根林，曲维光.关联规则的冗余删除与聚类[J].小型微型计算机系统，2006，27(01)：110-113.

[220] 吴伟平，林馥，贺贵明.一种无冗余的快速关联规则发现算法[J].计算机工程，2003，29(9)：90-91.

[221] 吴永梁，陈炼.基于改善度计算的有效关联规则[J].计算机工程，2003，13：98-100.

[222] 武鹏程，袁兆山.混合关联规则及其挖掘算法[J].小型微型计算机系统，2003，24(5)：895-898.

[223] 徐田田.基于多支持度的负频繁模式挖掘关键技术研究[D].济南：齐鲁工业大学，2015.

[224] 杨鹤标，刘桂兰. 基于知识点的多支持度挖掘算法[J]. 计算机应用与软件，2014，31 (7)：169-172.

[225] 杨建林，邓三鸿，苏新宁. 关联规则兴趣度的度量[J]. 情报学报，2003，4：419-424.

[226] 杨越越，翟延富，董祥军. 一种改进的冗余规则修剪方法[J]. 郑州大学学报，2007，(9)：134-137.

[227] 袁本刚，陈莉，金燕.挖掘数据库中的负频繁模式[J]. 计算机工程与应用，2010，46 (8)：117-119.

[228] 张佳. 数据挖掘技术在校园一卡通系统中的应用研究[D]. 苏州：苏州大学，2013.

[229] 张硕. 基于 WEKA 的校园一卡通数据挖掘与分析[D]. 武汉：华中师范大学，2014.

[230] 张晓辉，何耀东，万家华，等. 关联规则发现的一种改进算法[J]. 东北大学学报（自然科学版），2001，4：401-404.

[231] 张新霞，王耀青. 基于统计相关性的兴趣关联规则的挖掘[J]. 计算机工程与科学，2003，3：6-9.

[232] 张寅，刘玥，师宁，等. 基于关联规则算法和复杂系统熵聚类的丁霞教授治疗胃脘痛用药规律研究[J]. 中华中医药杂志，2014，(5)：1538-1542.

[233] 张永梅，许静，郭莎. 基于堆排序的重要关联规则挖掘算法研究[J]. 计算机技术与发展，2016，26(12)：45-48.

[234] 张玉芳，彭燕. 基于兴趣度含正负项目的关联规则挖掘方法[J]. 电子科技大学学报，2010，39(3)：246-253.

[235] 张玉芳，熊忠阳，王灿，等.含正负项目的基于位串频繁项集挖掘算法研究[J].控制与决策，2010，25(1)：37-42.

[236] 张运强. 基于关联规则的电子商务个性化推荐研究[D]. 天津：河北工业大学，2009.

[237] 张竹润，谢康林，张忠能. 一种提取关联规则的数据挖掘快速算法[J]. 上海交通大学学报，2002，4：555-558.

[238] 赵奕，施鹏飞，熊范纶. 基于频繁集的多层次交互式关联规则挖掘[J]. 上海交通大学学报，2000，5：695-698.

[239] 钟祖健，任玉兰. 针灸治疗类风湿性关节炎 112 例疗效观察[J]. 现代临床医学，2008，34(3)：176-178.

[240] 周皓峰，朱扬勇，施伯乐. 一个基于兴趣度的关联规则的采掘算法[J]. 计算机研究与发展，2002，4：450-457.

[241] 周欣，沙朝锋，朱扬勇，等. 兴趣度——关联规则的又一个阈值[J]. 计算机研究与发展，2000，37(5)：627-633.

［242］ 周延泉，何华灿，李金荣.利用广义相关系数改进的关联规则生成算法［J］.西北工
业大学学报，2001，4：639-643.

［243］ 朱王个，孙志挥，张仲楠.约束关联规则的有效挖掘算法［J］.计算机工程.2002，28
（2）：29-31。

［244］ 朱玉全，杨鹤标.负关联规则挖掘算法研究［J］.应用科学学报，2006，24（4）：
286-382.